PETER LANGEN

Antimetabolite des Nucleinsäure-Stoffwechsels

Antimetabolite des Nucleinsäure-Stoffwechsels

Biochemische Grundlagen der Wirkung

Dr. habil. PETER LANGEN

Wissenschaftlicher Abteilungsleiter im Institut für Biochemie
der Deutschen Akademie der Wissenschaften zu Berlin, Berlin-Buch

Mit 40 Abbildungen im Text, einer Farbtafel und vielen Formelbildern

Vorwort und Zusammenfassung in deutscher und englischer Sprache

AKADEMIE-VERLAG · BERLIN

1968

Erschienen im Akademie-Verlag GmbH, 108 Berlin, Leipziger Straße 3—4

Lizenznummer: 202 · 100/497/68
Gesamtherstellung: VEB Druckhaus „Maxim Gorki", 74 Altenburg
Bestellnummer: 5672 · ES 17 E/18 G 1

Vorwort

Die systematische Entwicklung neuer biologisch aktiver Verbindungen, d. h. ihre Synthese, die biochemische Analyse ihrer Wirkungsweise, sowie die pharmakologische und schließlich die klinische Untersuchung vereinigt Wissenschaftler wie Chemiker, Biochemiker, Genetiker, Mikrobiologen und Mediziner zur interdisziplinären Zusammenarbeit. Keiner dieser Wissenschaftler kann dabei heute noch die vielfältigen Details auf den verschiedenen Wissensgebieten kennen, für alle ist es aber wichtig, die großen Zusammenhänge zu überblicken. Im vorliegenden Buch sollen diese Zusammenhänge für eine Gruppe von Verbindungen behandelt werden, die in den letzten Jahren immer mehr an Bedeutung gewonnen haben — die Antimetabolite des Nucleinsäure-Stoffwechsels. Prinzipien und Probleme der Wirkung von Antimetaboliten sollen hier in einer Art dargestellt werden, welche die Wissenschaftler verschiedener Disziplinen mit den Besonderheiten und Vorzügen dieser Verbindungsgruppe vertraut macht. Dazu gehört vor allem die reizvolle Möglichkeit, bei der Neuentwicklung von biologisch aktiven Verbindungen die molekulare Struktur verschiedenster Zellinhaltsstoffe zum Ausgangspunkt für die Synthese von spezifischen Hemmstoffen zu machen, die in voraussehbarer Weise in bestimmte Biosynthesen eingreifen. Damit entfällt hier weitgehend das intellektuell unbefriedigende, rein empirische Ausprobieren einer Verbindung auf ihre biologische Aktivität hin (wobei die Erfolgschancen nicht besser — und häufig auch nicht verdienter — als in einer Lotterie sind). Ganz frei von Empirie ist allerdings auch die Antimetabolit-Forschung nicht, da sich nicht mit absoluter Sicherheit voraussagen läßt, ob und welche Modifikationen in der molekularen Struktur einen Metaboliten zu einer wirksamen oder völlig inerten Verbindung werden lassen. In diesem Zusammenhang ist von Hitchings der treffende Ausdruck „rational empiricism“ geprägt worden.

Eine erfolgversprechende experimentelle Arbeit auf dem Gebiet der Antimetabolit-Forschung setzt nicht nur eine gute Einsicht in die Vorgänge des Intermediär-Stoffwechsels voraus, sondern erfordert auch eine genaue Kenntnis der bewährten Metabolit-Modifikationen und ihrer Angriffspunkte auf molekularer Ebene. Die Antimetabolit-Forschung ist daher em besonders gutes Beispiel für die enge Verbindung zwischen Grundlagen-Forschung und Zweck-Forschung. So hat die rasche Entwicklung der Molekularbiologie und ihrer Methoden in den letzten 15 Jahren die Forschung über Antimetabolite des Nucleinsäure-Stoffwechsels in großem Umfang gefördert. Sie hat dazu beigetragen, viele Wirkungsmechanismen im Detail aufzuklären und darüber hinaus sicher auch die Entwicklung neuer Verbindungen stimuliert. Umgekehrt haben Antimetabolite wie z. B. 5-Brom-2′-

desoxyuridin und 5-Fluoruracil nicht unbeträchtlich zur Aufstellung und Bestätigung bestimmter Theorien der Molekularbiologie beigetragen (Mutations-Mechanismen auf molekularer Ebene, Messenger-RNS-Konzept). Das schnelle Fortschreiten der Forschung über Antimetabolite ist besonders daran zu erkennen, daß die in diesem Buch besprochenen Verbindungen in den Büchern über Antimetabolite von WOOLLEY (1952) und MARTIN (1951) — wenn überhaupt — nur andeutungsweise behandelt sind. Auf diese beiden Bücher sei jedoch schon hier hingewiesen für diejenigen Leser, die sich über die Anfänge der Antimetabolit-Forschung (die weniger Antimetabolite des Nucleinsäure-Stoffwechsels als vielmehr Aminosäure- und Vitamin-Analoga betraf) orientieren wollen.

Fast die gesamte Forschung über Antimetabolite ist dem Ziel gewidmet, zur Verbesserung der Chemotherapie des Krebses beizutragen. Da bisher keine auswertbaren qualitativen Unterschiede im biochemischen Verhalten zwischen Krebs- und Normalzelle bekannt sind, lassen sich auch heute noch keine Antimetabolite gewinnen, die absolut selektiv nur auf die Krebszelle einwirken. Mir scheinen jedoch die Antimetabolite des Nucleinsäure-Stoffwechsels diejenige Verbindungsgruppe zu sein, mit der sich auch auf Grund der heutigen Kenntnisse gezielt eine möglichst optimale partielle Selektivität anstreben läßt. Auf dieses Problem wird in dem der Chemotherapie des Krebses gewidmeten Kapitel 6 genauer eingegangen. Darüber hinaus ist das der Antimetabolit-Wirkung innewohnende Prinzip der Hemmwirkung von Naturstoff-ähnlichen Verbindungen auf Reaktionen, an denen der simulierte Naturstoff beteiligt ist, auch für die Zukunft von besonderer Bedeutung. Es stellt vielleicht die einzige Möglichkeit dar, in rationeller Weise biochemische Unterschiede zwischen der Krebs- und Normalzelle — sobald sie bekannt werden — für die Chemotherapie praktisch auszunutzen.

In diesem Buch sind vor allem die Antimetabolite des Nucleinsäure-Stoffwechsels im engeren Sinne, d. h. Analoga von Purinen und Pyrimidinen und ihrer Nucleoside behandelt worden. Darüber hinaus wird — wenn auch nicht so ausführlich — auch auf die Folsäure- und Glutamin-Antagonisten eingegangen, da sie stark in den Nucleinsäure-Stoffwechsel eingreifen und wesentliche Characteristica zum Antimetabolit-Begriff beitragen. Ich bitte um Verständnis, wenn nicht alle Verbindungen und Gebiete mit gleicher Intensität abgehandelt sind. So haben sicher Probleme, die meinem unmittelbaren Arbeitsgebiet nahe liegen oder vom molekularbiologischen Standpunkt aus besonders interessant sind, eine sehr ausführliche Behandlung erfahren. Der erste und größere Teil des Buches ist der zusammenfassenden Darstellung verschiedener gemeinsamer Eigenschaften der behandelten Verbindungen, wie Wirkungsweise, Resistenz-Probleme, Abbau usw. gewidmet. Der zweite spezielle Teil enthält kurze zusammenfassende Beschreibungen der einzelnen Verbindungen zusammen mit ihren Struktur-Formeln. Soweit über bestimmte Eigenschaften im allgemeinen Teil ausführlicher berichtet wurde, wird im speziellen Teil darauf zurückverwiesen. Darüber hinaus werden im zweiten speziellen Teil zusätzliche Literatur-Angaben über biologische Wirkungen der Verbindungen gemacht. Mit Hilfe des für den zweiten Teil nach Verbindungen gegliederten Inhaltsverzeichnisses ist es so leicht möglich, sich über spezielle Eigenschaften jeder aufgeführten Verbindung schnell zu orientieren und gleichzeitig einen Eindruck über ähnliche Eigenschaften anderer Verbindungen zu gewinnen. Die Literatur ist etwa bis Anfang 1967 erfaßt.

Das vorliegende Buch hat seinen Zweck erfüllt, wenn es dazu beiträgt der Antimetabolit-Forschung neue Anhänger zu gewinnen, indem es Chemiker zu sinnvollen Modifikationen an Naturstoff-Molekülen anregt (und sie vielleicht vor sinnlosen bewahrt), Biologen beim Studium der resultierenden neuen wie auch bereits bekannter Analoga unterstützt und dem Arzt die Grundlagen der Wirkung von ihm benutzter Antimetabolite nahebringt.

P. Langen, August 1967

Foreword

The systematic development of new biologically active compounds, i.e. their synthesis and biochemical analysis of their action, as well as pertinent pharmacological and clinical studies have been uniting for inter-discipline co-operation chemists, biochemists, workers in genetics, microbiologists, and physicians. Today, no scientist is any longer capable of controlling the multifarious details of all the above fields, but it is of utmost importance to all to understand what the major implications are. These implications are to be covered in this book for a group of compounds which has increasingly gained importance in recent years, namely the antimetabolites of nucleic acid metabolism. The principles and problems related to the effect of these antimetabolites are presented with the view of making scientists of different disciplines acquainted with the peculiarities and advantages of this group of compounds. This implies, in the first place, the tempting opportunity to take the molecular structure of various cell constituents as the basis to synthesise specific inhibitors that interfere in a predictable way with certain biosyntheses in the preparation of new biologically active compounds. Such approach would widely eliminate the merely empirical and intellectually unsatisfactory testing of a given compound for its biological activity where the chance of success is often not better and not more deserved than it would be in a lottery. However, not even antimetabolite research will be entirely cleared from empirism, since it is impossible to predict with absolute safety whether and which modifications of the molecular structure will convert a metabolite to an effective or completely inert compound. Hitchings has devised in this connection the suitable term of „rational empirism".

Promising experimentation in the field of antimetabolite research requires not only profound knowledge of the processes of intermediate metabolism, but also precise understanding of the time-tested metabolite modifications and their points of attack at the molecular level. Antimetabolite research is, therefore, a highly suitable model for the close combination of basic with applied research. The research work on antimetabolites of the nucleic acid metabolism has been greatly promoted by the rapid development of molecular biology and its methods, in the past 15 years. Molecular biology has helped to clarify the details of numerous modes of action, and it certainly has also stimulated the development of new compounds. On the other hand, have antimetabolites, such as 5-bromo-2'-deoxyuridine and 5-fluorouracil, played an efficient role in postulating and confirming certain theories of molecular biology (mechanisms of mutation on molecular level, messenger RNA concept). The rapid progress made in antimetabolite research is conclusively illustrated by the fact that the compounds discussed in this book were indicated only or not found at all in the books on antimetabolites published by Woolley (1952) and Martin (1951). These books, however, are recommended to all who seek orientation on the early stages of antimetabolite research (which dealt with amino acid and vitamin analogues rather than with antimetabolites of the nucleic acid metabolism).

Antimetabolite research is almost entirely devoted to the goal of improving the chemotherapy of cancer. Since no exploitable qualitative differences are so far known between the biochemical behaviour of the cancer cell and that of the normal cell, no antimetabolites can be prepared as yet which act selectively only on the cancer cell. After all, it is the author's view that the antimetabolites of the nucleic acid metabolism seem to constitute the group of compounds by means of which, on the basis of latest knowledge, a most optimum partial selectivity might be achievable. This problem is treated more in detail in Chapter 6 on the chemotherapy of cancer. In addition, particular importance also to future developments may be claimed for the principle inherent in antimetabolite effect, namely the inhibitory effect of compounds similar to natural substances on reactions in which the simulated natural substance participates. This principle might possibly provide the only chance to practically and rationally utilise for chemotherapy the biological differences betweeen the cancer cell and the normal cell, as soon as they become known.

This book covers mainly the antimetabolites of the nucleic acid metabolism in a somewhat limited sense, i. e. the analogues of purines and pyrimidines and their nucleosides. Less detailed coverage is given to the folic acid and glutamine antagonists which strongly interfere with the nucleic acid metabolism and provide essential characteristics to the definition of antimetabolites. The reader is kindly requested to understand that not every compound and field is treated with equal intensity. Problems very close to the author's special subject and those of particular interest from the molecular-biological point of view are certainly treated in greater detail. The first and major part of the book includes a summarising presentation of various properties common to the compounds described, such as mode of action, problems of resistance, and degradation. In the second more specialised part brief summarising descriptions are given of the various compounds together with their structure formulae. Properties reported in detail in the general part will be referred to in the special part which will include also additional literature references as to works on biological effects of the compounds. Easy orientation on the properties of each of the enlisted compounds as well as on similar properties of other compounds is facilitated by the table of contents of the second part which is subdivided by compounds. The references include the literature published up to early 1967.

It is the established purpose of this book to win new enthusiasts for antimetabolite research by inspiring chemists to undertake senseful modifications of natural compounds (and bewaring them of senseless efforts), by assisting biologists in the study of resulting new as well as of known analogues, and by making the physician more familiar with the fundamentals underlying the action of therapeutically used antimetabolites.

P. Langen, August, 1967

Inhalt

I

ALLGEMEINER TEIL

1. Allgemeine Bemerkungen über die Eigenschaften von Antimetaboliten

1.1. Definition, Historie und Abgrenzung von anderen Cytostatica

Die biochemische Dynamik einer Zelle bedingt den dauernden Umsatz bestimmter, als Metabolite bezeichneter Verbindungen in enzymatisch katalysierten Reaktionen. Dabei gehen diese Metabolite mit den für sie zuständigen Enzymen fortlaufend reversible Bindungen ein. Antimetabolite sind, wie der Name besagt, in ihrer Wirkung gegen die Metabolite gerichtet. Sie sind ihnen in der Struktur so ähnlich, daß sie ihren Platz am Enzym besetzen können, ohne aber ihre biochemische Funktion zu erfüllen. Daher wird die enzymatische Reaktion entweder blockiert oder verläuft normal, weil nicht der Metabolit, sondern der Antimetabolit umgesetzt wird.

In der Möglichkeit, durch geringe Abwandlung der molekularen Struktur eines Metaboliten einen Hemmstoff zu erhalten, der selektiv und in voraussehbarer Weise nur in bestimmte biochemische Reaktionsketten eingreift, liegt der große Vorteil der Antimetabolite gegenüber anderen Pharmaka.

Antimetabolite des Nucleinsäure-Stoffwechsels werden im allgemeinen durch Abwandlung an den Purin- oder Pyrimidin-Basen, in letzter Zeit aber auch häufig durch Abwandlung der Zuckerkomponente von Nucleosiden gewonnen. Im weiteren Sinne gehören auch die Folsäure- und Glutamin-Antagonisten zu den Antimetaboliten des Nucleinsäure-Stoffwechsels, da eine Hauptfunktion der Folsäure in ihrem Beitrag zur Purin- und Thymin-Synthese liegt und Glutamin bei der Purin- und Pyrimidin-Synthese eine große Rolle spielt.

Eine Hemmung der Nucleinsäure-Synthese wirkt sich in erster Linie auf Zellen mit einer hohen Mitose-Rate aus. Antimetabolite des Nucleinsäure-Stoffwechsels hemmen daher die Zellteilung und stellen somit Cytostatica dar. Beim Menschen und beim Tier werden infolgedessen vorwiegend solche Gewebe von der Wirkung der Antimetabolite betroffen, deren physiologische Funktion mit einer ständigen Regeneration verbunden ist, wie z. B. das Knochenmark und verschiedene Epithelien, vor allem das Darmepithel. Da auf Grund quantitativer, im allgemeinen noch unbekannter Unterschiede zwischen Krebszellen und sich schnell teilenden Normalzellen häufig eine partielle Selektivität der Wirkung gegen Krebsgewebe zustande kommt, wirken viele Antimetabolite cancerostatisch und werden in der Klinik zur Chemotherapie des Krebses angewandt.[1] Auf die Bedeutung der Antimetabolite für die Chemotherapie des Krebses wird im Kapitel 5 noch genauer eingegangen. Auch gegenwärtig erfolgt die Entwicklung neuer Antimetabolite meist unter dem Gesichtspunkt der Verbesserung der therapeutischen Möglichkeiten auf diesem Gebiet.

Viele Antimetabolite wurden aufgrund genauer Kenntnisse des Nucleinsäure-Stoffwechsels entwickelt, bei anderen wurde der Wirkungsmechanismus erst aufgeklärt, nachdem ihre cytostatische Wirksamkeit schon lange feststand. Das gilt besonders für Antibiotika, die auf Antimetabolit-Grundlage wirksam werden.

Obwohl die der Antimetabolit-Wirkung zugrunde liegenden Gesetze in der Enzymologie längst bekannt waren — die Malonat-Hemmung der Succinat-Dehydrogenase wurde von QUASTEL und WOOLDRIDGE bereits 1928 entdeckt [890] — wurden sie lange Zeit nicht auf die Wirksamkeit von Pharmaka bezogen. So wurde, wie WOOLLEY berichtet [1063], vielfach nicht verstanden, warum durch Abwandlung von natürlich vorkommenden Verbindungen nicht nur unwirksame, sondern sogar toxische Produkte entstehen. Die entscheidenden Schlußfolgerungen wurden 1940 von WOODS gezogen [1062], als er fand, daß bei Bakterien die Wirkung des Sulfanilamids durch p-Aminobenzoesäure kompensiert werden kann. WOODS erklärte das damit, daß die p-Aminobenzoesäure, ein damals ebenso wie die Folsäure völlig unbekannter Metabolit, durch das strukturell ähnliche Sulfonamid von den für sie zuständigen Enzymen verdrängt würde. WOODS Befunde und ihre Interpretation sowie im gleichen Jahr von FILDES entwickelte Vorstellungen [313] eröffneten die eigentliche Antimetabolit-Forschung. Es wurden in sehr rascher Folge eine große Zahl von Naturstoff-ähnlichen Verbindungen synthetisiert, deren biologische Wirksamkeit die Theorie von WOODS glänzend bestätigte. Die Mehrzahl waren „Antivitamine", die das Wachstum von Wuchsstoff-abhängigen Bakterien hemmten oder beim Tier Vitamin-Mangelerscheinungen verursachten. Eine Übersicht über diese Periode der Antimetabolit-Forschung ist 1951 von MARTIN [689] und 1952 von WOOLLEY gegeben worden [1063].

Zu den ersten Antimetaboliten des Nucleinsäure-Stoffwechsels gehörten nach der Isolierung und Charakterisierung der Folsäure die Folsäure-Antagonisten [303; 896], die noch heute in der Praxis eine große Rolle spielen. Parallel dazu erfolgte die im großen Stil durchgeführte Synthese und Untersuchung von abgewandelten Purinen und Pyrimidinen, vor allem durch HITCHINGS, ELION und Mitarbeiter, die 1948 zu dem biologisch wirksamen 2,6-Diaminopurin führte [136; 468] und 1951 mit der Entdeckung des 6-Mercaptopurins und seiner cancerostatischen Eigenschaften [200; 279; 714] von einem bedeutenden Erfolg gekrönt war. Unabhängig davon wurde im 8-Azaguanin der erste Antimetabolit gefunden, der in die Nucleinsäuren eingebaut werden kann. Der in dieser Zeit beginnende rasche Fortschritt der Molekularbiologie (und damit der Nucleinsäure-Biochemie) führte zur Erkenntnis weiterer Angriffspunkte und Wirkungsmöglichkeiten für Antimetabolite. Als Meilensteine in der Entwicklung seien hier die Entdeckung des Einbaus von 5-Bromuracil in die DNS durch WEYGAND, WACKER und DELLWEG [1049], die

---

[1] Die Ausdrücke „Cytostaticum" und „Cancerostaticum" werden im allgemeinen synonym verwandt. In diesem Buch werden mit dem Ausdruck „Cancerostaticum" nur solche Verbindungen bezeichnet, die in ihrer cytostatischen Aktivität eine partielle Selektivität für Krebsgewebe aufweisen.

Einführung des 6-Azauracils im Jahre 1956 durch die Arbeitskreise von Welch in den USA und Šorm in der ČSSR sowie die Entwicklung der 5-Fluoruracil-Verbindungen durch Heidelberger 1957 genannt. Alle diese Verbindungen sind durch abgewandelte Basen gekennzeichnet, jedoch hat in den letzten Jahren auch eine Gruppe von Nucleosiden mit natürlichen Basen und abgewandelter Zuckerkomponente großes Interesse gefunden: die Arabino-Nucleoside (auch Spongo-Nucleoside genannt nach dem Vorkommen von Thymin-arabinosid = Spongothymidin in einem Schwamm). Hier hat vor allem das Cytosin-arabinosid erhebliche Wirksamkeit gezeigt und wird bereits in der Praxis zur lokalen Bekämpfung bestimmter Virus-Erkrankungen eingesetzt.

Zur weiteren Charakterisierung und Verdeutlichung des Antimetabolit-Begriffs erscheint es als angezeigt, hier auch kurz auf den Wirkungsmechanismus einiger anderer Gruppen von Cytostatica oder Cancerostatica einzugehen und ihn von dem der Antimetabolite abzugrenzen. In diesem Zusammenhang sind insbesondere die alkylierenden Agenzien, verschiedene Antibiotika und die Steroid-Hormone zu erwähnen.

Die Antibiotika sind als Gruppe im Gegensatz zu den Antimetaboliten oder alkylierenden Agenzien nicht durch ihren Wirkungsmechanismus, sondern die Art ihrer Entdeckung gekennzeichnet. Soweit sie am Protein- und Nucleinsäure-Stoffwechsel angreifen, [324; 741; 769] können sie ihrem Wirkungsmechanismus nach entweder zu den alkylierenden Agenzien (wie das Mitomycin [649; 804; 1040]) oder zu den Antimetaboliten gehören und sind daher in die vorliegenden Ausführungen eingeschlossen, wie z. B. Azaserin und 6-Diazo-5-oxo-L-Norleucin, das 3'-Desoxyadenosin, das Puromycin, das Psicofuranosin, das Tubercidin und das Hadacidin. Eine dritte Gruppe bildet Komplexe mit makromolekularen zelleigenen Verbindungen (z. B. Actinomycin [357; 827], Streptomycin [114] und Phleomycin [301]).

Die alkylierenden Agenzien führen Alkyl-Gruppen in zelleigene Verbindungen ein und stören dadurch deren physiologische Funktion. Wegen ihrer großen Reaktivität können die alkylierenden Agenzien mit zahlreichen Verbindungen in der Zelle reagieren, und erst in der letzten Zeit wurde bewiesen, daß die Reaktion mit den Nucleinsäuren für ihre biologische Wirkung verantwortlich ist [128; 129; 130; 617; 619; 620; 650]. Dadurch entstehen z. B. Vernetzungen innerhalb der DNS-Helix, die die Replication verhindern. Die Wirkung ist also einer Strahlenschädigung ähnlich (wenn auch die chemischen Prozesse im einzelnen unterschiedlich sind) und diese Verbindungen haben deshalb nicht zu Unrecht den Namen „Radiomimetica" bekommen.

Die durch Alkylierung, Strahlenwirkung oder Komplex-Bildung mit Antibiotika veränderten Nucleinsäuren sind nicht mehr zur Erfüllung einer normalen Matritzen-Funktion fähig. Darüber hinaus können sie in in-vitro Ansätzen diejenigen Enzymzentren blockieren, an denen normalerweise die Nucleinsäuren zur Ausübung ihrer Templat-Funktion angelagert werden [301; 397; 434; 1085; 1086]. Dadurch vermögen sie die enzymatischen Synthesen auch in Gegenwart der normalen Nucleinsäuren zu hemmen, und es bildet sich dabei zu diesen häufig ein kompetitives Verhältnis aus [301]. In Analogie zu den Antimetaboliten könnte man hier von „Antimatrizen" sprechen. Es ist jedoch sehr unwahrscheinlich, daß eine derartige — im in-vitro Ansatz künstlich hervorrufbare — Konkurrenz von Matrize und „Antimatrize" auch in der Zelle stattfindet. Eine Anwendung von „Antimatrizen" zur gezielten Beeinflussung bestimmter Enzyme, wie sie durch Antimetabolite erreicht wird, ist sicher vor allem davon abhängig, ob es gelingt, Verbindungen mit einem derartigen Charakter in größerem Ausmaß in die Zelle hineinzubringen.

Der Wirkungsmechanismus der letzten Gruppe von potentiellen Cancerostatica, der Steroid-Hormone, liegt nach neueren Untersuchungen in der Aktivierung von Genorten, die die Bildung bestimmter Enzyme zur Folge hat [997; 1056]. Dazu müssen DNS-Moleküle (oder bestimmte Abschnitte eines Moleküls) als Matrizen zur „Ablesung" durch die RNS-Polymerase wirksam werden. In welcher Weise die Hormone das bewirken (z. B. durch Einlagerung in die DNS-Helix auf Grund der „hydrophobic bonds") und wie ihre organspezifische Wirkung zustande kommt (z. B. durch bestimmte Receptoren), wird zur Zeit intensiv untersucht.

Es sei noch erwähnt, daß auch zwei andere cancerostatisch wirksame Verbindungs-Klassen, die keiner der bereits erwähnten großen Gruppen zuzuordnen sind, mit dem Nucleinsäure-Stoffwechsel interferieren. So hemmen die Vinca-Alkaloide die DNS- und RNS-Synthese [570; 666; 837; 1011]. Phthalanilide schieben sich als coplanare Heterooligobasen zwischen die Purin- und Pyrimidin-Basen der DNS-Helix und bewirken so Hemmungen der Nucleinsäure-Synthese [826].

Es kann also festgestellt werden, daß alle wesentlichen heute bekannten cancerostatischen Verbindungen über eine Beeinflussung der Nucleinsäuren und ihres Stoffwechsels wirksam werden. Dieser Tatsache sollte bei Versuchen zur Entwicklung neuer Cancerostatica Rechnung getragen werden.

1.2. Über die strukturelle Ähnlichkeit von Antimetabolit und Metabolit

Da Enzym und Metabolit zueinander passen müssen wie Schlüssel und Schloß (E. Fischer), sind den Variationsmöglichkeiten zur Abwandlung eines Metaboliten in einen Antimetaboliten bestimmte Grenzen gesetzt. Werden sie überschritten, geht die Affinität zum Enzym verloren und der Stoff ist völlig inert. Ausmaß und Art der möglichen Abänderungen sind dabei von Enzym zu Enzym verschieden, weil hier die unterschiedliche Spezifität der Enzyme zum Ausdruck kommt. So gibt es Enzyme, die gleiche Substrate umsetzen, aber völlig unterschiedlich auf den gleichen Hemmstoff reagieren. Bei der Entwicklung neuer Antimetabolite wird es im allgemeinen günstig sein, die Abänderungen zunächst so gering wie möglich zu halten.

Im chemischen Sinne ist die Affinität eines Substrates zu seinem Enzym von bestimmten reaktiven Gruppen, die die Bindung zum Enzym eingehen, sowie von sterischen Bedingungen abhängig. Häufig sind diese Voraussetzungen für eine

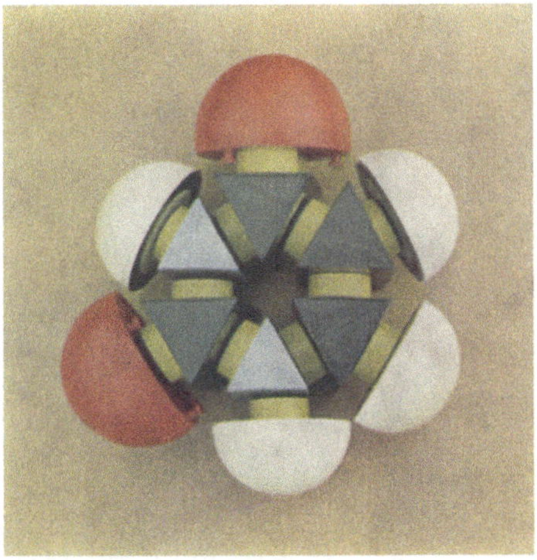

a)

b)

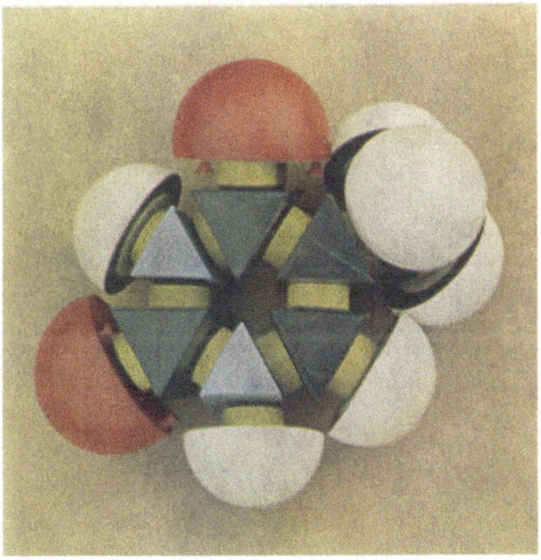

c)

d)

Abb. 1. Modelle von a) Uracil, b) 5-Fluoruracil, c) Thymin und d) 5-Bromuracil, die unterschiedliche Größe der Substituenten am C-5 des Uracils zeigend.

Die van der Waalsschen Radien dieser Substituenten sind: H = 1,20 Å, F = 1.35 Å, CH_3 = 2,00 Å; Br = 1,95 Å; die Radien der entsprechenden Substituenten der hier nicht gezeigten Verbindungen 5-Chloruracil, 5-Joduracil und 5-Trifluormethyluracil sind: Cl = 1,81 Å, J = 2,16 Å und CF_3 = 2,44 Å.

Affinität bei dem Versuch erkannt worden, aus einem Metaboliten durch Abwandlung einen Antimetaboliten zu erhalten. Ein in diesem Zusammenhang klassisch gewordenes Beispiel für die Bedeutung bestimmter raumerfüllender Gruppen sind die 5-halogenierten Uracile. In Abb. 1 sind die Radien der Halogen-Substituenten im Vergleich zu denen der natürlichen Substituenten wiedergegeben. Wie ersichtlich, ist die Größe des Radius vom Fluor der des Wasserstoff, vom Jod oder Brom dagegen der der Methyl-Gruppe ähnlich. Biochemisch verhalten sich daher 5-Fluoruracil wie Uracil und 5-Jod- und 5-Bromuracil wie Thymin. Auch der Radius der Trifluormethyl-Gruppe ist dem der Methyl-Gruppe ähnlich und 5-Trifluormethyluracil wird daher in die DNS eingebaut. Der Radius des Chlor liegt zwischen dem des Brom oder Jod und dem des Fluor. 5-Chloruracil kann daher von der Zelle sowohl als Uracil wie auch als Thymin „empfunden" werden. Die Größe des Substituenten am C-5 hat hier also einen ganz entscheidenden Einfluß auf das Stoffwechselschicksal der Verbindung und entscheidet unter anderem darüber, ob sie in die DNS oder die RNS eingebaut wird.

Die strukturellen Abwandlungsmöglichkeiten am Molekül eines Metaboliten zur Gewinnung eines Antimetaboliten sind natürlich sehr groß, auch wenn der Tatsache Rechnung getragen wird, daß hierbei ein bestimmtes Maß nicht überschritten werden darf. Das gilt besonders für die Antimetabolite des Nucleinsäure-Stoffwechsels im engeren Sinne, d. h. die von den natürlichen Purinen und Pyrimidinen und ihren Nucleosiden abgeleiteten Derivate. Hier gibt es zahlreiche im Sinne der Antimetabolit-Gewinnung „vernünftige" Variationen. Zu den bewährten Veränderungen gehören: bei den Pyrimidinen die Einführung verschiedener Substituenten (z. B. Halogene, $-NH_2$, $-NHOH$, $-NO_2$, $-SH$, $-$Äthyl) am C-Atom 5 von Uracil und Cytosin, Austausch einer OH-Gruppe gegen eine SH-Gruppe (2-Thiouracil), Austausch eines Ring-C-Atoms gegen ein N-Atom (5-Aza- oder 6-Azauracil- oder -cytosin-Verbindungen). Bei den Purinen Austausch von OH-Gruppen gegen SH-Gruppen (6-Thioguanin, 6-Mercaptopurin) oder die NH_2-Gruppe (2,6-Diaminopurin), Einführung von Halogenen am C-Atom 2 oder 6 (2-Fluoradenin, 6-Chloropurin), Austausch eines Ring-C-Atoms gegen ein N-Atom (8-Azaguanin) oder umgekehrt Austausch eines Ring-N-Atoms gegen ein C-Atom (7-Deazaadenosin = Tubercidin), Vertauschen der Plätze eines C- und N-Atoms im Ringsystem (Pyrazolo [3.4-d]pyrimidine).

Weniger zahlreich sind offenbar die Möglichkeiten, durch Veränderung des Zuckeranteils von Nucleosiden Antimetabolite zu erhalten. Offenbar stellen die Enzyme des Nucleinsäure-Stoffwechsels bei der Kohlehydrat-Komponente viel höhere Ansprüche an die Bewahrung einer natürlichen Struktur als bei den Basen. Zu den erfolgreichen Abänderungen am Zuckeranteil von Nucleosiden gehören insbesondere die Umkehr des Hydroxyls am C-2′ (Arabinosyl-Nucleoside) oder C-3′ (Xylosyl-Nucleoside) und die Umwandlung der Hydroxy-Gruppe am C-3′ in eine Desoxy-Gruppe (3′-Desoxyadenosin = Cordycepin). In diesem Zusammenhang sei darauf hingewiesen, daß sich allein aus der Kombination einer Base mit einem Zucker theoretisch je 4 isomere Nucleoside für die D-Form und die L-Form ableiten lassen (α-, β-Form, Furanosyl-, Pyranosyl-Form). Es haben sich in der

Vergangenheit aus der Erfahrung heraus Regeln ergeben, nach denen sich die Wahrscheinlichkeit für die Antimetabolit-Wirkung dieser isomeren Nucleoside im gewissen Umfang voraussagen läßt. Dabei treten aber immer wieder Ausnahmen auf. So konnte bis vor kurzem angenommen werden, daß α-Nucleoside ohne jede Wirkung sind, da alle im Nucleinsäure-Stoffwechsel auftretenden bzw. als Antimetabolite wirksamen Nucleoside der β-Konfiguration zugehörten. Dann wurden jedoch Ausnahmen gefunden: α-Cytidin-2'- oder 3'-phosphat wurde in Hefe-RNS nachgewiesen und hemmt die Ribonuclease [348] und α-2'-Desoxythioguanosin kann enzymatisch gespalten werden [634] und möglicher Weise sogar in die DNS eingebaut werden [633]. α-2'-Desoxyglucosyl-thymin und α-2'-Desoxyxylosyl-thymin hemmen die Uridin-Desoxyuridin-Phosphorylase, wenn auch in geringerem Ausmaß als die β-Formen [295]. α-Uridin-5'-diphosphat hemmt oder fördert (je nach Konzentration) die Bildung von Polyuridylsäure aus Uridin-5'-diphosphat durch die Polynucleotid-Phosphorylase [749]. Ebenso konnte die früher gültige Annahme, daß pyranoide Nucleoside biochemisch unwirksam sind, nicht mehr aufrecht erhalten werden. Bei den eben genannten Hemmstoffen der Uridin-Desoxyuridin-Phosphorylase ist eine pyranoide Struktur der Zuckerkomponente sogar Voraussetzung für die Wirksamkeit und eine Reihe von Antibiotika, die wie das Puromycin in die Protein-Synthese eingreifen, enthält pyranoide Nucleoside [324].

1.3. Letale Synthese

Mit Ausnahme der Folsäure- und Glutamin-Antagonisten müssen alle Antimetabolite, die mit der Synthese der Nucleinsäuren interferieren, von der Zelle erst in die eigentliche Wirkform — die Nucleotide — übergeführt werden. Die Ursache hierfür liegt darin, daß die deNovo-Synthese der Purin- und Pyrimidin-Verbindungen in der Zelle ausschließlich (Purine) oder vorwiegend (Pyrimidine) über phosphorylierte Zwischenstufen verläuft. Daher erreichen die Antimetabolite auch nur in der Nucleotid-Form diejenige Substrat-Ähnlichkeit, die Voraussetzung für die Wirkung ist. Es ist jedoch nicht möglich, die Nucleotide selbst zu verabreichen, da sie nicht intakt in die Zelle gelangen, sondern beim Penetrations-Prozeß dephosphoryliert werden [842; 843; 622]. Es müssen daher geeignete, nicht phosphorylierte Vorstufen, also die freien Basen oder die Nucleoside, appliziert werden, aus denen die Zelle dann die aktiven Nucleotide selbst herstellt. Dieser Vorgang wird nach einem von PETERS geprägten Begriff für die Überführung von Fluoressigsäure in das eigentlich wirksame Fluorcitrat [778] als „letale Synthese" bezeichnet. Das Ausmaß der letalen Synthese entscheidet weitgehend über die cytostatische Wirksamkeit einer Verbindung gegen eine bestimmte Zellart, wie in Abb. 2 am Beispiel der Hemmbarkeit des Wachstums verschiedener Transplantationstumoren durch Cytosin-arabinosid gezeigt wird. Hier besteht eine klare Abhängigkeit zwischen der Nucleotidbildung und der Verlängerung der Überlebenszeit der die verschiedenen Tumoren tragenden Mäuse.

Es hat zahlreiche Versuche gegeben, das Phosphat der Nucleotide durch eine Gruppe zu simulieren, die die Penetration in die Zelle nicht behindert, um so zu unmittelbar wirksamen Verbindungen zu gelangen. In diesem Zusammenhang sind die ausgedehnten Untersuchungen von BAKER und Mitarbeitern über „nonclassical antimetabolites" zu nennen, in denen versucht wurde, die Ribosyl-phosphat-Gruppe z. B. durch ω-Carboxyalkyl-,5-Ribosyl-Carbamat-, Salicyl- oder Carboxybenzyl-Gruppen zu ersetzen [31; 35; 36; 37; 38]. Obwohl dabei partiell aktive Verbindungen erhalten wurden, blieb ihre Wirksamkeit doch weit unter derjenigen der entsprechenden Ribosyl-phosphat-Verbindungen und sie haben keine praktische Bedeutung erlangt. Da Sulfatester im Gegensatz zu Phosphatestern in die Zellen penetrieren [17], ist auch die Anwendung von Sulfatestern des 5-Fluor-2'-desoxyuridins [1054] und des Thymidins [583] versucht worden. Beide Verbindungen hemmten jedoch die Nucleinsäure-Synthese nicht, so daß Sulfate von der Zelle offenbar nicht als „phosphatähnlich" empfunden werden. Auch die zahlreichen Versuche, Nucleotide durch Veresterung in eine penetrierfähige Form zu bringen, haben bisher keine praktisch anwendbaren Erfolge erbracht. Vermutlich ist die Penetration derartiger Verbindungen zu langsam und die Ester werden in der Zelle unter schneller Zerstörung der Pentosyl-phosphat-Bindung gespalten.

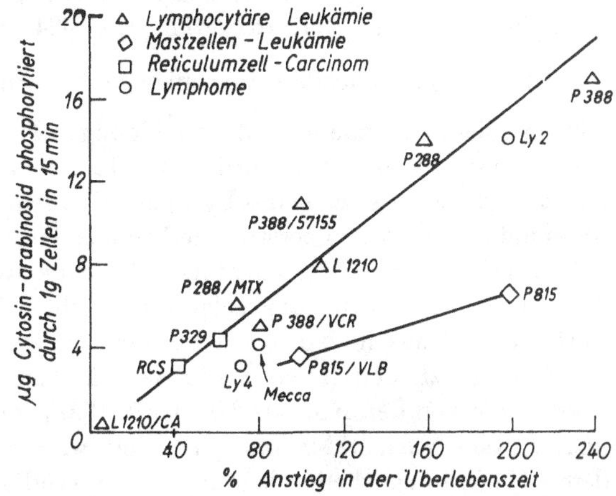

Abb. 2. Verlängerung der Überlebenszeit Tumor-tragender Mäuse durch Cytosin-arabinosid in Abhängigkeit von dessen Phosphorylierung. Jeder Punkt stellt eine bestimmte Tumorart dar (nach D. KESSEL, T. C. HALL und I. WODINSKY [548a]).

Die Enzyme, durch die die Antimetabolite in die wirksame Nucleotid-Form überführt werden, gehören dem sogenannten „salvage pathway" an. Dieser Syntheseweg dient in der Zelle dazu, Nucleinsäure-Bestandteile, die durch den Abbau der Nahrung und durch Zelltod frei werden, wieder der Nucleinsäure-Synthese zuzuführen. Er stellt damit eine Ergänzung und Entlastung der deNovo-Synthese der Nucleinsäure-Bausteine dar. Obwohl dieser Syntheseweg in fast allen Zellen vorkommt und seine Enzyme einer wohlgeordneten Aktivitätskontrolle unterliegen, ist er für die Zellen nicht lebenswichtig. Daher können Zellen durch Mutation Enzyme dieses Syntheseweges verlieren, dabei lebensfähig bleiben und gleichzeitig gegen bestimmte Antimetabolite, die zur Überführung in die Nucleotide auf diese Enzyme angewiesen sind, resistent werden (s. S. 87). Die Abhängigkeit von der letalen Synthese ist also ein ernster Nachteil für die Anwendung von Antimetaboliten, zu dessen Umgehung es bisher noch keine Möglichkeiten gibt.

Die letale Synthese verläuft für die Purin-Analoga auf einem anderen Wege als für die Pyrimidin-Analoga. Daher sind die üblicherweise applizierten Verbindungs-Formen für beide Gruppen unterschiedlich. Purin-Analoga, wie z. B. 6-Mercaptopurin, 6-Thioguanin und 8-Azaguanin, können als freie Purinbasen appliziert werden. Sie werden in der Zelle von einer Gruppe von Enzymen, den Nucleotid-Pyrophosphorylasen [25; 167; 417; 643; 664; 851; 1035], wie folgt umgesetzt:

$$\text{Purin} + \text{5-Phosphoribosylpyrophosphat} \leftrightarrows \text{Purin-Nucleotid} + \text{Pyrophosphat.}$$

Obwohl diese Enzyme nach der rückläufigen Reaktion — der Pyrophosphorylase des Nucleotids — benannt wurden, verläuft die Reaktion praktisch vollkommen in Richtung der Synthese, da das Pyrophosphat sehr rasch durch die sehr aktive Pyrophosphatase der Zellen zerstört und so aus dem Gleichgewicht genommen wird.

Wie insbesondere Untersuchungen über die Resistenzursachen gegen verschiedene Purin-Antimetabolite gezeigt haben, gibt es für jedes natürlich vorkommende Purin eine spezifische Nucleotid-Pyrophosphorylase (s. S. 90).

Alternativ zu den freien Purinbasen können auch die Nucleoside eingesetzt werden, die von den Nucleosid-Kinasen [582] mit Hilfe von Adenosin-5'-triphosphat zu den Nucleotiden phosphoryliert werden. Der Einsatz von Nucleosiden, deren Herstellung chemisch sehr viel aufwendiger ist als die der freien Purine, hat aber keine wesentlichen Vorteile gebracht. Offenbar ist die Aktivität der Nucleosid-Kinasen in den meisten Zellen nicht größer als die der Nucleotid-Pyrophosphorylasen. Außerdem kann die Nucleosid-Form eines der wichtigsten Purin-Antimetabolite, des 6-Mercaptopurins, nicht in dieser Weise phosphoryliert werden, da es für den entsprechenden Metaboliten, das Inosin, keine Kinase gibt [53].

Die meisten Purin-Antimetabolite können dann durch weitere, ebenfalls als Kinasen bezeichnete Enzyme (die aber nicht mehr dem „salvage pathway" angehören!) weiter zu den Nucleosid-di- und triphosphaten phosphoryliert werden. Diese Phosphorylierung dürfte aber nur für diejenigen Antimetabolite von besonderer Bedeutung sein, die über ihren Einbau in die Nucleinsäuren wirken und daher als Triphosphate zur Verfügung stehen müssen. Die Nucleotide einiger Purin-Analoga wie z. B. des 6-Methylaminopurins werden in der Zelle nicht weiter phosphoryliert [918].

Anders als bei den Purinen ist der Einsatz der Pyrimidin-Analoga als freie Basen im allgemeinen kaum möglich, da es für die meisten Pyrimidin-Basen keine Nucleotid-Pyrophosphorylasen zur Nucleotid-Bildung gibt. Lediglich die Orotsäure, ein Zwischenprodukt der deNovo-Pyrimidin-Synthese, wird mit 5-Phosphoribosylpyrophosphat zu Orotidin-5'-phosphat umgesetzt. In Analogie dazu kann 5-Fluororotsäure zu 5-Fluororotidin-5'-phosphat umgesetzt werden, aus dem dann durch Decarboxylierung 5-Fluoruridin-5'-phosphat gebildet wird [233]. Das hieran beteiligte Enzym ist jedoch spezifisch für Orotsäure. Andere Pyrimidine wie Uracil, Thymin und deren Analoga werden in den meisten Geweben nicht auf diesem Wege umgesetzt [223; 641]. Es gibt jedoch Ausnahmen; so können z. B. Trypanosomen 6-Azauracil mit 5-Phosphoribosylpyrophosphat zum Nucleotid umsetzen [855].

Normalerweise werden Pyrimidin-Basen aber nur sehr schlecht in der Zelle anabolisch umgesetzt. Dabei entsteht zunächst das Nucleosid nach der Reaktion

$$\text{Pyrimidin} + \text{Pentose-1-phosphat} \leftrightharpoons \text{Nucleosid} + \text{Orthophosphat}.$$

Die hierbei beteiligten Enzyme sind die Nucleosid-Phosphorylasen [158; 159; 160; 337; 338; 589; 590; 796]. Die von ihnen katalysierte Reaktion verläuft jedoch nur in geringem Ausmaß in Richtung der Synthese, da der hohe Orthophosphat-Gehalt der Zelle die Reaktion stark in Richtung der Nucleosid-Spaltung zwingt. Im Gegensatz zu den Nucleotid-Pyrophosphorylasen sind die Nucleosid-Phosphorylasen daher in erster Linie als abbauende Enzyme zu bezeichnen. Sie sind als solche für die rasche, die Wirksamkeit stark beeinträchtigende Spaltung der Nucleoside 5-Fluor-2'-desoxyuridin, 5-Brom-2'-desoxyuridin und 5-Jod-2'-desoxyuridin verantwortlich (s. S. 104). Die geringe Syntheseleistung führt dazu, daß in den meisten Geweben freie Pyrimidin-Basen ausschließlich dem Abbau verfallen. Lediglich in schnell wachsenden Geweben, in denen der Abbau von Pyrimidinen nur in geringem Umfang vor sich geht, wird z. B. Uracil in nennenswertem Umfang zur RNS-Synthese herangezogen [159; 621a; 863].

Die Synthese von Pyrimidin-2'-desoxyribonucleosiden durch die Nucleosid-Phosphorylase-Reaktion erfolgt nicht allein wegen des ungünstigen hohen intrazellulären Orthophosphat-Gehaltes in ungenügendem Ausmaß. Zusätzlich fehlt es auch der Zelle, insbesondere der Säugerzelle, an dem für die Reaktion benötigten 2-Desoxyribose-1-phosphat. Thymin und 5-Brom- oder 5-Joduracil, die normalerweise nicht von der Zelle zur DNS-Synthese benutzt werden [472; 814], können daher in erheblichem Umfang in die DNS eingebaut werden, wenn sie zusammen mit einem 2-Desoxyribose-Spender wie 2'-Desoxyguanosin (dessen Spaltung direkt 2-Desoxyribose-1-phosphat liefert) appliziert werden [609]. Der Einbau von 5-Bromuracil in die DNS bei gleichzeitiger Gabe von 2'-Desoxyguanosin wurde auch am lebenden Tier beobachtet [610]. Im allgemeinen ist es jedoch üblich, alle Pyrimidin-Antimetabolite in Form ihrer Ribo- oder Desoxyribonucleoside anzuwenden. Diese Nucleoside werden dann durch Nucleosid-Kinasen mit Hilfe von Adenosin-5'-triphosphat zu den gewünschten Nucleotiden phosphoryliert. Der Anabolismus der in die Nucleinsäuren einbaubaren Antimetabolite erfolgt dann durch weitere Phosphorylierung zur Triphosphat-Stufe, die das Ausgangsprodukt für die Polymerase-Reaktion darstellt.

5-Fluoruracil bildet insofern eine Ausnahme unter den Pyrimidin-Antimetaboliten, als es in der Zelle zwar ebenfalls erst als 2'-Desoxyribonucleotid (5-Fluor-2'-desoxyuridin-5'-phosphat) wirksam wird, im Gegensatz zu den anderen 5-halogenierten Uracilen aber trotzdem als freie Base eingesetzt werden kann. Die Ursache dafür ist die besonders hohe Affinität des Desoxyribonucleotids zum zu hemmenden Enzym [436], die bewirkt, daß auch schon sehr geringe intrazellulär gebildete Nucleotid-Mengen Effekte erzielen. Trotzdem ist auch hier das Nucleosid 5-Fluor-2'-desoxyuridin die für die Applikation wesentlich günstigere Verbindung [93; 609].

2. Wirkungsweise

Die Wirkung von Antimetaboliten kann durch die Blockierung von Enzymreaktionen oder den Einbau des Antimetaboliten in zelleigene Verbindungen hervorgerufen werden.

2.1. Hemmung von Enzym-Reaktionen

Die Hemmung anaboler enzymatischer Reaktionen im Nucleinsäure-Stoffwechsel führt zu einer Störung der Nucleinsäure-Synthese. Da es nur wenige Verbindungen gibt, die den eigentlichen Polymerisations-Schritt blockieren, kommt die Störung der Nucleinsäure-Synthese durch Antimetabolite im allgemeinen indirekt durch Erzeugung eines Mangels an Precursoren zustande. In jedem Falle resultiert eine Hemmung der Zellvermehrung, da für diese eine normale Nucleinsäure-Synthese eine unbedingte Voraussetzung ist.

Da die Hemmung im allgemeinen reversibel ist, tritt durch sie auch keine irreversible Schädigung der Zelle ein. Die Zelle ist also in ihrer Vermehrung gehemmt, wird aber nicht unmittelbar abgetötet und die Verbindungen wirken daher im engeren Sinne des Wortes echt „cytostatisch". Für die therapeutische Anwendbarkeit kann das als Nachteil betrachtet werden, da die Wirkung nur so lange anhält, wie der Antimetabolit in wirksamen Konzentrationen vorhanden ist. Das ist aber, bedingt durch schnellen Abbau und Ausscheidung, bei der Mehrzahl der Antimetabolite nur eine begrenzte Zeit der Fall[1]. Man ist hier bei der Therapie darauf angewiesen, daß die in ihrem Nucleinsäure-Stoffwechsel gehemmte Zelle den Abwehrkräften des Körpers leichter zum Opfer fällt. Die mit den Antimetaboliten dieses Hemmtyps (z. B. 6-Azauridin, 6-Mercaptopurin) erzielten praktischen Erfolge zeigen, daß diese Erwartung in gewissem Umfang berechtigt ist, obwohl diese Verbindungen zum Teil sogar eine Schädigung der immunologischen Abwehr bewirken.

Wird durch Antimetabolite vorwiegend oder ausschließlich die DNS-Synthese betroffen, so wird dadurch in der Folge der Zelltod durch „unreguliertes Wachs-

---

[1] Es ist verschiedentlich vorgeschlagen worden, Antimetabolite mit alkylierenden Gruppen zu versehen und so die hohe Selektivität des Angriffs durch eine irreversible Hemmung zu ergänzen. Es sind jedoch bisher noch keine derartigen Verbindungen bekannt geworden, die wirksamer sind als die einfachen Antimetabolite. Das beruht sicher darauf, daß die Einführung der alkylierenden Gruppen im allgemeinen eine Verminderung der Affinität der Verbindung zum Enzym hervorruft (s. a. „Ergänzungen", S. 220ff).

tum (unbalanced growth) verursacht. Dieser Prozeß wurde auf Grund seiner Entdeckung durch COHEN und BARNER [206] an Thymin-Mangel-Mutanten von *E. coli* als „Thymin-Mangeltod" bezeichnet. Thymin-Mangel-Mutanten stellen in Medien ohne Thymin nicht nur ihre Vermehrung ein, sondern sterben ab. Sie verhalten sich in dieser Hinsicht grundsätzlich anders als z. B. Uracil- oder Aminosäure-Mangel-Mutanten, die in Medien, die den benötigten Metaboliten nicht enthalten, sich zwar nicht vermehren können, aber auch nicht absterben. Ursache des Zelltodes ist nicht der Thymin-Mangel an sich, sondern die dadurch gehemmte DNS-Synthese bei gleichzeitig ungehemmter RNS- und Protein-Synthese. Es kommt so zu einer Hemmung der Zellteilung bei ungestörtem Zellwachstum und damit zur Bildung nicht lebensfähiger Riesenzellen. Voraussetzung für den Thymin-Mangeltod ist somit eine ungestörte RNS- und Protein-Synthese. Zellen, in denen eine dieser beiden Synthesen gehemmt ist, sterben bei unterdrückter DNS-Synthese nicht ab. So überleben z. B. Doppelmutanten von *E. coli*, die weder Thymin noch Uracil bilden können, in Medien, die weder Thymin noch Uracil enthalten. Sie sterben jedoch sofort ab, wenn nur Uracil zugesetzt wird.

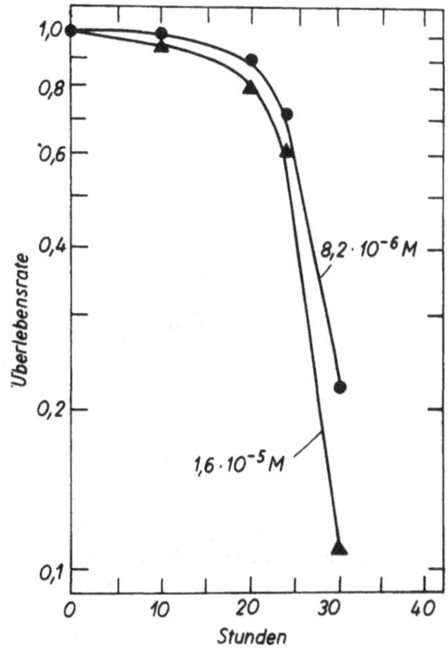

Abb. 3. Verlust der Vermehrungsfähigkeit von HeLa S-3 Zellen nach Behandlung mit 2 verschiedenen Konzentrationen von Cytosin-arabinosid als Funktion der Behandlungszeit (nach J. H. KIM und M. L. EIDINOFF [553]).

Die dem Thymin-Mangeltod zugrunde liegende selektive Hemmung der DNS-Synthese kann auch durch Antimetabolite erreicht werden. Das wurde zuerst von COHEN und Mitarbeitern [208] bei der 5-Fluor-2'-desoxyuridin-Wirkung auf *E. coli* gefunden und später an anderen Bakterien und an Gewebekulturen bestätigt. Zu den in dieser Weise wirksamen Stoffen gehört neben dem 5-Fluor-2'-desoxyuridin [271; 858] das Amethopterin [858] (vorausgesetzt, daß Purine und Aminosäuren im Medium vorhanden sind, deren Synthese durch Folsäure-Analoga ebenfalls gehemmt ist) und das Cytosin-arabinosid [540; 553] (Abb. 3 u. 4). Auch die durch 5-Brom- oder 5-Joduracil-Einbau in die DNS bedingte Hemmung der Zellteilung (s. S. 51) führt zu unreguliertem Wachstum und damit zum Zelltod.

Es ist noch unbekannt, inwieweit durch Antimetabolite auch in vivo der Zelltod durch unreguliertes Wachstum hervorgerufen werden kann. Trotzdem sollten auch die oben angeführten Befunde Anlaß dazu sein, nach Antimetaboliten zu suchen, die selektiver als das bei den bisher bekannten der Fall ist, nur die DNS-Synthese hemmen.

Die Hemmung enzymatischer Reaktionen durch Antimetabolite kann auf zwei verschiedenen Wegen zustande kommen, da die Protein-Moleküle der Enzyme zwei voneinander verschiedene, für ihre Wirkung wichtige Zentren besitzen:

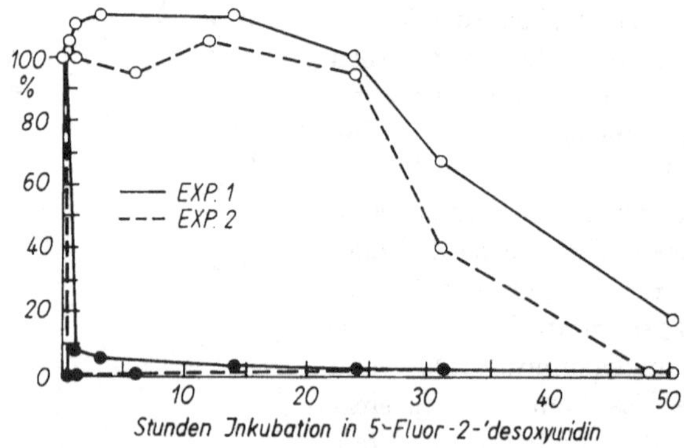

Abb. 4. Wirkung der Inkubationszeit (Abszisse) in 4×10^{-7} M 5-Fluor-2′-desoxyuridin auf das nachfolgende Wachstum von H. Ep. 1 Zellen.

Die Ordinate gibt das prozentuale Wachstum während der auf die Inkubation mit 5-Fluor-2′-desoxyuridin folgenden 7 Tage wieder. Die beiden unteren Kurven zeigen das Wachstum bei Inkubation in einem Normalmedium, die beiden oberen dasjenige in einem mit Thymidin versetzten Medium (nach M. L. Eidinoff und M. A. Rich [271]). Es ist zu sehen, daß nach einer bestimmten Länge der Inkubationszeit mit dem Hemmstoff der Zusatz von Thymidin keine Zellvermehrung mehr auslöst.

1. das katalytisch aktive Zentrum, an das sich die umzusetzenden Metabolite anlagern,
2. das regulative („allosterische") Zentrum, an das sich ebenfalls Metabolite anlagern, die aber nicht umgesetzt werden, sondern die katalytischen Eigenschaften des Enzymmoleküls beeinflussen. Ein solches Zentrum ist jedoch nicht bei allen Enzymen nachgewiesen.

Wegen ihrer strukturellen Ähnlichkeit mit den Metaboliten können Antimetabolite auf beide Zentren einwirken[1].

2.1.1. Blockierung des katalytisch aktiven Zentrums von Enzymen

2.1.1.1. Kinetische Grundlagen der Bindung von Substraten und Inhibitoren an das katalytisch aktive Zentrum. Das Vorkommen eines katalytisch aktiven Zentrums ist seit den Versuchen von Henri [456] und Michaelis und Menten [706], also bereits seit mehr als 50 Jahren, bekannt. Damals wurde aus der Kinetik von enzy-

[1] Eine Bindung von Antimetaboliten an Coenzyme gibt es im Nucleinsäure-Stoffwechsel im allgemeinen nicht, da Coenzyme hier nicht vorkommen. Nach Baker [26] sollen jedoch Azaserin und 6-Diazo-5-oxo-L-Norleucin anstelle von Glutamin an das Pyridoxalphosphat gebunden werden können.

matisch katalysierten Umsetzungen geschlossen, daß das Substrat [S] der Umsetzung mit dem Enzym [E] eine Zwischenverbindung eingeht. Es liegt also eine Reaktion vor, die man in sehr vereinfachter Form wie folgt ausdrücken kann:

$$S + E \rightarrow ES$$

und nach dem Massenwirkungsgesetz

$$\frac{[E]\,[S]}{[ES]} = K$$

K ist korrekt als Substrat- oder Dissoziations-Konstante K_s zu bezeichnen und ist ein Maß für die Affinität eines Substrates (= Metaboliten!) zu einem Enzym. K_s wird im allgemeinen mit der auf kinetischem Wege ermittelten Michaelis-Konstanten K_m gleichgesetzt, was aber nicht immer zulässig ist, da die Werte beider Konstanten erheblich voneinander abweichen können (s. u.). Entsprechend der folgenden Ableitung hat K_m die Dimension einer Konzentration und wird allgemein als „molar" angegeben. Wie ebenfalls aus der Ableitung hervorgeht, ist die Affinität eines Metaboliten zum Enzym umso größer, je kleiner K_m ist.

Obwohl die meisten Lehrbücher der physiologischen Chemie eine Ableitung von K_m enthalten, erscheint es wegen der großen Bedeutung dieser Meßgröße für die Bewertung von Antimetaboliten als angezeigt, auch hier näher darauf einzugehen. Eine solche Ableitung von K_m ist aus zweierlei Gründen wertvoll: zum ersten zeigt sie die Problematik der Bewertung von K_m als Ausdruck der Affinität zum Enzym, zum anderen geht aus ihr hervor, in welcher Weise die im allgemeinen nicht meßbaren Größen der obigen Gleichung wie [E] und [ES] in meßbare zur praktischen Bestimmung von K_m überführt werden.

Die Reaktion zwischen Enzym und Substrat ist vollständiger als das oben geschehen ist, wie folgt auszudrücken:

$$E + S \underset{k_{-1}}{\overset{k_1}{\rightleftharpoons}} ES \xrightarrow{k_2} E + P; \quad P = \text{Produkte}$$

Die weiteren Formulierungen gehen von der im allgemeinen gültigen Annahme aus, daß das Substrat in einem solchen Überschuß vorhanden ist, daß die in ES gebundene Menge praktisch die Konzentration des freien Substrates nicht verändert. Im Gegensatz dazu ändert sich die Menge an freiem Enzym beträchtlich und ist daher im folgenden gleich E—ES gesetzt. Die Bildungsgeschwindigkeit von ES ist dann

$$v_1 = k_1([E] - [ES])\,[S];$$

der Zerfall von ES geht nach

$$v_2 + v_3 = k_{-1}[ES] + k_2[ES] \qquad \text{vor sich.}$$

Im stationären Zustand ist die Bildung von ES gleich dem Zerfall

$$v_1 = v_2 + v_3$$

oder

$$k_1([E] - [ES])\,[S] = k_{-1}[ES] + k_2[ES]$$

Daraus folgt:

$$\frac{([E] - [ES])\,[S]}{[ES]} = \frac{k_{-1} + k_2}{k_1} = K$$

$K = \frac{k_{-1} + k_2}{k_1}$ entspricht den aus kinetischen Daten erhaltenen Werten für die Michaelis-Konstante K_m. Daraus ergibt sich, daß die Michaelis-Konstante keine thermodynamische Gleichgewichts-Konstante ist, sondern die Resultante aus mehreren Geschwindigkeits-Konstanten. Sie wird dann zu einem exakten Maß für die Affinität eines Substrates zu seinem Enzym, wenn $k_2 \ll k_{-1}$ ist, da nur unter diesen Umständen sich das Gleichgewicht zwischen E + S und ES einstellen kann $\left(K_m = \frac{k_{-1}}{k_1} = K_s\right)$.

Das ist offenbar bei der Mehrzahl der Enzyme, aber nicht bei allen, der Fall. So unterscheidet sich z. B. bei der Meerrettich-Peroxydase der für K_m ermittelte Wert von K_s um 2 Zehnerpotenzen [176]. Zum genaueren Studium der hier liegenden Problematik sei auf Webb [1036] verwiesen. Für praktische Zwecke wird man jedoch durch die Bestimmung von K_m auf dem üblichen kinetischen Wege (s. u.) gute Anhaltspunkte über das Verhältnis der Affinitäten von Metaboliten und Antimetaboliten gewinnen. Wie sich aus den obigen Gleichungen ergibt, ändert sich K_m nur um das doppelte, wenn $k_2 = k_{-1}$ statt $k_2 \ll k_{-1}$ vorliegt. Dagegen unterscheiden sich die praktisch angewandten Antimetabolite von den Metaboliten in ihren Affinitäten um 1 bis 5 Zehnerpotenzen.

Zur Berechnung von K_m werden in die oben entwickelte Gleichung die meßbaren Werte der Geschwindigkeit der Enzymreaktion $= v$ und ihrer Maximalgeschwindigkeit $= v_{max}$ eingeführt. Bei der Annahme, daß der Zerfall von ES in E + P die geschwindigkeitsbegrenzende Reaktion ist, wird $v = k_2\,[ES]$ und die maximale Geschwindigkeit v_{max} dann erreicht, wenn [S] so hoch ist, daß fast das gesamte [E] als [ES] vorliegt und daher $v_{max} = k_2[E]$ ist. Unter Einsetzung der so gewonnenen Werte für $[ES] = \frac{v}{k_2}$ und $[E] = \frac{v_{max}}{k_2}$ gewinnt man nach entsprechender Umformung die Gleichung

$$K_m = [S]\left(\frac{v_{max}}{v} - 1\right),$$

die zur Berechnung von K_m verwandt werden kann. Man erkennt, daß $K_m = [S]$ wird, wenn $v = \frac{1}{2}\,v_{max}$ ist.

K_m wird meist graphisch nach dem von Lineweaver und Burk [648] beschriebenen Verfahren ermittelt. Hierzu wird die letztgenannte Gleichung wie folgt umgeformt:

$$\frac{1}{v} = \frac{K_m}{v_{max}} \cdot \frac{1}{[S]} \cdot \frac{1}{v_{max}}$$

Bei Auftragung von $\frac{1}{v}$ gegen $\frac{1}{[S]}$ ergibt sich eine Gerade, deren Anstieg $= \frac{K_m}{v_{max}}$ und deren Schnittpunkt mit der Ordinate $= \frac{1}{v_{max}}$ ist. Der Schnittpunkt mit der Abzisse ist $= \frac{-1}{K_m}$ (s. Abb. 5).

In ähnlicher Weise wie der Metabolit geht auch der Antimetabolit (Inhibitor = I) eine reversible Bindung mit dem katalytischen Zentrum des Enzyms ein:

$$I + E \leftrightharpoons IE \quad \text{und} \quad \frac{[I]\,[E]}{[EI]} = K_i$$

Der der Michaelis-Konstante entsprechende Ausdruck wird hier Inhibitor-Konstante [K_i] genannt.

Metabolit und Antimetabolit konkurrieren miteinander um die Besetzung des katalytisch aktiven Zentrums der Enzyme. Das Ergebnis ist abhängig vom Verhältnis der Konzentrationen der beiden Verbindungen und dem Verhältnis ihrer Affinitäten, d. h. von $\frac{K_i}{K_m}$. Je kleiner K_i im Verhältnis zu K_m wird, um so mehr überwiegt die Affinität des Antimetaboliten diejenige des Metaboliten und die Enzymreaktion wird entsprechend gehemmt. Das Verhältnis $\frac{K_i}{K_m}$ ist daher für die Wirksamkeit eines Antimetaboliten ein entscheidender Wert. Antimetabolite, die nur eine geringfügig höhere Affinität zum Enzym haben als die entsprechenden Metabolite, können in ihrer Wirksamkeit durch den von ihnen selbst bewirkten Anstau des nicht mehr umgesetzten Metaboliten stark abgeschwächt werden.

Die hier beschriebene, für die meisten Antimetabolite typische Hemmung wird als kompetitive oder Konkurrenzhemmung bezeichnet. Sie ist im Experiment dadurch zu erkennen, daß bei gleichem Enzym/Hemmstoff-Verhältnis durch Erhöhung der Substrat-Konzentration eine Verringerung der Hemmung zu erreichen ist. Anders ausgedrückt: bei der kompetitiven Hemmung wird K_m scheinbar erhöht; die Maximal-Geschwindigkeit bleibt dagegen unverändert, da ja — zumindest theoretisch — bei genügend hoher Substrat-Konzentration der Antimetabolit völlig vom Enzym verdrängt wird und die Reaktion so mit ihrer normalen Geschwindigkeit ablaufen kann. Verändert ist lediglich die Substratkonzentration, bei der dieser Zustand eintritt.

Neben diesem Hemmtyp gibt es den der nicht kompetitiven Hemmung, der aber für Antimetabolite nicht typisch ist und nur zum Vergleich erwähnt werden soll. Hier hat das Substrat keinerlei Einfluß auf die Bindung des Inhibitors durch das Enzym (z. B. Cyanid-Hemmung, viele SH-Blocker). Der Hemmtyp ist gekennzeichnet durch ein unverändertes K_m (da die nicht blockierten Enzym-Moleküle das Substrat mit der gleichen Affinität binden) und eine erniedrigte Maximal-Geschwindigkeit (da der eigentlich katalytische Prozeß, d. h. die Umwandlung von ES in E + P gehemmt ist).

Bei der graphischen Darstellung nach LINEWEAVER und BURK [648] kommen die beiden Hemmungen wie folgt zum Ausdruck: Im Falle der kompetitiven Hemmung ist der Schnittpunkt mit der Ordinate für die aus der gehemmten Reaktion berechneten Geraden der gleiche wie er aus der ungehemmten Reaktion resultiert (da der Schnittpunkt $\frac{1}{v_{max}}$ entspricht und dieser Wert durch die kompetitive Hemmung nicht verändert wird). Der Anstieg der Geraden wird um den Faktor $1 + \frac{[I]}{K_i}$ steiler, wobei [I] die angewandte Inhibitor-Konzentration darstellt (s. Abb. 5).

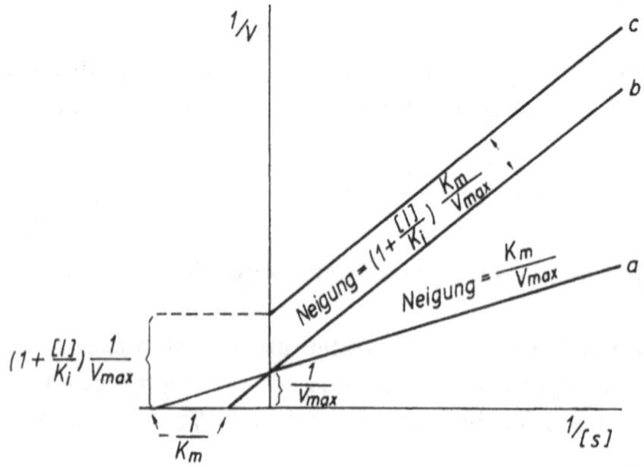

Abb. 5. Berechnung von K_m und K_i sowie Bestimmung des Hemmtyps nach LINEWEAVER und BURK [648]. a) ungehemmte Reaktion; b) kompetitive Hemmung; c) nichtkompetitive Hemmung.

Der Berechnung ist zugrunde gelegt, daß $K_i = 1/10\ K_m$ ist und [I] gleich dem halben in der Abbildung wiedergegebenen niedrigsten Wert von [S] (Endpunkt der Abzisse).

Bei der nicht-kompetitiven Hemmung ergibt sich in der graphischen Darstellung eine Verschiebung des Schnittpunktes der Geraden mit der Ordinate um den Faktor $1 + \frac{[I]}{K_i}$ (das ist also derjenige Wert, um den v_{max} kleiner wird). Der Anstieg der Geraden entspricht wie bei der kompetitiven Hemmung

$$\left(1 + \frac{[I]}{K_i}\right) \frac{K_m}{v_{max}}$$

Neben der rein kompetitiven oder rein nicht-kompetitiven Hemmung gibt es auch Übergänge, bei denen ein gemischter Hemmtyp resultiert. Das ist z. B. dann der Fall, wenn sowohl die Substrat-Bindung als auch die Umwandlung von ES in E + P gehemmt wird.

Ein weiterer für Antimetabolite wichtiger Hemmtyp ist derjenige der pseudoirreversiblen oder stöchiometrischen Hemmung, wie er von ACKERMANN und POTTER [2] beschrieben wurde. Hier liegt eine so hohe Affinität des Hemmstoffes zum Enzym vor, daß eine vollständige Hemmung des Enzyms bei Hemmstoff-Konzentrationen erreicht wird, die in der Höhe der Enzym-Konzentrationen liegen. Unter diesen Umständen ist die für die normale Michaelis-Menten-Kinetik vorausgesetzte Annahme eines großen Überschusses von [I] über [E] nicht mehr gültig; die Hemmung wird von der Menge des Enzyms abhängig. Man kann unter diesen Umständen das Enzym mit dem Hemmstoff titrieren, wovon auch praktischer Gebrauch gemacht wurde (s. S. 34). Der Übergang zur stöchiometrischen Hemmung durch immer kleinere Werte von K_i (höhere Affinitäten von I) ist in der Abb. 6 wiedergegeben, in der v gegen die Enzym-Konzentration aufgetragen ist. Während bei K_i-Werten von der vorwiegend vorkommenden Größenordnung die gehemmte Reaktion sich nur durch den Anstiegswinkel der Geraden von der ungehemmten Reaktion unterscheidet (d. h. es liegt bei allen Enzym-Konzentrationen die gleiche prozentuale Hemmung vor), wird bei extrem niedrigen K_i-Werten die Gerade der gehemmten Reaktion parallel zur ungehemmten auf der Abzisse verschoben.

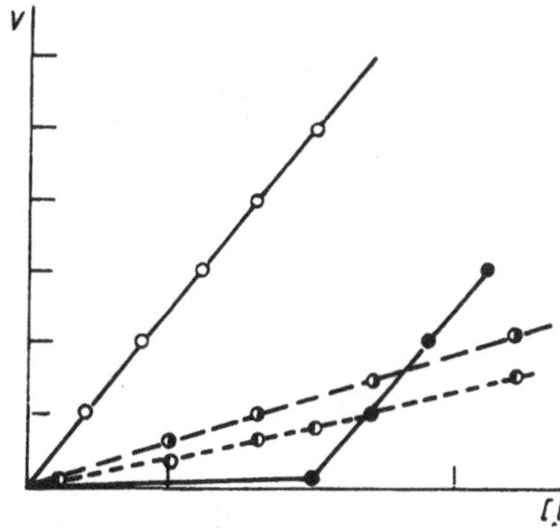

Abb. 6. Graphische Darstellung der Reaktionsgeschwindigkeit in Abhängigkeit von der Enzym-Konzentration unter Normalbedingungen und in Gegenwart von Inhibitoren mit verschiedenen K_i-Werten.
Der Berechnung wurde zugrunde gelegt: [S] immer $= 5 \times 10^{-2}$ M; K_m immer $= 10^{-3}$ M; ○—○ [I] = 0; ◑—◑ $K_i = 10^{-4}$ M und [I] $= 10^{-3}$; ◐—◐ $K_i = 10^{-6}$ M und [I] $= 5 \times 10^{-5}$ M; •—• ist $K_i = 10^{-9}$ M und [I] $= 10^{-5}$ M (nach W. W. Ackermann und V. R. Potter [2)].

Ackermann und Potter haben auf die mögliche Bedeutung dieses Hemmtyps für die Chemotherapie des Krebses hingewiesen. Wenn ein Enzym in verschiedenen Geweben in unterschiedlicher Menge vorkommt, so wird es durch Hemmstoffe mit einem K_i-Wert der üblichen Größenordnung in allen Geweben (unabhängig von der Enzym-Menge) zum gleichen Prozentsatz gehemmt. Liegen aber extrem niedrige K_i-Werte vor, so wird unter bestimmten Bedingungen das Enzym in denjenigen Geweben, in denen es in niedriger Menge vorkommt, vollständig gehemmt, während in Geweben mit hohem Enzym-Gehalt noch eine — eventuell entscheidende — Aktivität erhalten bleibt. Falls gerade Krebszellen wenig von diesem Enzym enthalten, so würden sie selektiv getroffen werden, auch wenn qualitativ in ihnen die gleichen biochemischen Prozesse ablaufen, wie in den Normalzellen.

Unter den bisher bekannten Antimetaboliten erreichen nur die Folsäure-Analoga und in gewissem Umfang auch die 5-Fluorpyrimidine K_i-Werte, die zu einer stöchiometrischen Hemmung führen.

2.1.1.2. Antimetabolite als substratanaloge Enzym-Inhibitoren. Viele enzymatische Umsetzungen im Nucleinsäure-Stoffwechsel können heute durch bestimmte Antimetabolite über eine Konkurrenz mit den entsprechenden Metaboliten spezifisch gehemmt werden. Tab. 1 enthält eine Zusammenstellung von Antimetaboliten, die in dieser Weise wirksam werden (s. auch das Schema über die Nucleinsäure-Synthese am Ende des Buches). Die in der Tabelle aufgeführten Antimetabolite unterscheiden sich voneinander in dem für ihre Wirksamkeit so wichtigen Wert von $\frac{K_m}{K_i}$ zum Teil um mehrere Zehnerpotenzen. Eine sehr geringe Wirksamkeit weist z. B. das 6-Azauridin-5'-phosphat (Tab. 1, Nr. 17) mit einer im Vergleich

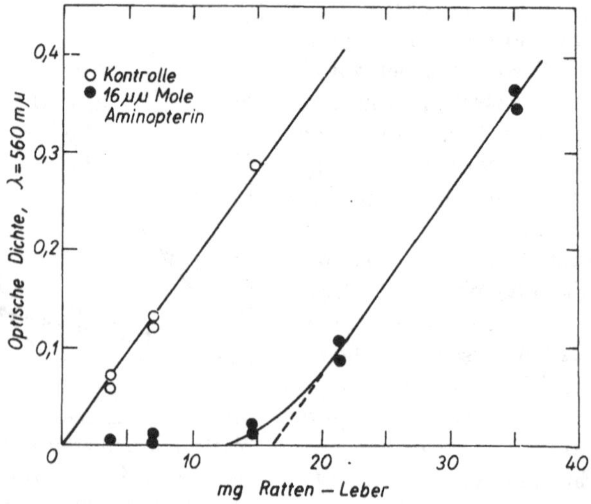

Abb. 7 Hemmung der Folsäure-Reduktase im partikelfreien Überstand von Rattenleber-Homogenat durch Aminopterin (Stöchiometrische Hemmung). Inkubation für 20 min. bei 37° (nach W. C. WERKHEISER [1043]).

zum Substrat nur 10fach höheren Affinität zum Enzym auf [990]. Dieser Wert ist so gering, daß die Hemmung durch das aufgestaute Substrat überwunden werden kann [1041].

Die höchste Wirksamkeit weisen die Folsäure-Analoga Aminopterin und Amethopterin auf. Diese beiden Verbindungen hemmen das Enzym Folsäure-Reduktase, das die Reduktion der Folsäure über Dihydrofolsäure zu Tetrahydrofolsäure katalysiert [66; 83; 1082; 1083]. Die Affinität der genannten Analoga zu diesem Enzym ist bei pH 6,0 100000fach und bei pH 7,4 20000fach höher als die der Folsäure[1].

Die hohe Affinität der Folsäure-Analoga zur Folsäure-Reduktase hat den stöchiometrischen Hemmtyp zur Folge [1043; 1046] (Abb. 7). Dadurch ist es möglich, dieses Enzym mit Amethopterin zu titrieren. Untersuchungen dieser Art

[1] Zum Vergleich sei angeführt, daß WOODS [1062] auf Grund von Wachstums-Tests (also nicht durch enzymatische Untersuchungen) bei verschiedenen Sulfanilamid/p-Aminobenzoesäure-Verhältnissen auf Werte bis zu 1:25000 zu ungunsten des Antimetaboliten kam. Allerdings scheint hier eine starke Permeations-Behinderung an der Zellwand eine Rolle zu spielen, da nach neueren Untersuchungen am isolierten Enzym das Verhältnis 1:20 (damit aber immer noch sehr ungünstig) ist [132].

wurden vor allem von WERKHEISER durchgeführt [1043; 1045; 1046] und ergaben, daß nach Gabe der LD_{50} an Ratten praktisch keine freie Reduktase mehr in der Leber und im Darm nachgewiesen werden kann. Auch in dem Amethopterin-sensiblen Murphy-Sturm-Sarcom ist dann keine freie Reduktase mehr vorhanden, wohl aber in dem gegen diesen Antimetaboliten unempfindlicheren Walker-Carcinom. Hier liegt damit ein sehr schöner Nachweis der Beziehung zwischen Reduktase-Hemmung und cancerostatischer Aktivität vor.

Obwohl bei den üblicherweise angewandten Dosierungen (z. B. in der Klinik etwa 0,1 mg/kg) der weitaus größte Teil der Folsäure-Antagonisten nach 24 Stunden im Urin ausgeschieden wird [449; 450], verbleibt ein bestimmter Anteil sehr lange im Gewebe. So fand WERKHEISER [1045] für Leber eine Halbwertszeit der Verweildauer bis zu 90 Tagen. Zu ähnlichen Ergebnissen kamen auch CHARACHE CONDIT und HUMPHREY [183]. FOUNTAIN und Mitarbeiter konnten Amethopterin noch 8 Monate nach der Applikation in Mäuseleber nachweisen [321].

Während der Zeit ihres Verweilens in den Geweben liegen die Folsäure-Antagonisten offenbar an das Enzym gebunden vor [1043]. Sie sind in dieser Form nicht ohne weiteres dialysabel, sondern können nur durch Dialyse gegen Folsäure vom Enzymprotein getrennt werden, wobei dessen Aktivität restauriert wird. Nach Angaben von HUENNEKENS und BERTINO [64; 290; 485] läßt sich der Hemmstoff durch Chromatographie an DEAE-Cellulose vom Enzym abtrennen.

Da nach Application der Folsäure-Antagonisten die vorhandenen Folsäure-Reduktase-Moleküle praktisch irreversibel gehemmt sind, ist die Zelle zu ihrem Fortbestand auf die Neubildung des Enzyms angewiesen. Diese erfolgt dann allerdings oft in einem kompensatorisch erhöhten Maß (s. S. 93).

Wichtig für die 100000fache Steigerung der Affinität im Vergleich zum Substrat ist offenbar der sowohl beim Aminopterin als auch Amethopterin vorliegende Ersatz der OH-Gruppen am C-4 des Pteridin-Ringes durch eine NH_2-Gruppe. Über die Grundlagen der dadurch bedingten Affinitäts-Erhöhung gibt es verschiedene Ansichten. Nach ZAKRZEWSKI [1081] ist die durch die NH_2-Gruppe ermöglichte Wasserstoff-Brückenbildung zum Enzym dafür verantwortlich. BAKER und Mitarbeiter [33] nehmen dagegen auf Grund der Untersuchung einer Reihe von Vergleichssubstanzen bei verschiedenen pH-Werten an, daß die durch die NH_2-Gruppe ermöglichte Protonisierung des Pteridin-Ringes eine bessere Reaktion mit der Anion-Form des Enzyms erlaubt. Auch nach PERAULT und PULLMANN [776] ist die stärkere Basizität der Analoga die Ursache ihrer hohen Affinität zum Enzym.

Nach den Folsäure-Antagonisten ist das 5-Fluor-2'-desoxyuridin-5'-phosphat (Tab. 1, Nr. 21) der in seiner Affinität zum Enzym — der Thymidylat-Synthetase — am meisten dem Substrat (2'-Desoxyuridin-5'-phosphat) überlegene Antimetabolit. Das Verhältnis $\frac{K_m}{K_i}$ beträgt hier 1700 [436]. Auch hier ist die Affinität so groß, daß ein stöchiometrischer Hemmtyp resultieren kann [82; 208; 691]. Nach Untersuchungen von HEIDELBERGER und Mitarbeitern an der Thymidylat-Synthetase aus Säugergeweben liegt hier jedoch ein rein kompetitiver Hemmtyp

Tabelle 1

Durch substratanaloge Antimetabolite gehemmte Reaktionen der Biosynthese der Nucleinsäuren. Antimetabolite, die Reaktionen dadurch hemmen, daß sie selbst anstelle der Substrate umgesetzt werden, sind nicht aufgeführt. Es wird immer nur dasjenige Substrat genannt, zu dem der Antimetabolit in Konkurrenz tritt

Nr.	Substratanaloger Antimetabolit	Substrat	Enzym	Produkt	Literatur
1.	6-Mercaptopurin-ribosid-5′-phosphat	Inosin-5′-phosphat	Inosin-5′-phosphat-Dehydrogenase	Xanthosin-5′-phosphat	23; 415; 416; 867
2.	6-Mercaptopurin-ribosid-5′-phosphat	Inosin-5′-phosphat	Adenylosuccinat-Synthetase	Adenylosuccinat	24; 867
3.	6-Mercaptopurin-ribosid-5′-phosphat	Adenylosuccinat	Adenylosuccinat-Lyase	Adenosin-5-′phosphat	24; 109
4.	6-Thio-Analoges des Adenylosuccinates	Adenylosuccinat	Adenylosuccinat-Lyase	Adenosin-5′-phosphat	414
5.	6-Mercaptopurin-ribosid-5′-diphosphat	Adenosin-5′-diphosphat	Polynucleotid-Phosphorylase	Polyadenylsäure	162
6.	6-Thioguanosin-5′-phosphat	Inosin-5′-phosphat	Inosin-5′-phosphat-Dehydrogenase	Xanthosin-5′-phosphat	415
7.	6-Chlorpurin-ribosid-5′-phosphat	Inosin-5′-phosphat	Inosin-5′-phosphat-Dehydrogenase	Xanthosin-5′-phosphat	415
8.	3′-Desoxyadenosin-5′-triphosphat	Adenosin-5′-triphosphat	RNS-Polymerase	Polyadenylsäure	569; 916
9.	3′-Desoxyadenosin-5′-triphosphat	Adenosin-5′-triphosphat	RNS-Polymerase	RNS	914

Tabelle 1 (Fortsetzung)

10.	3'-Desoxyadenosin-5'-triphosphat	Adenosin-5'-triphosphat	Ribose-phosphat-Pyrophosphokinase	5-Phosphoribosylpyrophosphat	764
11.	3'-Desoxy-3'-aminoadenosin-5'-triphosphat	Adenosin-5'-triphosphat	RNS-Polymerase	RNS	914
12.	Adenin-arabinosid-5'-triphosphat	2'-Desoxyadenosin-5'-triphosphat	DNS-Polymerase	DNS	1071
13.	Adenin-arabinosid-5'-diphosphat	Adenosin-5'-diphosphat	Polynucleotid-Phosphorylase	Polyadenylsäure	663
14.	Adenin-xylosid-5'-triphosphat	Adenosin-5'-triphosphat	Ribose-phosphat-Pyrophosphokinase	5-Phosphoribosyl-pyrophosphat	764
15.	Adenylmethylen-diphosphonat	Adenosin-5'-diphosphat	Polynucleotid-Phosphorylase	Polyadenylsäure	927
16.	Guanylylmethylen-diphosphonat	Guanosin-5'-triphosphat	Guanosin-5'-triphosphat-abhängige Reaktionen bei der Protein-Synthese		459
17.	6-Azauridin-5'-phosphat	Orotidin-5'-phosphat	Orotidin-5'-phosphat-Decarboxylase	Uridin-5'-phosphat	423
18.	6-Azauridin-5'-diphosphat	Uridin-5'-diphosphat	Polynucleotid-Phosphorylase	Polyuridylsäure	931
19.	6-Azauridin-5'-triphosphat	Uridin-5'-triphosphat	RNS-Polymerase	RNS	356
20.	6-Azauridin-5'-triphosphat	Cytidin-5'-triphosphat		Cytidylylcytidylyl-adenosin — Ende der Transfer — RNS	528

Tabelle 1 (Fortsetzung)

Nr.	Substratanaloger Antimetabolit	Substrat	Enzym	Produkt	Literatur
21.	5-Fluor-2′-desoxyuridin-5′-phosphat	2′-Desoxyuridin-5′-phosphat	Thymidylat-Synthetase	Thymidin-5′-phosphat	208; 436; 835
22.	5-Trifluormethyl-2′-desoxyuridin-5′-phosphat	2′-Desoxyuridin-5′-phosphat	Thymidylat-Synthetase	Thymidin-5′-phosphat	835
23.	5-Hydroxyuridin-5′-triphosphat	Uridin-5′-triphosphat	RNS-Polymerase	RNS	853
24.	5-Aminouridin-5′-phosphat	Orotidin-5′-phosphat	Orotidin-5′-phosphat-Decarboxylase	Uridin-5′-phosphat	954
25.	4-N-Hydroxy-2′-desoxycytidin-5′-phosphat	2′-Desoxyuridin-5′-phosphat	Thymidylat-Synthetase	Thymidin-5′-phosphat	738
26.	Uracil-6-sulfonsäure	Orotsäure	Orotidin-5′-phosphat-Pyrophosphorylase	Orotidin-5′-phosphat	471
27.	2-Ureido-Methylsuccinat	Carbamoylaspartat	Dihydroorotase	Dihydroorotat	960
28.	Carbamoylglutamat	Carbamoylaspartat	Dihydroorotase	Dihydroorotat	960
29.	5-Azaorotsäure	Orotsäure	Orotidin-5′-phosphat-Pyrophosphorylase	Orotidin-5′-phosphat	424
30.	Formylbiuret	Carbamoylaspartat	Dihydroorotase	Dihydroorotat	190

Tabelle 1 (Fortsetzung)

31.	Cytosin-arabinosid-5'-diphosphat	Cytidin-5'-diphosphat	Polynucleotid-Phosphorylase	Polycytidylsäure	163
32.	Cytosin-arabinosid-5'-diphosphat	Cytidin-5'-diphosphat	Cytidin-5'-diphosphat Reductase	2'-Desoxycytidin-5'-diphosphat	188; 663
33.	Hadacidin	Aspartat	Adenylosuccinat-Synthetase	Adenylosuccinat	79
34.	Decoyinin	Adenosin-5'-triphosphat	Ribose-phosphat-Pyrophosphokinase	5-Phosphoribosylpyrophosphat	88
35.	Azaserin; 6-Diazo-5-oxo-L-Norleucin	Glutamin	Phosphoribosyl-formylglycinamidin-Synthetase	Formylglycinamidin-ribotid	637
36.	Azaserin; 6-Diazo-5-oxo-L-Norleucin	Glutamin	Phosphoribosylpyrophosphat-Amidotransferase	Ribosylamin-5-phosphat	370
37.	Azaserin; 6-Diazo-5-oxo-L-Norleucin	Glutamin	Guanosin-5'-phosphat-Synthetase	Guanosin-5'-phosphat	1
38.	6-Diazo-5-oxo-L-Norleucin	Glutamin	Cytidin-5'-triphosphat-Synthetase	Cytidin-5'-triphosphat	489
39.	Aminopterin; Amethopterin	Folsäure	Folsäure-Reductase	Tetrahydrofolsäure	760; 1043; 66
40.	Tetrahydrohomofolsäure	Methylentetrahydrofolsäure	Thymidylat-Synthetase	Thymidin-5'-phosphat	372

vor [36; 835]. Die besonders hohe Affinität des 5-Fluor-2'-desoxyuridin-5'-phosphates bestätigt die von HEIDELBERGER für die Auswahl von Fluor als Substituenten gegebene Begründung der hohen Wirksamkeit von Naturstoffen, in denen ein Wasserstoff-Atom durch ein Fluor-Atom ersetzt ist (z. B. Fluorcitrat).

Im Gegensatz zum 5-Fluor-2'-desoxyuridin-5'-phosphat wirkt das 5-Trifluormethyl-2'-desoxyuridin-5'-phosphat nur kompetitiv (mit einer um 1 Zehnerpotenz schlechteren Affinität), wenn es zugleich mit dem Substrat gegeben wird [835]. Bei einer Vorinkubation mit dem Hemmstoff ohne Substrat tritt eine Hemmung ein, die nicht mehr durch Substrat-Überschuß aufgehoben werden kann, d. h. irreversibel ist. Nach HEIDELBERGER könnte hierfür eine Alkylierung des Enzyms durch die aus der Trifluormethyl-Gruppe der Verbindung leicht entstehende Carboxyl-Gruppe verantwortlich sein [835].

Auch andere Antimetabolite weisen einen nicht im strengen Sinne kompetitiven Hemmtyp auf. Hierzu gehören vor allem die Glutamin-Analoga Azaserin und 6-Diazo-5-oxo-L-Norleucin. Diese beiden Verbindungen hemmen bei der Biosynthese der Nucleotide diejenigen Reaktionen, in deren Verlauf Aminierungen mit Hilfe von Glutamin erfolgen [1; 370; 489; 637] (s. Tab. 1, Nr. 35 bis 38). Sie sind dabei dem Glutamin in der Affinität zu den verschiedenen Enzymen weit überlegen (bis zum 730fachen bei der Bildung des Formylglycinamidin-ribotids [637], s. Tab. 1, Nr. 35). Glutamin kann aber nur die Hemmung abschwächen, wenn es zugleich mit dem Hemmstoff an das Enzym gelangt. Eine Vorinkubation mit dem Hemmstoff führt — ähnlich wie beim 5-Trifluormethyl-2'-desoxyuridin-5'-phosphat — zu einer irreversiblen Hemmung. Die Wirkung des Glutamins besteht hier also mehr in einer kompetitiven Verzögerung der Ausbildung dieser irreversiblen Hemmung, auch wenn formal eine kompetitive Kinetik des Hemmungsverlaufes vorliegt.

2.1.2. Reaktion von Antimetaboliten mit dem regulativen Zentrum der Enzyme

2.1.2.1. Das Prinzip der Rückkopplungsregulierung von Enzym-Reaktionen. Während das Vorhandensein eines katalytisch aktiven Zentrums am Enzym-Protein schon seit langem bekannt ist, wurde die Existenz eines regulativen Zentrums erst in jüngerer Zeit aus Untersuchungen über die Regulation der Synthese von Metaboliten erschlossen. Dabei handelt es sich um die zunächst an Mikroorganismen entdeckte Fähigkeit, die Synthese bestimmter Metabolite (z. B. Aminosäuren, Nucleotide) zu drosseln, wenn diese Metabolite in genügendem Umfange vorhanden sind. In Untersuchungen an isolierten Enzymen erwies sich, daß die Drosselung in der Weise zustande kommt, daß der als Endprodukt einer Reaktionsfolge auftretende Metabolit ein Enzym dieser Folge, im allgemeinen das erste, hemmt. So würde z. B. in der Reaktionsfolge

$$A \rightarrow B \rightarrow C \rightarrow D \rightarrow E$$

die Verbindung E das Enzym hemmen, das A zu B umsetzt. So wird über einen als Rückkopplungs-Hemmung (Feedback inhibition) bezeichneten Mechanismus verhindert, daß E im Überschuß produziert wird.

Da die als Hemmstoffe wirksamen Metabolite keinerlei Ähnlichkeit mit den vom Enzym umgesetzten Substraten haben, wurde gefolgert, daß sie mit anderen Gruppen des Enzyms reagieren als die Substrate. Das konnte auch an zahlreichen Beispielen nachgewiesen werden. So können durch vorsichtige Denaturierung mittels pH-Verschiebung, Temperatur-Erhöhung, SH-Blockern und anderen Mitteln Enzym-Präparationen gewonnen werden, die katalytisch noch voll wirksam sind, aber nicht mehr auf das Endprodukt als Hemmstoff ansprechen. Das beweist, daß die Bindung der Hemmstoffe und des Substrates an das Enzym an zwei verschiedenen Zentren von unterschiedlicher Labilität vor sich geht.

Die zahlreichen vorliegenden Befunde über die Rückkopplungs-Hemmung wurden von Jacob, Changeux und Monod zu einer umfassenden Theorie vereinigt [715; 716] (s. auch Übersicht von Stadtman [969]). Danach bewirkt die Anlagerung des regulierenden Metaboliten an das regulative Zentrum eine sterische Veränderung des Enzym-Moleküls, durch die die Bindung des Substrates an das katalytische Zentrum gehemmt (oder auch gefördert, s. u.) wird. Eine solche Änderung der sterischen Eigenschaften von Enzym-Molekülen konnte häufig nachgewiesen werden. Im Extremfall kommt es dabei zum Zerfall des Enzyms in mehrere, inaktive Untereinheiten. Auf Grund eines Vorschlags der oben genannten Autoren wird die Regulation der Enzym-Aktivität über das regulative Zentrum als „allosterische" Regulation und das Zentrum selbst als „allosterisches" Zentrum bezeichnet.

Es sei noch erwähnt, daß die Kinetik der Rückkopplungs-Hemmung formal einen kompetitiven Charakter haben kann, ohne daß hier wirklich eine Konkurrenz zweier Verbindungen um das katalytisch aktive Zentrum vorliegt [170; 351; 747a; 1011; 1069]. Offenbar wirkt die Verbindung des als Substrat auftretenden Metaboliten mit dem katalytisch aktiven Zentrum antagonistisch den Konformations-Änderungen entgegen, die durch die Anlagerung eines anderen Metaboliten an das regulative Zentrum hervorgerufen werden. In dieser Weise kommen Substrat und Rückkopplungs-Inhibitor über die Konformations-Änderungen im Enzym-Molekül letztlich doch in eine kompetitive Wechselwirkung. Die damit verbundene Erhöhung von K_m kommt in der Gleichung

$$K_m = \frac{k_{-1} + k_2}{k_1}$$

in einer Erniedrigung von k_1 zum Ausdruck.

Die ersten Enzyme auf dem Wege der deNovo-Biosynthese der Nucleotide, die durch Rückkopplung in ihrer Aktivität reguliert werden, sind die 5-Phosphoribosylpyrophosphat-Amidotransferase für die Purin-Nucleotide, die durch Adenin- und Guanin-Nucleotidege hemmt wird [170; 747a; 1069] und die Aspartat-Carbamoyltransferase für die Pyrimidin-Nucleotide, die insbesondere durch Cytosin-

Nucleotide gehemmt wird [100; 101; 351; 1070]. Gerade das letztgenannte Enzym hat durch die Untersuchungen von PARDEE [351; 1070] eine bedeutende Rolle für die Entwicklung unserer heutigen Vorstellungen über die Rückkopplungs-Hemmung gespielt.

Weitere Enzyme der Biosynthese der Pyrimidin-Nucleotide, für die eine Rückkopplungs-Hemmung beschrieben wurde, sind die Dihydroorotase [102; 103] und die Orotidin-5'-phosphat-Pyrophosphorylase [81]. Regulatorisch wirksam sind hier Uracil- und Cytosin-Nucleotide.

Die deNovo-Synthese der Pyrimidin-Nucleotide führt zunächst zum Uridin-5'-phosphat, die der Purin-Nucleotide zum Inosin-5'-phosphat. Aus diesen beiden Verbindungen werden dann alle anderen für die Nucleinsäure-Synthese benötigten Nucleotide gebildet. Auch für diese Reaktionen gibt es Rückkopplungs-Regulierungen. Erwähnt sei hier nur die zur Bildung der DNS-Precursoren notwendige Reduktion der Ribonucleotide zu 2'-Desoxyribonucleotiden. Sie wird dadurch reguliert, daß die 2'-Desoxyribonucleosid-triphosphate, die unmittelbaren Substrate für die DNS-Synthese, die an der Reduktion beteiligten Enzyme hemmen [473; 829].

Endlich unterliegen auch die Nucleosid-Kinasen — also Enzyme des „salvage pathway", der der anabolen Wiederverwendung von aus Nahrung und Zellabbau stammenden Nucleinsäure-Bestandteilen dient — einer ausgeprägten Rückkopplungs-Regulierung. So wird die Thymidin-Kinase durch Thymidin-5'-triphosphat gehemmt [106; 108; 496; 560; 754; 755]. Die Uridin-Kinase, die Uridin und Cytidin phosphoryliert, wird durch Uridin- und Cytidin-5'-triphosphat gehemmt [10; 759].

Neben der eben beschriebenen allosterischen Regulation, die eine Hemmung zur Folge hat, gibt es auch andere Formen, die eine Förderung der enzymatischen Aktivität bedingen. Hier ist nicht das Endprodukt einer Reaktionskette wirksam (was ja in bezug auf eine Regulation sinnlos wäre), sondern häufig das Substrat selbst, das durch seine Reaktion mit dem regulativen Zentrum seine Anheftung an das katalytisch aktive Zentrum und damit seinen Umsatz beschleunigt (erkennbar an der Kinetik der enzymatischen Umsetzung). Ist also viel Substrat da, wird auch viel umgesetzt, ist dagegen wenig vorhanden, drosselt sich die Reaktion selbst. Ein typisches Beispiel hierfür ist die 2'-Desoxycytidin-5'-phosphat-Desaminase, die sowohl positive wie negative Feedback-Regulierung zeigt. Sie wird durch Cytosin-2'-desoxyribonucleotide in ihrer Aktivität gefördert, durch Thymidin-5'-triphosphat (das ein Endprodukt der durch die Desaminierung eingeleiteten Reaktionskette ist) aber gehemmt [671; 672; 673; 674; 883; 884]. In anderen Fällen wird eine Förderung der Aktivität von Enzymen auch durch Verbindungen bedingt, die mit einem Folgeprodukt des enzymatischen Umsatzes eine Reaktion eingehen. So wird z. B. die Phosphorylierung von Thymidin, die die Bildung von Thymidin-5'-triphosphat einleitet, durch 2'-Desoxyadenosin-5'-triphosphat gefördert, was sinnvoll in bezug auf ein ausreichendes und gleichzeitiges Vorliegen beider Verbindungen zur DNS-Synthese ist [754; 755].

2.1.2.2. Antimetabolite als Rückkopplungs-Inhibitoren. Auf Grund ihrer strukturellen Ähnlichkeit mit den Metaboliten können Antimetabolite mit diesen nicht nur um das katalytisch aktive Zentrum am Enzym konkurrieren, sondern auch um das regulative. Dieser Wirkungsmechanismus von Antimetaboliten wurde zuerst von GOTS und GOLLUB [374] am Beispiel verschiedener Purin-Analoga entdeckt. Zur Störung des Zellstoffwechsels kommt es unter diesen Bedingungen dann dadurch, daß der Antimetabolit sozusagen „vortäuscht", es sei eine genügende Menge des entsprechenden Metaboliten vorhanden und daher dessen Bildung gedrosselt wird. In Tab. 2 sind Antimetabolite angegeben, die eine solche Rückkopplungs-Hemmung ausüben können. Da unsere Kenntnisse über die beschriebenen Regulations-Vorgänge relativ neueren Datums sind, ist verständlich, daß diese Wirkungsmöglichkeit von Antimetaboliten ebenfalls erst in letzter Zeit stark beachtet wurde. So ist z. B. erst 1964 die Wirkungsweise des damals schon seit etwa 12 Jahren in der Klinik verwandten 6-Mercaptopurins als Rückkopplungs-Hemmung der Purin-Synthese erkannt worden (s. Tab. 2, Nr. 1) [55]. Außerdem können fast alle Antimetabolite mit Rückkoppler-Wirkung auch mit den entsprechenden echten Rückkopplern, also bestimmten Metaboliten, um das katalytische Zentrum anderer Enzyme konkurrieren. Die Fähigkeit eines Antimetaboliten zur Rückkopplungs-Hemmung besagt also noch nicht, daß seine Wirkung in der Zelle wirklich darauf zurückzuführen ist. So betont HENDERSON in einem Übersichts-Artikel über dieses Gebiet [461a], daß der cytostatische Effekt von Pyrimidin-Analoga offenbar in keinem Falle auf die Rückkopplungs-Hemmung zurückzuführen ist, sondern immer auf die Blockierung des katalytisch aktiven Zentrums oder den Einbau in die Nucleinsäuren (auch wenn diese Verbindungen über die Fähigkeit zur Rückkopplungs-Hemmung verfügen). Auch gegen das oben erwähnte Beispiel des 6-Mercaptopurins sind Einwände erhoben worden auf Grund der Mengen und Wirksamkeiten der normalerweise vorhandenen Adenin-Nucleotide und der zusätzlich auftretenden 6-Mercaptopurin-Nucleotide [866]. Wegen der bekannten starken Compartmentierung der Adenin-Nucleotide kann ein solcher Vergleich jedoch leicht zu falschen Schlüssen führen.

In Untersuchungen an isolierten Enzymen erwiesen sich die Purin-Analoga als wesentlich aktivere Rückkoppler als die entsprechenden Metabolite. Die Affinität zum regulativen Zentrum läßt sich in ähnlicher Weise wie diejenige zum katalytisch aktiven Zentrum durch eine Konstante ausdrücken. Da hier Metabolite wie Antimetabolite eine Hemmung bewirken, ist das in beiden Fällen eine Inhibitor-Konstante K_i. Ein Vergleich dieser K_i-Werte von Metabolit und Antimetabolit zeigt, daß beim Enzym 5-Phosphoribosylpyrophosphat-Amidotransferase die Verbindungen 8-Azaguanosin-5'-phosphat, 6-Thioguanosin-5'-phosphat und 6-Mercaptopurin-ribosid-5'-phosphat eine etwa 2- bis 20fach höhere Affinität zum regulativen Zentrum aufweisen als der Metabolit Adenosin-5'-phosphat [701; 702]. Im allgemeinen dürfte daher die Reaktion mit dem regulativen Zentrum einen wesentlichen Beitrag zur Wirksamkeit der Purin-Analoga leisten.

In Untersuchungen an ganzen Zellen wird als Test für die Rückkopplungs-Hemmung durch Purin-Nucleotide und deren Antimetabolite häufig die Hemmung

Tabelle 2

Antimetabolite als Rückkopplungs-Inhibitoren in der Biosynthese der Purin- und Pyrimidin-Nucleotide

Nr.	Regulatorisch wirksamer Antimetabolit	Regulatorisch wirksamer Metabolit	Gehemmtes Enzym oder gehemmte Biosynthese	Literatur
1.	Mercaptopurin-ribosid-5′-phosphat	Adenosin-5′-phosphat	deNovo Purin-Synthese	55;120;374; 629
2.	Mercaptopurin-ribosid-5′-phosphat	Adenosin-5′-phosphat	5-Phosphoribosylpyrophosphat-Amidotransferase	701; 702
3.	6-Thioguanosin-5′-phosphat	Adenosin-5′-phosphat	deNovo Purin-Synthese	73;120;374; 629; 878
4.	6-Thioguanosin-5′-phosphat	Adenosin-5′-phosphat	5-Phosphoribosylpyrophosphat-Amidotransferase	701; 702
5.	6-Methylmercaptopurin-ribosid-5′-phosphat	Adenosin-5′-phosphat	deNovo Purin-Synthese	7; 455
6.	8-Azaguanosin-5′-phosphat	Adenosin-5′-phosphat	deNovo Purin-Synthese	679
7.	8-Azaguanosin-5′-phosphat	Adenosin-5′-phosphat	5-Phosphoribosylpyrophosphat-Amidotransferase	701; 702
8.	Pyrazolo-adenosin-5′-phosphat	Adenosin-5′-phosphat	deNovo Purin-Synthese	54; 57; 91
9.	Pyrazolo-inosin-5′-phosphat	Adenosin-5′-phosphat	5-Phosphoribosylpyrophosphat-Amidotransferase	701
10.	2,6-Diaminopurin-ribosid-5′-phosphat	Adenosin-5′-phosphat	deNovo Purin-Synthese	374
11.	7-Deazaadenosin (Tubercidin)-5′-phosphat	Adenosin-5′-phosphat	deNovo Purin-Synthese	54; 455
12.	2-Fluoradenosin-5′-phosphat	Adenosin-5′-phosphat	deNovo Purin-Synthese	54
13.	2-Fluoradenosin-5′-phosphat	Adenosin-5′-phosphat	5-Phosphoribosylpyrophosphat-Amidotransferase	914
14.	Psicofuranosin	Adenosin-5′-triphosphat	Guanosin-5′-phosphat-Synthetase	599;600; 909; 1007
15.	3′-Desoxyadenosin-5′-phosphat	Adenosin-5′-phosphat	5-Phosphoribosylpyrophosphat-Amidotransferase	914

Tabelle 2 (Fortsetzung)

Nr.	Regulatorisch wirksamer Antimetabolit	Regulatorisch wirksamer Metabolit	Gehemmtes Enzym oder gehemmte Biosynthese	Literatur
16.	3'-Desoxy-3'-amino-adenosin-5'-phosphat	Adenosin-5'-phosphat	5-Phosphoribosylpyro-phosphat-Amidotransferase	914
17.	Adenin-xylosid-5'-phosphat	Adenosin-5'-phosphat	deNovo Purin-Synthese	285
18.	Adenin-arabinosid-5'-triphosphat	2'-Desoxyadenosin-5'-triphosphat	Reduktion von Ribonucleotiden zu 2'-Desoxyribonucleotiden	112; 113; 1071
19.	6-Azauridin-5'-triphosphat	Uridin-5'-triphosphat	Uridin-Kinase	10
20.	5-Fluoruridin-5'-triphosphat	Uridin-5'-triphosphat	Uridin-Kinase	10
21.	5-Fluorcytidin-5'-phosphat	Cytidin-5'-phosphat	Dihydroorotase	959
22.	5-Brom-2'-desoxycytidin-5'-phosphat	Cytidin-5'-phosphat	Dihydroorotase	102
23.	5-Fluororotsäure	Orotsäure	Aspartat-Carbamoyl-transferase	959

der durch Azaserin bedingten Akkumulation von Formylglycinamid-ribotid (einem Zwischenprodukt bei der Purin-Synthese) gemessen [54; 285; 628; 629; 878]. Azaserin hemmt als Glutamin-Analogon die Umsetzung dieser Verbindung zu Formylglycinamidin-ribotid (s. Tab. 1, Nr. 35), wodurch sie sich in der Zelle anstaut. Wird durch Rückkopplungs-Hemmung aber das erste Enzym der Purin-Synthese gehemmt, so bleibt dieser Anstau natürlich aus.

Die Existenz der Rückkopplungs-Hemmung hat noch einen weiteren — negativen — Einfluß auf die Wirksamkeit von Antimetaboliten. Wird in der eingangs angeführten Reaktionskette von A nach E z. B. die Umwandlung von B zu C durch einen Antimetaboliten gehemmt, so bewirkt die in der Folge auftretende Verminderung der Menge an E eine Aufhebung der durch E verursachten Drosselung der Bildung von B aus A. B wird also in verstärktem Maße gebildet und kann die Wirkung des Antimetaboliten kompetitiv überwinden, wenn dieser nur eine geringfügig höhere Affinität (s. z. B. 6-Azauridin-5'-phosphat) zum Enzym hat.

Die Förderung einer Umsetzung durch Bindung eines Antimetaboliten an das regulative Zentrum im Sinne eines positiven Feedback hat bisher keine praktische

Bedeutung erlangt. Sie ist aber am Beispiel der Aktivierung der 2'-Desoxycytidin-5'-phosphat-Desaminase durch 6-Aza-2'-desoxycytidin-5'-phosphat bekannt geworden [537; 538; 865].

2.2. Einbau in die Nucleinsäuren

Zahlreiche Antimetaboliten entfalten ihre Wirkung nicht dadurch, daß sie unmittelbar eine enzymatische Umsetzung durch Konkurrenz mit den Metaboliten hemmen. Die Biosynthese der Nucleinsäuren verläuft hier zunächst ungestört, es wird jedoch nicht der Metabolit, sondern der Antimetabolit umgesetzt. Die Störung im Zellstoffwechsel erfolgt dann erst in einem späteren Stadium, nachdem der Antimetabolit in die Nucleinsäuren eingebaut wurde. Dadurch entstehen unnatürliche Nucleinsäure-Moleküle, die Fehler und Hemmungen im genetischen Informations-Transfer verursachen[1].

2.2.1. Der Einbau von Antimetaboliten in die DNS und seine Folgen

In der Tab. 3 sind Antimetabolite, die in die DNS eingebaut werden zusammen mit den biologischen Objekten, an denen ein solcher Einbau beobachtet wurde, aufgeführt. Außerdem ist der durch den jeweiligen Antimetaboliten ersetzte Nucleinsäure-Bestandteil sowie das Ausmaß des Ersatzes (soweit bekannt) angegeben.

Tabelle 3

Beispiele für den Einbau von Antimetaboliten in die DNS. Bei allen Zellen aus Säugergewebe oder Tumoren handelt es sich um Gewebekulturen, wenn nicht anders angegeben

Nr.	Antimetabolit	Biologisches Objekt	Ersetzter DNS-Bestandteil	% Ersatz	Literatur
1.	5-Bromuracil	*Streptococcus faecalis*	Thymin	—	1049
2.	,,	*Escherichia coli*	,,	30	261
3.	,,	,,	,,	43	1078
4.	,,	,,	,,	48	1079
5.	,,	,,	,,	42	262
6.	,,	,,	,,	50	661
7.	,,	,,	,,	50	533
8.	,,	,,	,,	43	660
9.	,,	,,	,,	22	319
10.	,,	*Bacillus subtilis*	,,	100	577
11.	,,	*Euglena*	,,	—	891
12.	,,	Phage T 2r	,,	80	261
13.	,,	Phage T 2 r_2	,,	100	652

Tabelle 3 (Fortsetzung)

Nr.	Antimetabolit	Biologisches Objekt	Ersetzter DNS-Bestandteil	% Ersatz	Literatur
14.	5-Bromuracil	Phage T 2	Thymin	100	653
15.	„	Phage T 4	„	80	907
16.	„	Polyoma-Virus	„	85	465
17.	„	HeLa-Zellen	„	50	400
18.	„	HeLa-Zellen	„	49	657
19.	„	Mäuse-Fibroblasten	„	80	400
20.	„	D98S-Zellen (Knochenmark Mensch)	„	45	252
21.	„	L-Zellen (Mäuse-Fibroblasten)	„	100	402
22.	„	Uterus-Fibroblasten des Menschen	„	93	402
23.	„	Mäuse-Sarcom 180	„	73	402
24.	„	KD-Zellen (Kaninchen-Niere)	„	62	657
25.	„	Mäuse-Leukämiezellen	„	30	698
26.	„	D98/A6-Zellen (Knochenmark-Mensch)	„	50	294
27.	„	Affennierenzellen	„	44	185
28.	„	L-Zellen (Mäuse-Fibroblasten)	„	24	185
29.	„	LSA-Lymphom in vivo	„	14	690
30.	5-Joduracil	*Escherichia coli*	„	21	261
31.	„	„	„	14	1079
32.	„	„	„	50	262
33.	„	„	„	43	661
34.	„	Phage T 2 r	„	50	261
35.	„	Phage T 1	„	60	860
36.	„	Bohnenwurzeln	„	28	956
37.	„	HeLa-Zellen	„	22	419
38.	„	HeLa-Zellen	„	14	185
39.	„	H-Ep. 1-Zellen (Cervix-Ca, Mensch)	„	24	185
40.	„	H. Ep. 1-Zellen (Cervix-Ca, Mensch)	„	40	419
41.	„	Zellen des chinesischen Hamsters	„	15	419

Tabelle 3 (Fortsetzung)

Nr.	Antimetabolit	Biologisches Objekt	Ersetzter DNS-Bestandteil	% Ersatz	Literatur
42.	5-Joduracil	Affennierenzellen	Thymin	19	419
43.	,,	Bindegewebezellen der Maus	,,	28	419
44.	,,	Mäuse-Sarcom 180	,,	22	185
45.	,,	Ehrlich-Carcinom der Maus in vitro	,,	—	809
46.	,,	Ehrlich-Carcinom der Maus in vivo	,,	—	810
47.	,,	Verschiedene Gewebe von Ratte u. Maus in vivo	,,	0,2	418
48.	,,	Mäuseleukämie, Ascites-Form in vivo	,,	2	63
49.	,,	Verschiedene Gewebe von Mensch und Maus in vivo	,,	1	202
50.	5-Chloruracil	*Escherichia coli*	,,	21	1079
51.	,,	,,	,,	68	262
52.	5-Trifluor-methyluracil	Phage T 4	,,	10	376
53.	5-Aminouracil	*Enterococcus stei*	,,	1	1024
54.	,,	*Escherichia coli*	,,	8	520
55.	5-Äthyluracil	,,	,,	15	784
56.	,,	Phage T 3 und T 7	,,	66	786
57.	6-Azathymin	*Enterococcus stei*	,,	7	1023
58.	,,	*Streptococcus faecalis*	,,	18	807
59.	5-Azacytosin	*Escherichia coli*	Cytosin	—	1075
60.	,,	*Vicia faba*	,,	—	788
61.	,,	Ehrlich-Carcinom der Maus in vitro	,,	—	519
62.	Cytosin-ara-binosid	Mäuse-Fibroblasten	2′-Desoxy-cytidin	—	923
63.	6-Thioguanin	Gewebe und Tumore der Maus in vivo	Guanin	—	627; 630
64.	2-Aminopurin	*Enterococcus stei*	Adenin	—	1025
65.	,,	*Escherichia coli*	,,	0,3	375
66.	,,	Phage T 4	,,	0,03	375
67.	Tubercidin	Mäuse-Fibroblasten	,,	—	4
68.	8-Azaguanin	*Bacillus cereus*	Guanin	—	957
69.	3′-Desoxy-adenosin	HeLa-Zellen	2′-Desoxy-adenosin	—	220

2.2.1.1. 5-Bromuracil und 5-Joduracil. 5-Bromuracil und 5-Joduracil werden auf Grund der Ähnlichkeiten der Radien des Jod- oder Brom-Atoms mit der Methyl-Gruppe von der Zelle als Thymin-Analoga in die DNS eingebaut (s. S. 21). Beide Verbindungen sind in dieser Hinsicht so häufig untersucht worden, daß die in der Tabelle angeführten Beispiele nur eine kleine Auswahl darstellen.

Der Einbau von 5-Bromuracil in die Nucleinsäuren wurde 1952 von WACKER, WEYGAND und DELLWEG entdeckt [1049]. Später beschrieben dann gleichzeitig ZAMENHOFF und GRIBOFF [1078] und DUNN und SMITH [261], daß 5-Bromuracil von *E. coli* in die DNS eingebaut wird und dort das Thymin ersetzt. Gleichzeitig wurde auch der Ersatz des Thymins durch 5-Jod- und 5-Chloruracil beschrieben.

Der Einbau der Thymin-Analoga in die DNS geht vor allem an einfachen Objekten wie Bakterien und Bakteriophagen in großem Umfang vor sich. Bei Bakteriophagen kann praktisch das gesamte Thymin durch 5-Bromuracil ersetzt werden. Dieser Ersatz hat eine große Rolle bei der Erklärung von Mutationserscheinungen auf molekularer Ebene gespielt. Ein guter Einbau läßt sich auch in Gewebekulturen erhalten. Im Körper von Tier und Mensch ist der Einbau dagegen wegen des rapiden Abbaus dieser Verbindungen nur gering (s. S. 104).

Auf dem Wege in die DNS werden die 5-Brom- oder 5-Joduracil-Verbindungen analog zu den entsprechenden Thymin-Verbindungen umgesetzt. Die im allgemeinen angewandten Desoxyribonucleoside werden durch die Thymidin-Kinase zu den Monophosphaten phosphoryliert, die dann über die Diphosphate zu den Triphosphaten umgesetzt werden. Letztere können dann für die DNS-Polymerase das Thymidin-5'-triphosphat voll ersetzen, wie im in vitro-Ansatz mit gereinigter Polymerase nachgewiesen wurde [70].

In der Zelle unterliegen die 5-Brom- oder 5-Joduracil-Verbindungen einer ständigen Konkurrenz mit den natürlichen Thymin-Verbindungen um die entsprechenden Enzyme. Soweit Untersuchungen über Michaelis-Konstanten vorliegen, sind die Werte für die natürlichen und unnatürlichen Verbindungen etwa gleich (z. B. für Thymidin-Kinase [108; 560; 766]). Die Analoga sind hier also nicht durch eine höhere Affinität überlegen. Trotzdem fanden HACKETT und HANAWALT [394] an einem Thymin-Mangel-Stamm von *E. coli*, daß in bezug auf den Einbau in die DNS eine Bevorzugung von Thymin vor 5-Bromuracil besteht. Wird diesen Bakterien z. B. 5-Bromuracil und Thymin im Verhältnis 1:1 angeboten, so enthält die neugebildete DNS 5-Bromuracil und Thymin im Verhältnis 1:5 (und nicht wie zu erwarten 1:1). Werden die Bakterien durch Hitze partiell geschädigt, so geht die Selektivität verloren (s. Abb. 8). Die Ursache für die in diesem Falle vorliegende Bevorzugung von Thymin ist noch nicht bekannt. Möglicherweise spielt auch eine

---

[1] Da zahlreiche Nucleotide eine Coenzym-Funktion ausüben, können die Antimetabolite auch in Coenzyme eingebaut werden. Die dadurch bedingten Störungen liegen jedoch nicht im Nucleinsäure-Stoffwechsel und werden daher hier nicht zusammenhängend besprochen. Hinweise auf den Einbau in die Coenzyme finden sich für die einzelnen Antimetabolite im speziellen Teil.

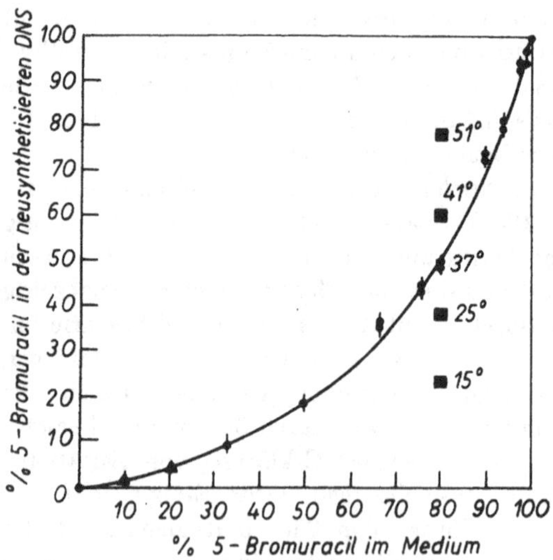

Abb. 8. Abhängigkeit des 5-Bromuracil-Einbaus in die DNS von *E. coli* TAU⁻ vom 5-Bromuracil-Gehalt des Mediums. Zusätzlich ist die Wirkung von unterschiedlichen Inkubations-Temperaturen bei einem konstanten Thymin : 5-Bromuracil-Verhältnis von 1:4 dargestellt (nach P. Hackett und P. Hanawalt [394]).

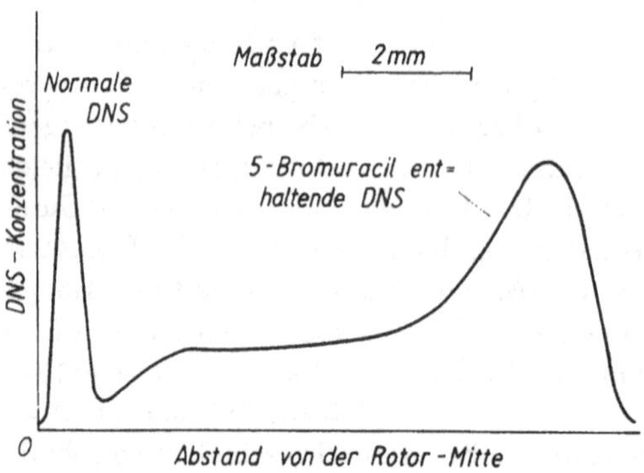

Abb. 9. Konzentrations-Verteilung von normaler und 5-Bromuracil-enthaltender DNS des Phagen T4 nach Dichtegradienten-Zentrifugation.

Eine Mischung von normalen und 5-Bromuracil-enthaltenden Phagen wurde osmotisch geschockt und bei 44700 U/min. in 8,9 molalem Cäsiumchlorid bei pH 8,4 zentrifugiert. Der Dichtegradient war 0,12 g/cm. Die normale DNS weist eine „effective density" von 1,70 auf; die maximale „effective density" der 5-Bromuracil-enthaltenden DNS ist 1,80 (nach M. Meselson, F. W. Stahl und J. Vinograd [704]).

Rolle, daß hier beide Verbindungen exogener Herkunft waren. Im allgemeinen kann man den Einbau der Analoga in die DNS erheblich dadurch steigern, daß man die endogene Bildung der Thymin-Verbindungen hemmt. Aus diesem Grunde wird oft mit Thymin-Mangel-Mutanten gearbeitet [382; 1079] oder es wird die Synthese von Thymidin-5'-phosphat durch Aminopterin [418], Sulfanilamid [653] oder 5-Fluor-2'-desoxyuridin unterdrückt [252; 292; 592; 660; 661; 690].

Der Ersatz des Thymins in der DNS durch 5-Brom- oder 5-Jod-uracil kann nach Abbau zu den Basen durch Papierchromatographie [262; 1078] oder durch Papierelektrophorese [261] nachgewiesen werden. Bei nur geringem Einbau werden allgemein radioaktive Isotope zum Nachweis herangezogen. Besonders häufig wird dabei ^{131}J- oder ^{125}J-markiertes 5-Jod-2'-desoxyuridin eingesetzt. Diese Verbindungen lassen sich in der Zelle auch — ebenso wie ^{3}H-5-Jod-2'-desoxyuridin — mikroautoradiographisch nachweisen [z. B. 185; 311; 470; 551; 670; 753; 904]. Durch ^{81}Br-markiertes 5-Bromuracil wurde von Wacker, Weygand und Dellweg bei der ersten Beschreibung des Einbaus dieser Verbindung in die Nucleinsäuren verwendet [1054]. Auch ^{32}P-Phosphat kann angewandt werden, wenn die isolierte DNS zu Mononucleotiden aufgespalten wird und dann nach säulenchromatographischer Auftrennung die für das Thymidin-5'-phosphat und 5-Jod-2'-desoxyuridin-5'-phosphat ermittelten Radioaktivitäten ins Verhältnis gesetzt werden [609; 610]. Eine weitere, sehr elegante Methode, die auch eine Bestimmung der Verteilung des Einbaus der Analoga auf die beiden Stränge der DNS-Helix gestattet, ist die von MESELSON, STAHL und VINOGRAD [704] eingeführte Analyse

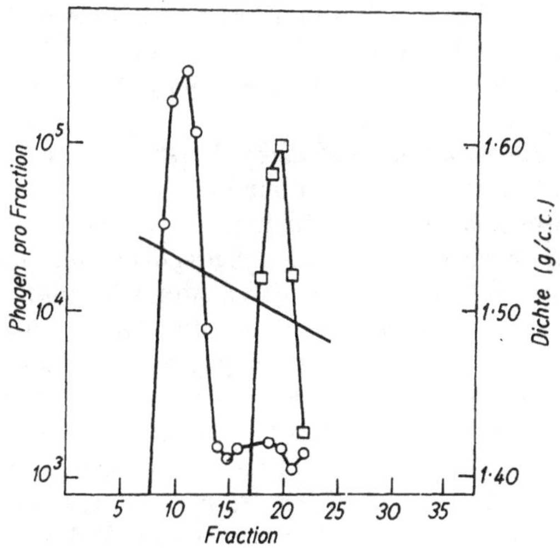

Abb. 10. Dichtegradienten-Zentrifugation von Phagen mit normaler und 5-Joduracil-enthaltender DNS.

Eine Suspension der Phagen wurde in einer Cäsiumchlorid Lösung (3,12 g in 4 ml) 60 Stunden bei 6—8° bei 25000 U/min. in einem Spinco SW 39 Rotor zentrifugiert (nach W. D. RUPP und W. H. PRUSOFF [860]). Der rechte Gipfel enthält die normalen Phagen.

durch Zentrifugation im Dichte-Gradienten [41; 252; 294; 420; 465; 577; 956; 992]. Diese Methode macht sich die Tatsache zunutze, daß 5-Brom- oder 5-Joduracil-enthaltende DNS spezifisch schwerer ist als natürliche DNS und daher durch Gradienten-Zentrifugation von dieser abgetrennt werden kann (s. Abb. 9). Diese Methode wird auch oft zur Gewinnung von Phagen mit einem einheitlichen Gehalt an 5-Brom- oder 5-Joduracil in der DNS benutzt [584; 881; 970] (s. Abb. 10).

Die physiologischen Auswirkungen des Einbaus von 5-Brom- oder 5-Joduracil in die DNS sind bei verschiedenen biologischen Objekten unterschiedlich, zum Teil aber erstaunlich gering. So vermehren sich viele Zellarten ungestört oder nur mit einer geringen Verzögerung der Generationszeit unter Bedingungen, bei denen schon eine beträchtliche Erhöhung der Strahlensensibilität zu verzeichnen ist (s. u.). Bei einem stärkeren Einbau der halogenierten Thymin-Analoga resultiert dann eine Hemmung der Zellteilung, wie beispielsweise an Bakterien und Gewebekulturen beobachtet wurde. So vermögen viele Zellarten (z. B. HeLa-Zellen [400; 926], andere Zellstämme in Gewebekultur [185], *E. coli* [207; 262; 707]) nur noch eine Zellteilung durchzuführen. Offenbar verhindert der hier erfolgte starke Einbau der Thymin-Analoga in den einen Strang der DNS-Helix deren weitere Replikation. Da die Protein-Synthese in solchen Zellen unvermindert vor sich geht, sterben sie dann unter Erscheinungen des „unbalanced growth“ (Bildung von Riesenzellen, s. S. 27) ab. Andere Zellarten, wie z. B. Uterus-Fibroblasten des Menschen und Mäuse-Fibroblasten (beide in Gewebekulturen) zeigen eine wesentlich höhere Toleranz gegen den Einbau der halogenierten Thymin-Analoga in die DNS. Hier kann praktisch alles Thymin durch 5-Bromuracil ersetzt werden [400]. Die Mehrzahl der Zellen stirbt in der Folge dann allerdings ab, einige überleben jedoch und können — in ein normales Medium gebracht — sich weiterteilen.

Zur Erklärung dieses unterschiedlichen Verhaltens verschiedener Zellarten kann angenommen werden, daß die empfindlichen Formen an bestimmten wichtigen Stellen des Genoms Thymin enthalten, dessen Ersatz durch 5-Brom- oder 5-Joduracil dann zu einer Störung führt, während bei den resistenteren Formen hier eine andere Base vorkommt. So schließt Simon [926] aus seinen Versuchen mit HeLa-Zellen, daß hier 75% aller Thymin-Moleküle ohne Schaden gegen 5-Bromuracil ausgetauscht werden können, 20% dagegen nur bedingt und die restlichen 5% nicht ohne starke Zellschädigung. Eine Schlüsselstellung könnte hierbei z. B. dem Punkt in der DNS-Helix zukommen, an dem der neue Replikations-Zyklus beginnt. In diesem Zusammenhang sind auch Untersuchungen von Smith [953] an Thymin-Mangel-Mutanten von *E. coli* zu nennen. Hier ist unter bestimmten Bedingungen der Zeitpunkt des Thymin-Mangel-Todes unterschiedlich für Thymin- oder 5-Bromuracil-behandelte Zellen. Entscheidend war dabei immer, welche der beiden Verbindungen zum Abschluß eines Replikations-Zyklus eingesetzt wurde. Auch hieraus kann geschlossen werden, daß der 5-Bromuracil-Einbau in bestimmte Chromosomen-Abschnitte von besonderer Wirksamkeit ist.

Morris und Cramer [724] fanden an Tumorzellen in Gewebekultur, daß die Behandlung mit 5-Jod-2'-desoxyuridin einen Turnover in der unter Normalbedingungen metabolisch stabilen DNS induziert. In Gegenwart dieser Verbindung verdoppeln sich Zellzahl und DNS-Gehalt nur noch einmal, es wird aber ständig weiter tritiiertes Thymidin in die DNS eingebaut. Die Konstanz des DNS-Gehaltes kommt danach in der Weise zustande, daß Abbau und Neusynthese in gleichem Umfang vor sich gehen. Hierdurch finden frühere bisher unverständliche Befunde [z. B. 533; 1079] über einen Anstieg des 5-Bromuracil-Gehaltes in der DNS von *E. coli* auch während der stationären Wachstumsphase, in der keine DNS gebildet wird, eine Erklärung.

Aus molekularbiologischen Untersuchungen ist bekannt, daß die genetische Information nur in einem der beiden Stränge der DNS-Helix enthalten ist, dem sogenannten +Strang. Der —Strang dient lediglich zur genauen Replikation dieses +Stranges. Baut eine Zelle 5-Brom- oder 5-Joduracil in ihre DNS ein und teilt sich dann, so werden auf Grund des semikonservativen Charakters der DNS-Synthese zwei Tochterzellen entstehen, die sich in bezug auf die Lokalisation der Analoga in den beiden Strängen der Helix voneinander unterscheiden: in der einen Zelle enthält der +Strang 5-Bromuracil, in der anderen der —Strang (s. Abb. 11). Da mit großer Wahrscheinlichkeit angenommen werden kann, daß sich diese

Unterschiede entscheidend im Zellstoffwechsel auswirken, ist es verwunderlich, daß experimentelle Untersuchungen hierüber noch weitgehend fehlen. Erst vor kurzem fanden Cramer und Morris [221] an Tumorzellen in Gewebekultur, daß nach einer Teilung im 5-Jod-2′-desoxyuridin-Medium nur noch die Hälfte der Zellen zur DNS-Synthese befähigt ist. Es ist noch nicht bekannt, welche der beiden möglichen Kombinationen der Einzelstränge in der DNS-Helix in diesen Zellen vorkommt. Wahrscheinlich werden jedoch diejenigen Zellen, bei denen der Einbau des 5-Joduracils in den —Strang erfolgt, weniger geschädigt.

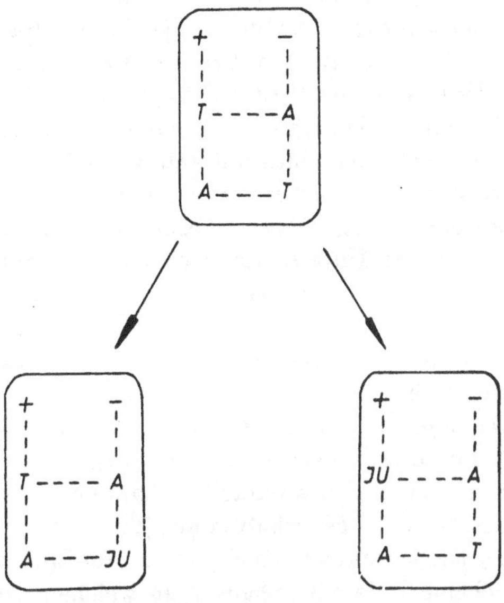

Abb. 11. Verteilung von normaler und 5-Joduracil-haltiger DNS bei der Zellteilung auf die beiden Tochterzellen. A = Adenin, T = Thymin, JU = 5-Joduracil.

Untersuchungen an Bakterien haben ergeben, daß der Einbau von 5-Bromuracil in die DNS von Donor-Zellen sowohl den Transfer von Genen bei der Konjugation als auch deren Integration in das Genom der Empfänger-Zellen stört [621; 775; 912]. Dieses Ergebnis ist im Zusammenhang mit der unten beschriebenen Störung der Reparatur von Strahlenschäden infolge des 5-Bromuracil-Einbaus in die DNS von Bedeutung, da an diesen Reparaturprozessen und an der Rekombination eventuell die gleichen Enzyme beteiligt sind [481; 482].

Bei Phagen und Viren verlängert sich unter dem Einfluß der halogenierten Thymin-Analoga die nach der Infektion auftretende Latenzperiode oder es tritt eine völlige Hemmung der Bildung von infektiösen Partikeln ein. So ist z. B. nach Angaben von Pardee und Litman [653] beim Phagen T2 ein 100%iger Ersatz des DNS-Thymins durch 5-Bromuracil mit einem Absinken der Infektiosität auf 2% und ein 50%iger Ersatz mit einem solchen auf 50% verbunden. Häufig wurde die Bildung nicht infektiöser Partikel beobachtet [261; 267; 465; 530; 531; 564; 653; 668; 811; 895; 925; 958; 1017]. Das Auftreten derartiger anomaler Partikel kommt zum Teil offenbar dadurch zustande, daß zwar Phagen- oder Virus-DNS und Protein gebildet werden, sich aber nicht ordnungsgemäß zum vollständigen Virus oder Phagen zusammenlagern können. Nach Untersuchungen von Kaplan und Mitarbeitern am Pseudorabies-Virus [530; 531] liegt im Falle der 5-Joduracil-enthaltenden DNS ein fehlerhafter Informations-Transfer vor, der zur Bildung anomaler Hüllproteine führt. Werden die Inkubationsbedingungen dagegen so gewählt, daß die Bildung normaler Hüllproteine gewährleistet ist, wird die 5-Joduracil-enthaltende DNS auch normal in die Partikel aufgenommen. Da 5-Bromuracil-enthaltende DNS nach diesen Untersuchungen in jedem Falle in die Viruspartikel aufgenommen wird, steht die Erklärung für die Hemmung der Bildung von infektiösen Virus durch diese Verbindung noch aus.

Die Bildung anomaler Hüllproteine und die dadurch bedingte Hemmung der Vereinigung von Virus-DNS und Virus-Protein zum intakten Virus-Partikel könnte die Ursache für den spezifisch virostatischen Effekt des 5-Jod-2'-desoxyuridins sein, der zur praktischen Anwendung dieser Verbindung gegen Herpes Keratitis geführt hat [319; 355; 543; 544; 626; 868]. Andererseits ist die im Vergleich zu den basalen Epithelzellen der Cornea erhöhte Empfindlichkeit des Herpes Virus vielleicht auch einfach durch die 10fach schnellere DNS-Synthese und den damit verbundenen stärkeren Einbau von 5-Joduracil zu erklären (Verdopplung des Virus an einem Tag, Generationszeit der basalen Epithelzellen = 11 Tage [430]).

Weitere Untersuchungen über die Wirkung von 5-Jod-2'-desoxyuridin auf Viren haben ergeben, daß trotz gehemmter Vermehrung cytopatische Wirkung [457] und Bildung von Antigenen [667] ungestört vorsich gehen können. Auch das tumorerzeugende Polyoma-Virus wird durch 5-Jod-2'-desoxyuridin stark gehemmt [465]. Am Goldhamster wurde beobachtet, daß sich die Erzeugung von Tumoren durch dieses Virus mit 5-Jod-2'-desoxyuridin und 5-Jod-2'-desoxycytidin unterdrücken läßt [314; 315].

Isolierte, 5-Bromuracil-enthaltende DNS weist Störungen in ihren transformierenden Eigenschaften auf [291; 992]. Diese Störungen sind bei verschiedenen zu transformierenden Eigenschaften unterschiedlich stark ausgeprägt und wahrscheinlich davon abhängig, in welchem Ausmaß Thymin in den entscheidenden Genabschnitten lokalisiert ist.

In bezug auf ihre thermische Denaturierung unterscheiden sich normale und 5-Bromuracil-enthaltende DNS nur geringfügig [563]. Danach ist die Sekundärstruktur der DNS durch den Einbau der halogenierten Thymin-Analoga nicht wesentlich gestört. Dagegen läßt sich 5-Bromuracil-enthaltende DNS wegen des im Vergleich zum Thymin niedrigeren pK-Wertes von 5-Bromuracil leichter durch Alkali in die beiden Einzel-Stränge aufspalten [41].

Da die DNS das chemische Substrat der Gene darstellt, kommt es durch die Einführung der Thymin-Analoga zu Veränderungen der Gene, die in einer erhöhten Mutationsrate ihren Ausdruck finden [z. B. 58; 332; 333; 542; 618; 653; 654; 661; 857; 891; 1000; 1076; 1077]. Die grundlegenden Untersuchungen hierzu wurden von Benzer und Freese am Phagen T4 [58; 332; 333] und von Litman und Pardee am Phagen T2 [653; 654] durchgeführt. Danach besteht eine klare Parallelität zwischen der Mutationsrate und dem Grad des Thymin-Ersatzes in der DNS durch 5-Bromuracil. So wird beim Phagen T2 die Mutationsrate von 0,1% in Abwesenheit von 5-Bromuracil durch einen 50%igen Ersatz des Thymins auf 4%, durch einen 78%igen Ersatz auf 7% und durch einen 100%igen Ersatz auf 13% erhöht. 5-Fluoruracil, welches nicht in die DNS eingebaut wird, bewirkt auch keine Erhöhung der Mutationsrate. Nach Freese [58; 333] sind die durch 5-Bromuracil verursachten Mutationen in ihrer Art unterschiedlich von den Spontanmutationen. Besondere Genorte — sogenannte „hot spots“ — sind besonders empfindlich gegen 5-Bromuracil und hier wurde eine Steigerung der Mutationsrate auf das 10^4fache gefunden. Ein weiterer, für die Deutung des Mechanismus wichtiger Unterschied zwischen Spontan- und 5-Bromuracil-induzierten Mutationen liegt

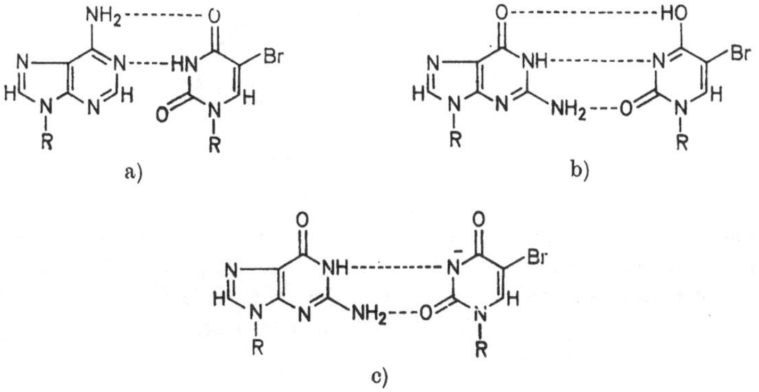

Abb. 12. Wasserstoffbrücken zwischen a) Adenin und 5-Bromuracil; b) Guanin und der Enolform des 5-Bromuracils; c) Guanin und der ionisierten Form des 5-Bromuracils.

darin, daß sich die Spontanmutationen nicht durch 5-Bromuracil revertieren lassen, während die durch 5-Bromuracil-induzierten Mutationen auch leicht durch diese Verbindung (noch besser aber durch 2-Aminopurin s. u.) revertierbar sind.

Die Ursachen für die Mutationen wurden aus den Unterschieden in der chemischen Verhaltensweise des Thymins und seiner halogenierten Analoga abgeleitet. Nach den bekannten Untersuchungen von WATSON und CRICK liegt die DNS als eine Doppelhelix vor, bei der sich auf den beiden Strängen Adenin und Thymin sowie Guanin und Cytosin gegenüber liegen. Beide Basenpaare werden durch Wasserstoff-Brücken verbunden. Die gleichen Brücken ergeben sich normalerweise auch mit 5-Brom- oder 5-Joduracil. Im Gegensatz zum Thymin liegen diese Verbindungen jedoch zu einem größeren Prozentsatz in der Enol-Form vor. In dieser Form ist aber eine Wasserstoff-Brücke zum Adenin nicht mehr möglich, wohl aber bietet sich eine solche zum Guanin an (Abb. 12). Die für die Thymin-Analoga höhere Tendenz, in der Enol-Form vorzuliegen, führt also zu einer falschen Basen-Paarung im Verlaufe der DNS-Synthese. Nach LAWLEY und BROOKES [618] ist nicht die Verschiebung des tautomeren Gleichgewichts, sondern die infolge der Halogensubstitution an C-5 erhöhte Ionisation der für die Paarung mit Guanin entscheidende Faktor (s. Abb. 12). In jedem Falle führt jedoch diese falsche Basen-Paarung im weiteren Verlauf der DNS-Synthese zum Austausch eines Adenosin-Thymin-Paares gegen ein Guanin-Cytosin-Paar oder umgekehrt (Abb. 13). Hierfür sind zwei Mechanismen möglich: die falsche Paarung eines in die DNS eingebauten 5-Brom- oder 5-Joduracils mit einem 2'-Desoxyguanosin-5'-triphosphat (Abb. 13a) bezeichnet man als Replikations-Fehler, resultierend im Ersatz eines Adenin-Thymin-Paares durch ein Guanin-Cytosin-Paar. Den durch die Paarung eines Guanins in der DNS mit einem 5-Brom- oder 5-Jod-2'-desoxyuridin-5'-triphosphat bedingten Fehler (Abb. 13b) bezeichnet man als Inkorporations-Fehler, resultierend im Ersatz eines Guanin-Cytosin-Paares durch ein Adenin-Thymin-Paar. Diese Mechanismen erklären gleichzeitig, warum durch Analoga induzierte Muta-

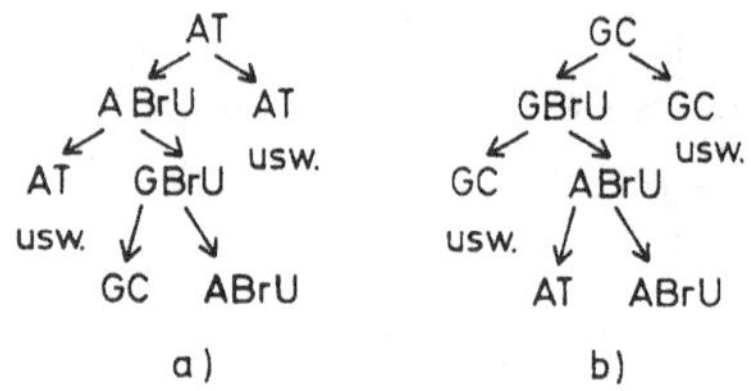

Abb. 13. Mutationen durch Transition infolge 5-Bromuracil-Einbaus in die DNS. a) Replikations-Fehler (Ersatz eines Adenin-Thymin-Paares (AT) durch ein Guanin-Cytosin-Paar (GC)); b) Inkorporations-Fehler (Ersatz eines Guanin-Cytosin-Paares durch ein Adenin-Thymin-Paar). BrU = 5-Bromuracil.

tionen auch durch die gleichen Analoga wieder revertiert werden können. Da jedoch in Polynucleotide eingebautes 5-Bromuracil in einem weniger dissoziierten Zustand vorliegt als solches in Mononucleotiden [591], ist auf Grund des Lawleyschen Schemas der Mutagenese der Inkorporations-Fehler häufiger zu erwarten, worauf auch verschiedene Beobachtungen schließen lassen.

Der eben beschriebene Basen-Austausch, bei dem ein Purin durch ein anderes Purin, bzw. ein Pyrimidin durch ein anderes Pyrimidin ersetzt wird, wird als Transition bezeichnet. Es ist unterschieden von der Transversion, bei der Purine durch Pyrimidine oder umgekehrt ersetzt werden. Dieser Prozeß, der nicht durch die Thymin-Analoga induziert werden kann, liegt neben anderen offenbar den durch diese Verbindungen nicht zu beeinflussenden Spontanmutationen zugrunde.

Der aus der chemischen Struktur der halogenierten Thymin-Analoga als falsche Basen-Paarung mit Guanin gedeutete Mechanismus der Mutation konnte von Kornberg und Trautner [860] auch in Versuchen mit isolierter DNS-Polymerase bestätigt werden. Wird hier ein Templat benutzt, das nur aus Adenin und Thymin besteht, so enthält das bei Einsatz aller vier natürlichen 2'-Desoxyribonucleosid-5'-triphosphate gebildete Produkt, wie zu erwarten, wiederum nur Adenin und Thymin. Bei Benutzung eines 5-Bromuracil-Adenin-Templates wird dagegen unter sonst gleichen Bedingungen auf je 2000 bis 25000 Nucleotide ein Guanin eingebaut.

Eine für die Therapie bedeutsame Konsequenz des Einbaus der halogenierten Thymin-Analoga in die DNS ist eine erhebliche Erhöhung der Strahlensensibilität der Zellen. Als erster fand Greer [382] eine Sensibilisierung von *E. coli* gegen UV-Licht nach dem Einbau von 5-Bromuracil in die DNS. In weiteren Versuchen — vor allem von Szybalski und Mitarbeitern — konnte dann gezeigt werden, daß der Einbau der halogenierten Thymin-Analoga generell gegen Strahlen, also auch gegen Röntgenstrahlen, sensibilisiert. In Tab. 4 sind Befunde über das Ausmaß der Sensibilisierung bei verschiedenen biologischen Objekten zusammengestellt.

Danach ist eine bedeutsame Strahlensensibilisierung bei Phagen, Bakterien und an Gewebekulturen beobachtet worden. Auch die Auslösung der Vermehrung von λ-Phagen beim lysogenen *E. coli* Stamm K 12 durch ultraviolettes Licht kann durch den Einbau von 5-Bromuracil in die DNS beträchtlich sensibilisiert werden [847]. In Tierversuchen und beim Menschen wurden bisher nur selten Sensibilisierungen gefunden, was nicht verwunderlich ist, da der Einbau der Analoga, wie bereits erwähnt, hier nur geringfügig ist. Lediglich für die Ascites-Form eines Mäuse-Lymphoblastoms und eine Mäuse-Leukämie wurden Sensibilisierungen beschrieben (Tab. 4, Nr. 23; 24 und 25).

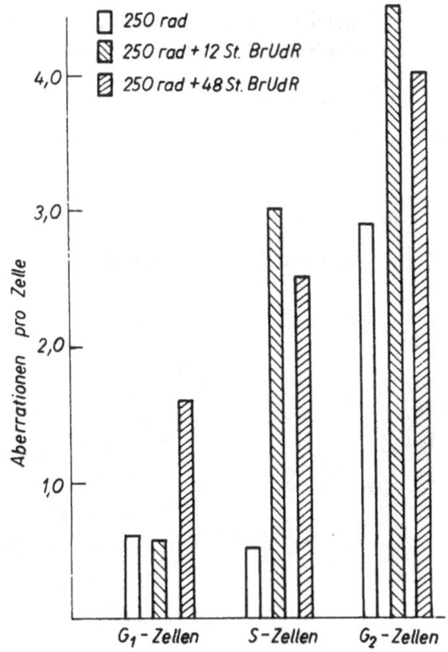

Abb. 14. Graphische Darstellung der Häufigkeit von cytologischen Aberrationen in Hamsterzellen (Gewebekultur) mit normaler und 5-Bromuracil-enthaltender DNS, die zu verschiedenen Zeiten des Generations-Zyklus mit Röntgenstrahlen bestrahlt wurden.

Es ist jeweils dargestellt die Wirkung von 250 rad allein, 250 rad mit vorhergehender 12stündiger 5-Brom-2'-desoxyuridin-Behandlung (2 μg/ml) und 250 rad mit 48stündiger 5-Brom-2'-desoxyuridin-Vorbehandlung (0,2 μg/ml) (nach R. M. HUMPHREY and W. C. DEWEY [487]). Auf Grund der Länge eines Generations-Zyklus erfolgt bei den untersuchten Zellen bei einer 12stündigen Behandlung der Einbau des 5-Bromuracils in nur einen DNS-Strang, bei einer 48stündigen dagegen in beide Stränge. BrUdR = 5-Brom-2'-desoxyuridin.

Das Ausmaß der Strahlensensibilisierung ist, wie in zahlreichen Versuchen bewiesen wurde, abhängig vom Ausmaß des Thymin-Ersatzes durch 5-Brom- oder 5-Joduracil [z. B. 63; 252; 292; 293; 382; 533; 534; 635; 690; 758; 970]. Ein besonders eindrucksvoller Versuch ist hierzu von DEWEY, SEDITA und Mitarbeitern durchgeführt worden [247]. Auf Grund der zeitlich auseinanderliegenden Replikations-Phasen einzelner Chromosomen und Chromosomen-Abschnitte ist es möglich, selektiv diejenigen Abschnitte mit 5-Bromuracil zu markieren, die als letzte im Genom repliziert werden. In dieser Weise gelang es DEWEY und Mitarbeitern, in den längeren Arm des X-Chromosoms von Hamster-Zellen in Gewebekultur etwa 5mal mehr 5-Bromuracil einzuführen als in den kürzeren Arm (belegt durch Autoradiographie mit ^{3}H-5-Brom-2'-desoxyuridin). Durch Bestimmung der nach einer Röntgen-Bestrahlung an den beiden Chromosomen-Abschnitten auftretenden Aberrationen konnte nachgewiesen werden, daß der längere, mehr 5-Bromuracil enthaltende Arm des X-Chromosoms auch 5mal empfindlicher gegen die Röntgenstrahlen war als der kurze Arm.

Zur Sensibilisierung genügt bereits der Einbau eines Thymin-Analogen in einen Strang der DNS-Helix [534]. HUMPHREY und DEWEY [487] fanden an Gewebekulturen, daß in Abhängigkeit von der Markierung nur eines Stranges oder

Tabelle 4

Beispiele für die Strahlensensibilisierung durch den Einbau der 5-halogenierten Thymin-Analoga in die DNS. Bei allen Zellen aus Normal- und Tumorgeweben handelt es sich um Gewebekulturen, wenn nicht anders vermerkt. Die für UV-Licht angegebenen Zahlen geben die Wellenlänge wieder, wo diese Angaben fehlen, sind häufig Sterilisationslampen mit einer vorherrschenden Wellenlänge von 254 mμ verwandt worden. Bei allen unter einer Nummer zusammengefaßten Versuchen handelt es sich um Vergleiche am selben Objekt

Nr.	Antimetabolit	Biologisches Objekt	Strahlen-art	Ausmaß der Sensibili-sierung	Literatur
1a.	5-Bromuracil	Phage T2	Röntgen	1,5	970
1b.	,,	,, ,,	UV	2,0	
1c.	,,	,, ,,	sichtbares Licht	75,0	
2a.	,,	Phage T4	$UV_{240-290}$	4	907
2b.	,,	,, ,,	UV_{230}	7	
2c.	,,	,, ,,	UV_{313}	88	
3.	,,	Phage T1	UV_{265}	max 10	881
4.	,,	Phage P22H5	UV_{265}	max 10	881
5a.	,,	Phagen T4 und T6	$UV_{235-289}$	4—5	821
5b.	,,	,, ,, ,, ,,	UV_{313}	500—1000	
6.	,,	Phage λ	UV	4,3	244
7.	,,	Phage Φ X 174	UV	1,9	244
8.	5-Joduracil	Phage T1	UV		860
9.	5-Bromuracil	*Escherichia coli*	UV_{253}	3,2	382
10.	,,	,, ,,	UV	5,0	661
11.	,,	,, ,,	Röntgen	2,0	533
12.	,,	,, ,,	UV_{313}	750	97
13.	5-Joduracil	,, ,,	UV	2,2	660
14a.	5-Chloruracil	D98/A6-Zellen (Knochenmark Mensch)	UV	1,5	292
14b.	,,	,, ,,	Röntgen	1,6	
14c.	5-Bromuracil	,, ,,	UV	10,0	
14d.	5-Bromuracil	,, ,,	Röntgen	1,8	
14e.	5-Joduracil	,, ,,	UV	2,0	
14f.	,,	,, ,,	Röntgen	2,4	
15a.	5-Bromuracil	,, ,,	UV	7,3	294
15b.	,,	,, ,,	Röntgen	2,9	
15c.	5-Joduracil	,, ,,	UV	4,0	
15d.	,,	,, ,,	Röntgen	3,5	
16.	,,	,, ,,	Röntgen	3,7	293

Tabelle 4 (Fortsetzung)

Nr.	Antimetabolit	Biologisches Objekt	Strahlenart	Ausmaß der Sensibilisierung	Literatur
17a.	5-Bromuracil	D98/S-Zellen (Knochenmark Mensch)	UV	22	252
17b.	„	„ „	Röntgen	3	
18.	„	Hamster-Zellen	„	5,5	963
19.	„	„ „	„	3,0	246
20.	„	„ „	„	5,0	487
21.	5-Joduracil	Gewebe vom Mensch	„	1,8	1006
22.	5-Bromuracil	Lymphosarcom	„	2,5	635
23.	5-Joduracil	Lymphoblastische Leukämie P 388 der Maus in vivo	„	5,0	62
24.	„	Mäuse-Leukämie (Ascites-Form) in vivo	„	19	63
25.	5-Bromuracil	Mäuse-Lymphom (Ascites-Form) in vivo	„	2,4	690
26a.	5-Chloruracil	*Vicia faba*	„	1,3	551
26b.	5-Bromuracil	„ „	„	1,6	
26c.	5-Joduracil	„ „	„	1,9	
27a.	5-Trifluor-methyluracil	D98/S-Zellen (Knochenmark Mensch)	„	1,5	990
27b.	„	„ „	UV	2,5	

beider Stränge, das Ausmaß der Sensibilisierung für Zellen in verschiedenen Phasen des Generations-Zyklus unterschiedlich ist. Danach führt der Einbau von 5-Bromuracil in nur einen Strang zu einer Sensibilisierung der in der S-Phase (Phase der DNS-Synthese) befindlichen Zellen. Der Einbau in beide Stränge sensibilisiert dagegen auch die in der G_1-Phase befindlichen Zellen (Abb. 14).

Wie von Szybalski und Mitarbeitern gefunden wurde [292; 294], sensibilisiert gegen Röntgenstrahlen der Einbau von 5-Joduracil besser als derjenige von 5-Bromuracil, in bezug auf ultraviolettes Licht sind dagegen die Verhältnisse umgekehrt (s. Tab. 4, Nr. 14a bis 15d). Das absolute Ausmaß der Sensibilisierung ist jedoch für UV-Licht größer als für Röntgenstrahlen.

Das Ausmaß der Sensibilisierung ist in Gegenwart und Abwesenheit von Sauerstoff gleich groß [488; 535].

Auch isolierte DNS ist nach dem Einbau der halogenierten Thymin-Analoga in erhöhtem Maße strahlenempfindlich, wie von Szybalski und Mitarbeitern in

Transformations-Versuchen gefunden wurde [757]. Danach wird die transformierende Eigenschaft der DNS durch den Einbau von 5-Bromuracil gegen Bestrahlung labilisiert, unabhängig davon, ob die DNS noch in den Spenderzellen oder erst nach ihrer Isolierung bestrahlt wurde.

Die beschriebene Erhöhung der Strahlenempfindlichkeit von DNS, die halogenierte Thymin-Analoga enthält, konnte erst in jüngerer Zeit befriedigend erklärt werden und hat sowohl chemische wie biologische Ursachen. Erstere betreffen die

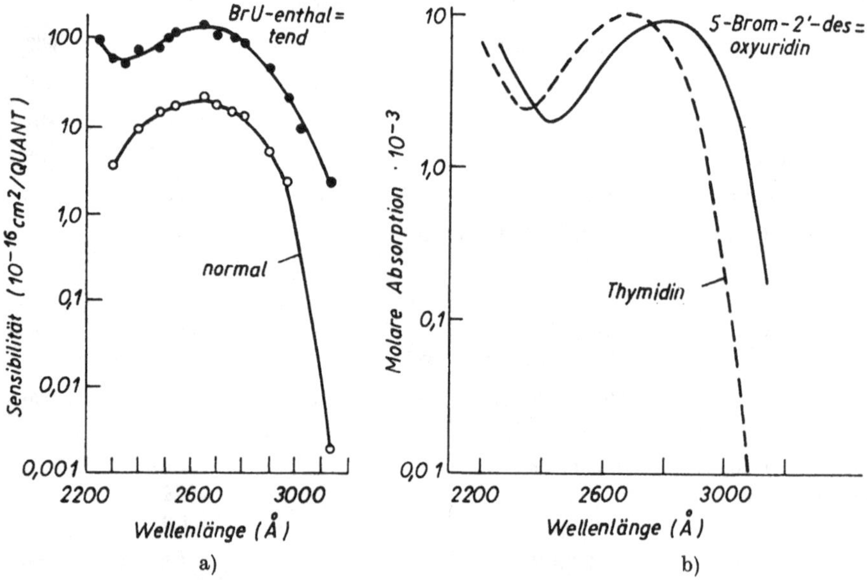

Abb. 15. a) UV-Wirkungsspektren für die Inaktivierung von *E. coli* 15 TAU⁻ mit normaler und 5-Bromuracil-enthaltender DNS; b) Absorptions-Spektren von 5-Brom-2'-desoxyuridin und Thymidin bei pH 7,0 (nach R. Boyce und R. Setlow [97]). BrU = 5-Bromuracil.

erhöhte Strahlenempfindlichkeit von 5-Brom- oder 5-Joduracil im Vergleich zum Thymin, letzteren liegt eine Störung der Reparatur-Mechanismen der Zelle zugrunde.

Die erhöhte Strahlenempfindlichkeit der halogenierten Thymin-Analoga liegt insbesondere der starken Sensibilisierung gegen das langwellige UV-Licht zugrunde (s. z. B. Tab. 4, Nr. 5b und 12). Sie beruht einfach darauf, daß die Analoga bei diesen Wellenlängen das Licht besser absorbieren als Thymin. Das geht besonders aus Versuchen von Boyce und Setlow [97] hervor, in denen die Strahlensensibilisierung von *E. coli* gegen UV-Licht verschiedener Wellenlängen mit den Absorptions-Spektren von Thymidin und 5-Brom-2'-desoxyuridin verglichen wurde (Abb. 15). Bei der Wellenlänge von 254 mμ jedoch, die etwa das Maximum der bei den Versuchen häufig benutzten Sterilisations-Lampen ausmacht, kann eine erhöhte Absorption bereits nicht mehr die Ursache der sensibilisierenden Wirkung des 5-Brom-2'-desoxyuridins sein, da dieses hier bereits schwächer absorbiert als Thymidin. Trotzdem scheint auch bei dieser Wellenlänge das 5-Bromuracil in gewissem Umfang instabiler zu sein als das Thymin [722a]. Auch gegen Röntgenstrahlen ist 5-Bromuracil empfindlicher als Thymin, was z. B. in einer höheren Ausbeute an Radikalen zum Ausdruck kommt [576; 635; 726].

Insgesamt muß jedoch festgestellt werden, daß das Ausmaß der höheren chemischen Instabilität der halogenierten Thymin-Analoga gegen Bestrahlung nicht

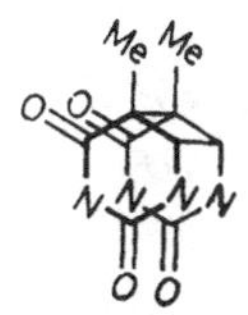

Abb. 16. Struktur des bei UV-Bestrahlung in der DNS gebildeten Thymin-Dimeren (nach G. M. Blackburn und R. J. N. Davies [79]).

zur Erklärung der an Zellen beobachteten Sensibilisierungs-Effekte ausreicht. Diese werden offenbar nicht so sehr dadurch verursacht, daß aus den Thymin-Analoga mehr Strahlenprodukte entstehen, sondern vor allem dadurch, daß andere Strahlenprodukte entstehen. Das Auftreten anomaler Strahlenprodukte führt dann zum Ausfall der in der Zelle normalerweise nach einer Strahleneinwirkung einsetzenden Reparatur-Prozesse. Durch diese Reparatur-Prozesse werden auf enzymatischem Wege bestimmte Strahlenprodukte aus der DNS entfernt, die offenbar in der Hauptsache für die Zellschädigung verantwortlich sind. Im Falle der Bestrahlung durch UV-Licht handelt es sich dabei um Dimere des Thymins, die aus zwei in einem DNS-Strang nebeneinander liegenden Thymin-Nucleotiden gebildet werden (Abb. 16) [71; 79; 906; 909; 1019; 1020; 1021; 1064; 1065]. Bei der Einwirkung von Röntgenstrahlen entstehen keine Thymin-Dimere [1027], sondern in Abhängigkeit von der Dosis Aufhebungen der Wasserstoff-Brückenbindungen, Einzelstrang- und Doppelstrang-Brüche und Vernetzungen zwischen den beiden Strängen der DNS-Helix [396; 398; 399]. Außerdem ließen sich mit Hilfe von Elektronen-Spin-Resonanz-Messungen in bestrahlter DNS ähnliche Radikale nachweisen, wie sie bei der Bestrahlung von Thymidin entstehen. Danach ist offenbar auch bei Röntgen-Bestrahlung das Thymin die am stärksten betroffene Base der DNS.

In bezug auf die biochemischen Prozesse lassen sich für die Reparatur von UV-Licht-Schäden zwei verschiedene Mechanismen voneinander unterscheiden. Bei der Photoaktivierung — d. h. der Aufhebung von UV-Licht-Schäden durch sichtbares Licht — spaltet ein durch Licht aktivierbares Enzym die als Folge der Bestrahlung gebildeten Thymin-Dimere wieder zu Thymin auf [859; 727; 1071]. Bei der zweiten, auch im Dunkeln ablaufenden Art der Reparatur, werden die Thymin-Dimere nicht aufgespalten, sondern aus dem DNS-Strang herausgeschnitten [96; 908]. Die entstehenden Lücken werden dann durch ein anderes

Enzym — wahrscheinlich die KORNBERGsche DNS-Polymerase — wieder ausgebessert, wobei durch Kopie des komplementären zweiten Helix-Stranges wieder die ursprünglich vorhandene Basen-Sequenz resultiert.

Dieser Reparatur-Mechanismus erstreckt sich bei Bakterien nicht nur auf die eigene DNS, sondern auch auf die DNS, die durch Phagen-Infektion in die Zelle gelangt ist. So werden strahlengeschädigte Phagen durch die Wirtsbakterien reaktiviert (host cell reactivation). Gerade dieser Prozeß hat bei der Aufklärung des Mechanismus der Strahlensensibilisierung durch die halogenierten Thymin-Analoga eine große Rolle gespielt (s. u.)

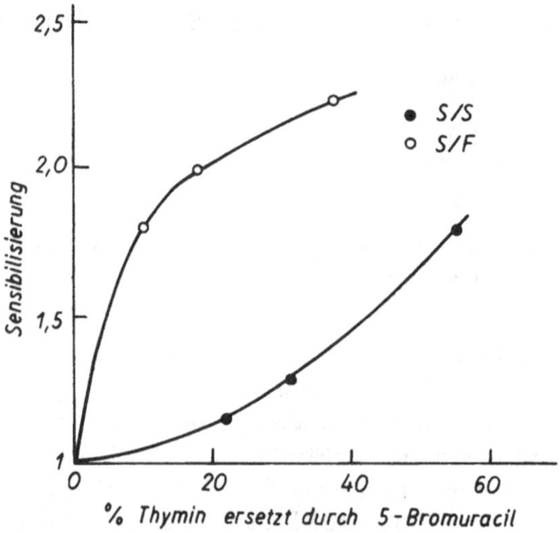

Abb. 17. Beziehung zwischen Ausmaß des 5-Bromuracil-Einbaus in die DNS und Sensibilisierung gegen Röntgenstrahlen (ausgedrückt als Verhältnis der Neigungen der Dosis-Effekt-Kurven) bei zwei Stämmen von Lymphom-Zellen in Gewebekultur. S/S = strahlensensibler, S/F = strahlenresistenter Stamm (nach J. T. LETT, G. PARKINS, P. ALEXANDER und M. G. ORMEROD [635]).

Auch die durch Röntgenstrahlen verursachten Schäden können durch Herausschneiden der beschädigten DNS-Abschnitte und nachfolgende Ausbesserung der Lücken repariert werden. Bei dem extrem radioresistenten *M. radiodurans* können im Verlaufe dieses Prozesses bis zu 10% der DNS abgebaut werden [242].

Alle genannten enzymatischen Reparatur-Prozesse werden durch den Einbau der halogenierten Thymin-Analoga in die DNS gehemmt. Bereits GREEN [382] fand, daß nach Einbau von 5-Bromuracil in die DNS von *E. coli* die Photoreaktivierung vermindert ist. Dieser Befund wurde später an anderen Objekten bestätigt [z. B. 661; 881; 970]. Die entscheidenden Beweise für das Vorliegen gehemmter Reparatur-Mechanismen nach dem Einbau der Thymin-Analoga brachten Versuche mit Mutanten, die die Fähigkeit zur Reparatur von Strahlenschäden verloren haben. Derartige Mutanten, die verständlicherweise viel empfindlicher gegen Bestrahlungen sind als die Wildformen, lassen sich durch die Thymin-Analoga nicht oder nur wenig sensibilisieren. Das gilt sowohl für Röntgenstrahlen wie auch für UV-Licht. Von ALEXANDER und Mitarbeitern [635] wurden zwei Stämme eines Lymphoms in Gewebekultur untersucht, von denen der eine über gute Reparatur-Fähigkeiten verfügte und daher relativ resistent gegen Röntgenstrahlen war, während der andere durch einen Mangel an diesen Fähigkeiten wesentlich strahlenlabiler war. Wie Abb. 17 zeigt, läßt sich der resistente

Stamm bereits durch einen geringen Einbau von 5-Bromuracil in die DNS stark sensibilisieren, während der labile Stamm nur langsam durch steigende Mengen an 5-Bromuracil in der DNS sensibilisiert wird. ALEXANDER und Mitarbeiter interpretieren den starken Anstieg der Strahlenempfindlichkeit des resistenten Stammes bereits bei nur geringem 5-Bromuracil-Gehalt in der DNS als Folge des Ausfalls

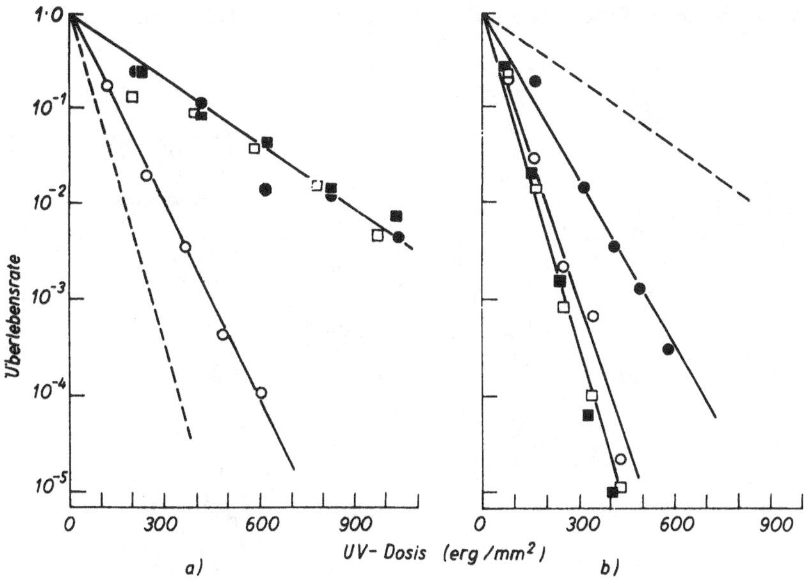

Abb. 18. Wirkung von Cysteamin und 5-Joduracil-Einbau in die DNS auf die Inaktivierung von T1-Phagen durch UV-Bestrahlung. Züchtung der bestrahlten Phagen a) auf *E. coli* K-12 AB1157 uvr+ und b) auf *E. coli* K-12 AB1886 uvr−.

□ = Normaler Phage; ■ = normaler Phage, bestrahlt in Gegenwart von 0,01 M Cysteamin; ○ = 5-Joduracil-enthaltender Phage; ● = 5-Joduracil-enthaltender Phage, bestrahlt in Gegenwart von 0,01 M Cysteamin. Die gestrichelte Linie gibt die Inaktivierung des Normalphagen noch einmal zum besseren Vergleich wieder, für a) bei Züchtung auf dem Stamm AB 1886 uvr− und b) auf AB 1157 uvr+ (nach W. D. RUPP und W. H. PRUSOFF [860]).

der Reparatur-Mechanismen. Dagegen wird der weitere geringe Anstieg der Sensibilisierung sowie der erst nach stärkeren 5-Bromuracil-Einbau merkliche Sensibilisierungsgrad des Reparatur-Mangel-Stammes auf den durch die höhere strahlenchemische Labilität des 5-Bromuracils bedingten Anteil an der Sensibilisierung zurückgeführt.

Die Phagen-Vermehrung wird durch den Einbau von 5-Brom- oder 5-Joduracil in die DNS nur dann gegen UV-Licht sensibilisiert, wenn sie in Bakterien erfolgt, die über die Fähigkeit zur Reparatur von Strahlenschäden verfügen (unabhängig davon, ob diese ein Ausdruck des eigenen Genoms oder des Phagengenoms ist) [480; 860; 881; 970]. Abb. 18 gibt die Strahlenschädigung der Vermehrung von T1-Phagen auf uvr+ (Reparatur-befähigten) und uvr− (Reparatur-Mangel-Mutanten) Zellen von *E. coli* wieder. Die Phagen, von denen ein Teil 5-Joduracil in der

DNS enthielt, wurden vor der Infektion in Gegenwart oder Abwesenheit von Cysteamin bestrahlt. Im Ergebnis zeigt sich, daß die Phagen-Vermehrung auf uvr⁺-Zellen durch den Einbau von 5-Joduracil eine erhebliche Strahlensensibilisierung erfährt, nicht dagegen aber diejenige auf den uvr⁻-Zellen. Das weist wiederum darauf hin, daß das Vorliegen von Reparatur-Mechanismen eine Voraussetzung für die Sensibilisierung durch die halogenierten Thymin-Analoga ist. Weiterhin ergibt sich aus dem Versuch die zunächst erstaunliche Tatsache, daß in Gegenwart von Cysteamin

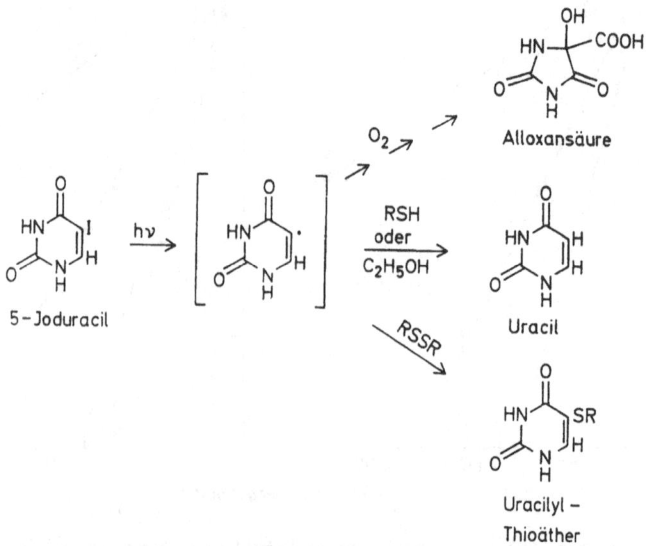

Abb. 19. Schema der Photolyse von 5-Joduracil mit dem Uracil-Radikal als gemeinsamen Zwischenprodukt für die Bildung verschiedener Strahlenprodukte (nach W. D. RUPP und W. H. PRUSOFF [862]).

der Einbau von 5-Joduracil in die DNS nicht nur gegen die Bestrahlung nicht sensibilisiert, sondern im Vergleich zum Kontroll-Phagen sogar schützt. Auf die Deutung dieses Befundes wird im Zusammenhang mit der Besprechung der Strahlenprodukte eingegangen.

Die Hemmung der verschiedenen Reparatur-Mechanismen weist darauf hin, daß nach Einbau der halogenierten Thymin-Analoga in die DNS Strahlenprodukte entstehen, die im Gegensatz zu den unter Normalbedingungen gebildeten nicht für die Enzyme der Reparatur-Mechanismen angreifbar sind. Diese abnormen Strahlenprodukte sind daher Gegenstand intensiver Untersuchungen gewesen. WACKER und Mitarbeiter fanden [241; 1022], daß 5-Brom- oder 5-Joduracil in der DNS durch UV-Licht in großem Ausmaß zu Uracil dehalogeniert wird. Im weiteren kann dann aus dem Uracil ein Wasseranlagerungsprodukt gebildet werden. Auch durch Röntgen-Bestrahlung entsteht aus 5-Bromuracil Uracil [658]. Es ist jedoch nicht anzunehmen, daß Uracil selbst innerhalb der DNS zu Schäden führen kann, da Uracil die gleichen Wasserstoff-Brücken zu Adenin ausbilden kann wie Thymin und es eine Phagen-Art gibt, bei der das Thymin in der DNS durch Uracil ersetzt ist. Nach Befunden von RUPP und PRUSOFF [861; 862] entsteht aus 5-Joduracil durch Bestrahlung mit UV-Licht zunächst ein Uracil-Radikal, welches bei Gegenwart geeigneter H-Atom-Donatoren (wie z. B. Cysteamin) zu Uracil, in Gegenwart von Sauerstoff aber zu Alloxansäure umgewandelt wird. Eine Störung von Reparaturprozessen durch diese Verbindung wäre durchaus möglich. Auch von anderen Autoren ist die Bedeutung der Bildung eines Uracil-Radikals

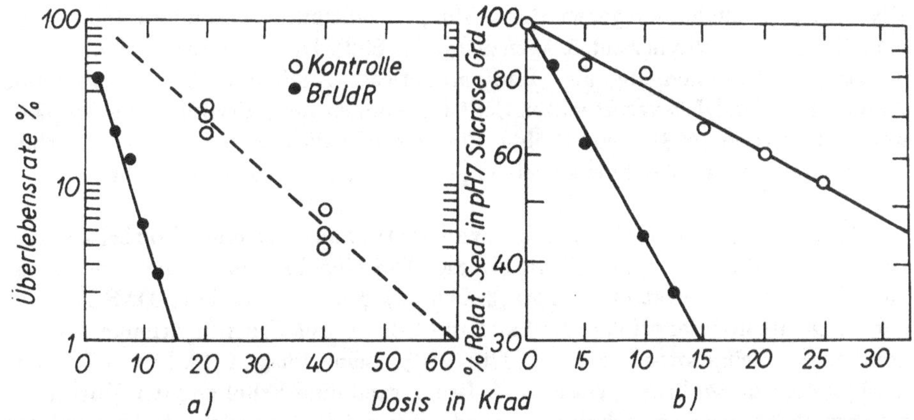

Abb. 20. Wirkung des 5-Bromuracil-Einbaus auf die Zellabtötung und die Erzeugung von Doppel-Kettenbrüchen in der DNS durch Röntgenstrahlen bei *E. coli*. a) Dosis-Überlebens-Kurven; b) semilogarithmische Darstellung der relativen Sedimentations-Strecke bei Zentrifugation im Sucrose-Dichtegradienten (als Maß für die Zahl der Doppel-Kettenbrüche) in Abhängigkeit von der Dosis (nach H. S. KAPLAN [529]).

Sowohl bei der Erzeugung von Doppel-Kettenbrüchen als auch bei der Zellabtötung ergibt sich eine etwa 3fach höhere Sensibilität gegen Röntgenstrahlen bei den 5-Bromuracil-enthaltenden Zellen. BrUdR = 5-Brom-2'-desoxyuridin.

aus 5-Bromuracil betont worden [493; 494; 495; 834]. Im Gegensatz dazu soll die Bildung der Thymin-Dimere nicht über einen Radikal-Prozeß verlaufen, wodurch die Unwirksamkeit von Cysteamin in bezug auf eine Schutzwirkung erklärt wird.

In welcher Weise die Reparatur-Prozesse im einzelnen durch den Einbau der halogenierten Thymin-Analoga gestört werden, ist noch weitgehend unbekannt. Nach Untersuchungen von BOYCE und Mitarbeitern [3; 95] wird der über die Exzision der Thymin-Dimere erfolgende Reparatur-Mechanismus in der Weise geschädigt, daß der DNS-Abbau unkontrollierte, exzessive Ausmaße annimmt. Dadurch wird dann die Ausbesserung der entstandenen Lücken verhindert. Offenbar ist hier das Gleichgewicht zwischen abbauenden und wieder restaurierenden Enzymen gestört. Außerdem kann der Abbau nach 5-Bromuracil-Einbau auch von den Reparatur-Mangel-Mutanten (uvr⁻) durchgeführt werden, die normalerweise nicht dazu befähigt sind. Dieser Befund wird dadurch erklärt, daß infolge des 5-Bromuracil-Einbaus in der DNS Strangbrüche bei der Bestrahlung entstehen sollen. Derartige Strangbrüche könnten die Voraussetzung für die Exzision beschädigter DNS-Abschnitte sein und normalerweise durch ein Enzym erzeugt werden, welches den uvr⁻ -Zellen fehlt.

Nach KAPLAN [529] entstehen bei *E. coli* nach dem Einbau der halogenierten Thymin-Analoga durch Röntgenstrahlen in der DNS vermehrt Doppelstrangbrüche, die im Gegensatz zu den Einzelstrangbrüchen offenbar nicht repariert werden können (Abb. 20).

Es sei noch erwähnt, daß der Einbau der halogenierten Thymin-Analoga in die DNS die Zelle nicht nur gegen Bestrahlungen sensibilisiert, sondern auch gegen die Wirkung von alkylierenden Agenzien [340; 892]. Diese erwiesen sich also auch in diesem Zusammenhang als „Radiomimetica". Auch die durch alkylierende Agenzien in der DNS verursachten Schäden können normalerweise von der Zelle repariert werden [578]. Die erhöhte Empfindlichkeit gegenüber diesen Verbindungen weist daher ebenfalls auf einen gestörten Reparatur-Prozeß hin.

2.2.1.2. 5-Trifluormethyluracil. Das von HEIDELBERGER und Mitarbeitern eingeführte 5-Trifluormethyluracil wird in die DNS eingebaut und kann dabei bis zu 10% des Thymins ersetzen (s. Tab. 3, Nr. 52). Die so veränderte DNS hat eine höhere Dichte und der erfolgte Einbau kann daher durch Zentrifugation im Dichtegradienten nachgewiesen werden [376; 990]. Beim Phagen T4 löst 5-Trifluormethyluracil in ähnlicher Weise wie 5-Bromuracil eine Erhöhung der Mutationsrate aus [376]. An Gewebekulturen wurde eine Erhöhung der Strahlensensibilität um das 1,5fache bei Röntgenstrahlen und das 2,5fache bei UV-Licht gefunden. Im Tierkörper ist der Einbau nur gering (Thymin-Ersatz 0,32% [442]). Hier ist nicht der Einbau in die DNS, sondern die Hemmung der Thymidylat-Synthetase (Tab. 1, Nr. 22) der für die Wirkung entscheidende biochemische Prozeß.

2.2.1.3. 6-Azathymin. 6-Azathymin kann in die DNS eingebaut werden und dabei bis zu 18% des Thymins ersetzen (Tab. 3, Nr. 57 und Nr. 58). Nach PRUSOFF [807] besteht jedoch keine Parallelität zwischen Einbau und cytostatischer Wirksamkeit. Da 6-Azathymin strahlenresistenter ist als Thymin, hat sein Einbau in die Bakterien-DNS eine bis zu 20fach höhere Resistenz der Zellen gegen UV-Licht zur Folge [392; 1023].

2.2.1.4. 5-Azacytosin. 5-Azacytosin wird sowohl in die DNS als auch in die RNS eingebaut (Tab. 3, Nr. 59 und 60; Tab. 5; Nr. 31 und 33). 5-Azacytosin ist eine sehr labile Verbindung, die spontan unter Ringspaltung zerfällt [195; 789]. Die biologische Wirkung wird daher auf den Zerfall der Base nach Einbau in die Nucleinsäuren zurückgeführt. Bei Bakterien wurde dabei eine 40 bis 200fach erhöhte Mutationsrate beobachtet [341]. DNS aus *E. coli*-Zellen, die mit 5-Azacytidin behandelt wurden, zeigt eine kleinere Sedimentationskonstante bei der Ultrazentrifugation, einen um 2 bis 3° niedrigeren Schmelzpunkt bei thermischer Denaturierung und elektronenoptisch sichtbare Verdickungen [677].

2.2.1.5. Cytosin-arabinosid. Die Wirkung von Cytosin-arabinosid wurde bis vor kurzem allein der Hemmung der Reduktion von Cytidin-5'-diphosphat zu 2'-Desoxycytidin-5'-diphosphat zugeschrieben (Tab. 1, Nr. 32). Jetzt wurde von SILAGI [923] an Zellen in Gewebekultur ein Einbau dieser Verbindung in die Nucleinsäuren, vorwiegend in die DNS, beschrieben. (Weiteres zur Problematik des Einbaus von Arabinosyl-Nucleosiden in die Nucleinsäuren s. S. 81). Dabei kommt es zur Bildung von Riesenzellen, da RNS- und Protein-Synthese ungehemmt weiterlaufen. Der Zelltod entspricht jedoch nicht dem Thymin-Mangel-Tod, da die Zellen unmittelbar durch den Einbau des Cytosin-arabinosids in die DNS und nicht erst sekundär durch das ungeregelte Wachstum vermehrungsunfähig werden.

2.2.1.6. 2-Aminopurin. 2-Aminopurin bewirkt nach FREESE ähnlich wie 5-Bromuracil eine starke Erhöhung der Mutationsrate beim Phagen T4 [58; 332]. Daher wurde geschlossen, daß es in die DNS eingebaut wird und dort über eine falsche Basen-Paarung zu Mutationen führt. Das 2-Aminopurin soll sich danach fälschlicherweise mit Cytosin anstelle von Thymin paaren können (Abb. 21). So kommt

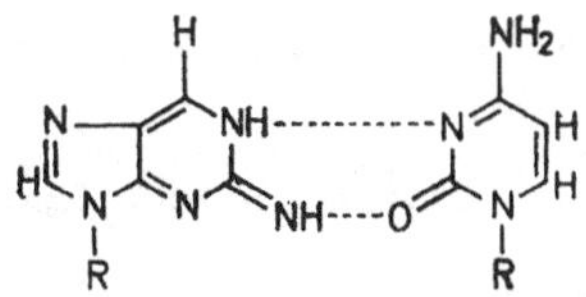

Abb. 21. Wasserstoffbrücke zwischen der Imino-Form des 2-Aminopurins und dem Cytosin.

es (in ähnlicher Weise wie auf S. 56 für 5-Bromuracil ausgeführt) zum Austausch eines Adenin-Thymin-Paares gegen ein Cytosin-Guanin-Paar durch Replikationsfehler und eines Cytosin-Guanin-Paares gegen ein Adenin-Thymin-Paar durch Inkorporationsfehler. Da 2-Aminopurin besonders gut die Reversion von mit 5-Bromuracil erzeugten Mutanten bewirkt, kommen offenbar Inkorporations-Fehler und Replikations-Fehler bei 5-Bromuracil einerseits und 2-Aminopurin andererseits in verschiedenem Ausmaß vor. Auch bei *Salmonella* lassen sich durch 2-Aminopurin „single sites"-Mutationen hervorrufen [243], was in Übereinstimmung mit den von FREESE an Phagen entwickelten Anschauungen ist.

Nachdem zunächst nur aus den genetischen Versuchen auf den Einbau von 2-Aminopurin geschlossen werden konnte, wurde dann an Bakterien und am Phagen T4 ein solcher Einbau auch mit chemischen Methoden nachgewiesen (Tab. 3, Nr. 64 bis 66).

Neben Mutationen bewirkt 2-Aminopurin auch Hemmungen der Induktion von Enzymen [224; 763], was auf eine Störung der Transkription oder Translation hinweist. Von WACKER und Mitarbeitern wurden die codierenden Eigenschaften von 2-Aminopurin-Polynucleotiden untersucht [1028]. Die Ergebnisse zeigten — in Übereinstimmung mit dem aus den Mutationsversuchen erschlossenen Paarungs-

Verhalten des 2-Aminopurins — daß 2-Aminopurin sich in Polynucleotiden zwar überwiegend wie Adenin verhält, jedoch auch dem Guanin entsprechen kann.

Von MARGOLIN und MUKAI [685] wurde auf Grund von Versuchen über die Reversion von Mutationen mit 2-Aminopurin an *Salmonella* ein interessantes Modell für die Transkription vorgeschlagen. Danach ist nicht die Paarung durch Wasserstoff-Brücken das entscheidende Moment für die Basenzusammensetzung der Messenger-RNS, sondern die Art der Substituenten an den in den beiden Strängen einer DNS-Helix einander gegenüberliegenden Purinen und Pyrimidinen. Die Auswahl der Basen für die Messenger-RNS soll danach wie folgt vor sich gehen (s. auch Abb. 22):

Strang a:	Carbonylgruppe	=	Auswahl eines Pyrimidins
	Amino-Gruppe vorhanden	=	Auswahl von Cytosin
	Amino-Gruppe fehlend	=	Auswahl von Uracil
Strang b:	Carbonylgruppe	=	Auswahl eines Purins
	Amino-Gruppe vorhanden	=	Auswahl von Guanin
	Amino-Gruppe fehlend	=	Auswahl von Adenin

Es ist leicht ersichtlich, daß unter diesen Bedingungen ein 2-Aminopurin-Thymin-Basen-Paar entweder Guanin oder Cytosin als Base für die Messenger-RNS bestimmt (fälschlich, anstelle von Uracil oder Adenin). Erfolgte die ursprüngliche Mutation durch Umwandlung eines Guanin-Cytosin-Paares in ein Adenin-Thymin-Paar, so wird hier nach dem Einbau von 2-Aminopurin in die DNS anstelle von Adenin sofort eine (phänotypische) Reversion erreicht. Ist dagegen infolge der Mutation ein Guanin-Cytosin-Paar entstanden, so wird auch durch einen Inkorporations-Fehler keine phänotypische Reversion erreicht, da das Paar 2-Aminopurin-Cytosin nach dem obigen Modell dem Guanin-Cytosin-Paar entspricht. Hier tritt dann erst in der zweiten Generation durch Umwandlung des 2-Aminopurin-Cytosin-Paares in ein Adenin-Thymin-Paar eine Rückmutation ein.

2.2.1.7. 6-Thioguanin. Der Einbau des 6-Thioguanins in die DNS ist nach Ansicht von LEPAGE und Mitarbeitern [627; 628; 629; 630] Ursache der cancerostatischen Wirkung dieser Verbindung, da eine Parallelität zwischen dem Einbau und der Empfindlichkeit von Tumoren gegen 6-Thioguanin vorliegt. Dagegen ergibt sich keine solche Beziehung zwischen der Beeinflußbarkeit von Tumoren und zwei anderen biochemischen Eigenschaften des 6-Thioguanins, der Rückkopplungs-Hemmung [629] und dem Einbau in die RNS [630].

Nach Untersuchungen von Kaplan und Mitarbeitern [532; 533; 535] bewirkt 6-Thioguanin eine erhebliche Strahlensensibilisierung, die sich aber, im Gegensatz zu der durch die halogenierten Thymin-Analoga bedingten, nur auf Röntgenstrahlen erstreckt und Sauerstoff-abhängig ist. Da auch 6-Chlorpurin eine derartige Sensibilisierung bewirkt, aber nicht in die DNS eingebaut wird, ist es fraglich, ob die Wirkung des 6-Thioguanins wirklich auf den Einbau in die DNS zurückzuführen ist.

6-Thioguanin wird in der DNS auch nach Gabe von 6-Mercaptopurin, welches selbst nicht eingebaut wird, gefunden [882]. Damit werden frühere Befunde [z. B. 74] über den Nachweis von ^{35}S in den Nucleinsäuren nach Applikation von ^{35}S-6-Mercaptopurin erklärt.

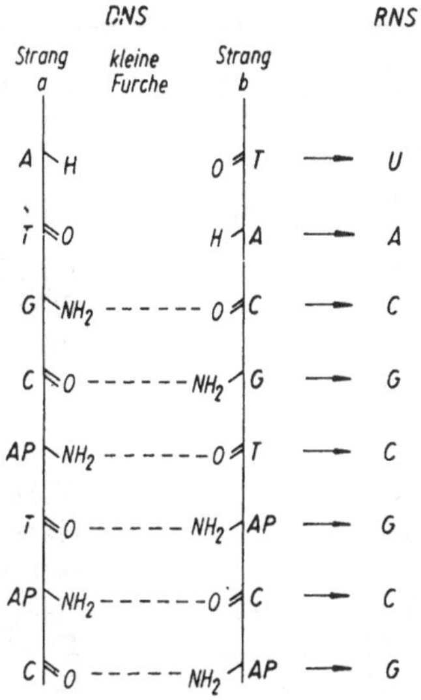

Abb. 22. Modell für den Mechanismus der Transkription, vorgeschlagen von P. Margolin und F. H. Mukai [685] auf Grund von Characteristika der 2-Aminopurin-Mutagenese in *Salmonella*.

Die Strukturen in der kleinen Furche der DNS bei verschiedenen Typen von Basen-Paaren sind schematisch wiedergegeben. Diese Strukturen sollen über eine allosterische RNS-Polymerase die Basenzusammensetzung der bei der Transkription gebildeten Messenger RNS bestimmen.
A = Adenin, T = Thymin, G = Guanin, C = Cytosin, AP = 2-Aminopurin.

2.2.2. Der Einbau von Antimetaboliten in die RNS und seine Folgen

In der Tab. 5 sind Antimetabolite, die in die RNS eingebaut werden, zusammen mit den biologischen Objekten, an denen ein solcher Einbau beobachtet wurde, aufgeführt. Außerdem ist der durch den jeweiligen Antimetaboliten ersetzte Nucleinsäure-Bestandteil sowie das Ausmaß des Ersatzes (soweit bekannt) angegeben.

2.2.2.1. 5-Fluoruracil. 5-Fluoruracil wird auf Grund der Ähnlichkeit des Radius vom Fluor mit dem des Wasserstoffs in der Zelle als Uracil-Analoges in die RNS eingebaut. Es ist zwar nicht die erste unnatürliche Base, deren Einbau in die RNS gefunden wurde, aber sicher die am besten untersuchte. Das liegt vor allem an dem zeitlichen Zusammentreffen der Einführung des 5-Fluoruracils und der raschen Entwicklung der Molekularbiologie (für die diese Verbindung z. B. bei der Entdeckung der Messenger-RNS von großer Bedeutung war).

Ein Einbau von 5-Fluoruracil in die RNS wurde zuerst von Heidelberger und Mitarbeitern an Mäuse-Geweben und Ascites-Tumorzellen in vitro und in vivo gefunden (Tab. 5, Nr. 16 und 17). Der Einbau findet auch statt, wenn das 5-Fluor-2'-desoxyuridin gegeben wird. Dabei wird zunächst die Desoxyribose vom 5-Fluoruracil abgespalten und durch Ribose ersetzt.

Auch im isolierten RNS-Polymerase-System kann 5-Fluoruridin-5'-triphosphat das Uridin-5'-triphosphat ersetzen [521]. Dabei wurde allerdings die noch nicht

Tabelle 5

Beispiele für den Einbau von Antimetaboliten in die RNS

Nr.	Antimetabolit	Biologisches Objekt (oder Enzym)	Ersetzter RNS-Bestandteil	% Ersatz	Literatur
1.	5-Fluoruracil	Tabak-Mosaik-Virus	Uracil	30	373
2.	,,	,, ,, ,,	,,	50	662
3.	,,	,, ,, ,,	,,	47	753
4.	,,	,, ,, ,,	,,	56	588
5.	,,	,, ,, ,,	,,	29	474
6.	,,	Polio-Virus	,,	36	731
7.	,,	Phage MS2	,,	80	919
8.	,,	Phage R17	,,	28	378
9.	,,	*Escherichia coli*	,,	50	475
10.	,,	,, ,,	,,	20	173
11.	,,	,, ,,	,,	70	14
12.	,,	*Staphylococcus aureus*	,,	14	460
13.	,,	*Sacharomyces carlsbergensis*	,,	75	573
14.	,,	Hefe, Transfer-RNS	,,	50	268
15.	,,	Hausfliegen-Eier	,,	0,05	552
16.	,,	Gewebe und Tumore von Mensch und Maus in vivo	,,	max. 6	177
17.	,,	Ehrlich-Ascites-Tumorzellen in vitro	,,	—	93 433
18.	,,	Polynucleotid-Phosphorylase	,,	100	987
19.	5-Bromuracil	,, ,,	,,	100	390; 708
20.	5-Joduracil	,, ,,	,,	100	390; 708
21.	5-Chloruracil	,, ,,	,,	100	390; 708
22.	5-Bromcytosin	,, ,,	,,	100	390; 708
23.	5-Chloruracil	*Escherichia coli*	,,	—	260
24.	2-Thiouracil	Tabak-Mosaik-Virus	,,	20	513
25.	,,	,, ,, ,,	,,	12	511
26.	,,	,, ,, ,,	,,	4	695
27.	,,	,, ,, ,,	,,	25	325
28.	,,	,, ,, ,,	,,	18	512
29.	,,	*Bacillus megaterium*	,,	20	408
30.	5-Hydroxyuracil	Ehrlich-Ascites-Tumorzellen in vitro	,,	—	955
31.	5-Azacytosin	Ehrlich-Ascites-Tumorzellen in vivo	Cytosin	—	519
32.	,,	Ehrlich-Ascites-Tumorzellen in vivo	,,	—	197
33.	,,	Verschiedene Gewebe der Maus in vivo	,,	—	198 823

Tabelle 5 (Fortsetzung)

Nr.	Antimetabolit	Biologisches Objekt (oder Enzym)	Ersetzter RNS-Bestandteil	% Ersatz	Literatur
34.	6-Azacytosin	Polynucleotid-Phosphorylase	Cytosin	100	
35.	3-N-Methyluracil	Polynucleotid-Phosphorylase	Uracil	100	986; 985
36.	Cytosin-arabinosid	Mäuse-Fibroblasten in Gewebekultur	Cytidin	—	923
37.	8-Azaguanin	Tabak-Mosaik-Virus	Guanin	4	693
38.	,,	,, ,, ,,	,,	1	694
39.	,,	,, ,, ,,	,,	—	957
40.	,,	*Bacillus cereus*	,,	50	681
41.	,,	,, ,,	,,	60	676
42.	,,	,, ,,	,,	41	638
43.	,,	,, ,,	,,	40	957
44.	,,	,, ,,	,,	40	761
45.	,,	*Tetrahymena gelii*	,,	—	447
46.	,,	Gewebe und Tumore der Maus	,,	—	713
47.	,,	RNS-Polymerase	,,	100	521
48.	2-Fluoradenin	,, ,,	Adenin	100	915
49.	2-Aminopurin	*Enterococcus stei*	,,		1025
50.	,,	Polynucleotid-Phosphorylase	,,	100	1028
51.	3-Ribosyladenin	,, ,,	Adenosin	100	709
52.	Adenin-arabinosid	Ascites-Tumorzellen	,,	terminal bis 70%	110 111
53.	,, ,,	Gewebe der Maus	,,		112; 113
54.	,, ,,	*Escherichia coli*	,,	terminal bis 20%	484
55.	Guanin-arabinosid	Tumore der Maus	Guanosin	—	111
56.	3'-Desoxyadenosin	HeLa-Zellen	Adenosin	—	220
57.	,,	RNS-Polymerase	,,		913
58.	Tubercidin	Mäuse-Fibroblasten	Adenin	—	4

erklärte Feststellung gemacht, daß 5-Fluoruracil mit einer vom Uracil unterschiedlichen Verteilung ins RNS-Molekül eingebaut wird.

RNS des Phagen MS2, in der 80% des Uracils durch 5-Fluoruracil ersetzt war, zeigte ein normales Temperatur-Profil bei der thermischen Denaturierung [919]. Sie kann wegen ihrer größeren Dichte durch Zentrifugation im Dichtegradienten von normaler RNS abgetrennt werden. (Abb. 23).

Da 5-Fluoruracil nicht nur in die RNS eingebaut wird, sondern in Form seines 2'-Desoxyribonucleotids auch ein starker Hemmstoff der DNS-Synthese ist (Tab. 1,

Nr. 21), ist die Wirkung des Einbaus nicht immer deutlich von der der DNS-Synthese-Hemmung abzugrenzen. Man kann jedoch die Wirkungen auf die DNS und auf die RNS durch die Kombinationen von 5-Fluoruracil mit Thymidin oder 5-Fluoruracil mit Uracil voneinander trennen. Für eine völlige Aufhebung der 5-Fluoruracil-Wirkung müssen im allgemeinen sowohl Uracil als auch Thymidin zugegen sein. Beim *B. cereus*, einem Organismus ohne konstanten DNS-Gehalt, genügt allerdings Uracil allein zur vorübergehenden Aufhebung der Wachstums-Hemmung [828]. Die Zellen teilen sich dann noch 3- bis 5mal bis ihr DNS-Gehalt auf das Mindestmaß (etwa 26% der Ausgangsmenge) abgefallen ist. Ebenso kann für diejenigen Phagen, die ihre DNS vorwiegend aus präformiertem Material der Wirtszellen bilden (z. B. die ungradzahligen Coliphagen) die 5-Fluoruracil-Hemmung allein durch Uracil aufgehoben werden [371]. Wegen der hohen Affinität des 5-Fluor-2′-desoxyuridin-5′-phosphates zur Thymidylat-Synthetase (s. S. 35) dürfte im allgemeinen der Hemmeffekt auf die DNS-Synthese bei der Wirkung der 5-Fluoruracil-Verbindungen überwiegen.

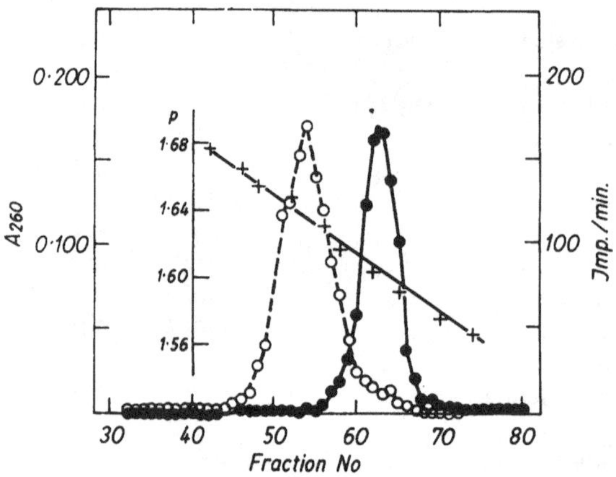

Abb. 23. „Buoyant density" (Gleichgewichts-Dichte) von 5-Fluoruracil-enthaltender RNS in Cäsiumsulfat. Mit ^{32}P-Phosphat markierte 5-Fluoruracil-enthaltende RNS des Phagen MS2 wurde in geringer Menge mit nichtmarkierter normaler RNS dieses Phagen gemischt und in Cäsiumsulfat ($\varrho = 1{,}60$) – 0,05 M Natriumphosphat (pH 6,8) bei 37000 U/min für 50 Stunden bei 40° F zentrifugiert (nach Y. SHIMURA, R. E. MOSES and D. NATHANS [919]). Der linke Gipfel entspricht der radioaktiven 5-Fluoruracil-enthaltenden RNS. Die Gerade gibt die Dichte wieder.

Am eindeutigsten treten die Folgen des 5-Fluoruracil-Einbaus in die RNS bei den RNS-Viren oder RNS-Phagen zu Tage, die ja völlig unabhängig von der DNS-Synthese sind. 5-Fluoruracil hemmt beim Rous-Virus [358], beim Polio-Virus [731], beim Tabak-Mosaik-Virus [373] und bei den RNS-Phagen R17 [378] und MS2 [919] die Bildung infektiöser Partikel um 80 bis 90%. Die unter diesen Bedingungen noch gebildeten Viren- oder Phagen-Partikel sind bei einer etwa 30%igen Substitution des Uracils durch 5-Fluoruracil noch voll infektiös, d. h. es liegt keine Verminderung der spezifischen Infektiosität vor [373; 378; 731]. Hier besteht ein Unterschied zu der Wirkung des Einbaus von 5-Brom- oder 5-Joduracil bei DNS-Viren oder -Phagen, der, wie oben beschrieben, zur Bildung inkompletter, nicht infektiöser Partikel führt. Nach WITTMANN und Mitarbeitern [588] sinkt jedoch die spezifische Infektiosität des Tabak-Mosaik-Virus bei einem 56%igen Uracil-Ersatz bereits um 50%. Auch bei den Phagen MS2 [919] und $f_{\mathrm{Can\,1}}$ [234] wurde eine solche Senkung der spezifischen Infektiosität beobachtet. Beim Tabak-Mosaik-Virus [662] und beim Polio-Virus wurde eine Sensibilisierung gegen UV-

Licht als Folge des 5-Fluoruracil-Einbaus in die RNS beobachtet. Im Falle des Tabak-Mosaik-Virus beträgt der Sensibilisierungs-Faktor bei 50%igem Uracil-Ersatz bei der Wellenlänge 254 mμ etwa 1,5, bei der Wellenlänge 305 mμ etwa 3. Im Gegensatz zu der im vorhergehenden beschriebenen Strahlensensibilisierung durch den Einbau der halogenierten Thymin-Analoga in die DNS liegt der Sensibilisierung durch 5-Fluoruracil keine Hemmung der Reparatur-Prozesse zugrunde. Hier kommt lediglich die im Vergleich zum Uracil höhere Absorption des 5-Fluoruracils bei den untersuchten Wellenlängen zum Ausdruck [662].

Die biochemischen Grundlagen der Wirkung eines 5-Fluoruracil-Einbaus in die RNS beruhen ebenso wie die eines 5-Brom- oder 5-Joduracil-Einbaus in die DNS auf einer Störung in der Übertragung der genetischen Information. Im Falle der RNS-Viren — bei denen RNS das chemische Substrat der Gene darstellt — kann es dabei zu Mutationen kommen. So erhielt Cooper [217] durch die 5-Fluoruracil-Behandlung von Polio-Virus Mutanten, die besonders hitzeempfindlich waren. Wittmann und Mitarbeiter fanden [588; 1058; 1059; 1060], daß der Ersatz von Uracil durch 5-Fluoruracil in der RNS des Tabak-Mosaik-Virus zu einer erhöhten Mutationsrate (Aminosäure-Austausche im Hüllprotein) führt. Bezüglich der Hemmung der Virus-Vermehrung sind Untersuchungen an zellfreien Systemen von Bedeutung, an denen gefunden wurde, daß Poly-5-Fluoruridylsäure bei der RNS-Synthese nur etwa 2% der Templat-Wirksamkeit der Polyuridylsäure zukommt [587]. Bei allen biologischen Objekten, bei denen DNS das chemische Substrat der Gene darstellt, lassen sich verständlicherweise durch 5-Fluoruracil keine erblich fixierten Veränderungen erhalten. Hier sind die Auswirkungen auf die behandelte Generation beschränkt und beruhen auf einer Störung der Transkription oder Translation. Als Ursache der Störung wird wie im Falle der halogenierten Thymin-Analoga eine falsche Basen-Paarung angenommen. Danach paart sich 5-Fluoruracil nicht nur mit Adenin, sondern infolge seines im Vergleich zum Uracil erniedrigten pk-Wertes (8,2 statt 9,5) auch mit Guanin. Als Folge entsteht dann entweder bei der Transkription eine Messenger-RNS die anstelle von Cytosin 5-Fluoruracil enthält oder es kommt bei der Codon-Anticodon-Zusammenlagerung im Verlaufe der Translation fälschlich zu einer 5-Fluoruracil-Guanin-Paarung.

Die durch 5-Fluoruracil bedingte Veränderung in der Übertragung der genetischen Information führt letztlich zur Bildung veränderter Proteine. Das geht z. B. aus dem unter 5-Fluoruracil-Einfluß veränderten Muster an in die Proteine eingebauten Aminosäuren bei *E. coli* hervor [173; 384]. Wittmann und Mitarbeiter [1058; 1059; 1060] untersuchten am Tabak-Mosaik-Virus-Hüllprotein durch 5-Fluoruracil erzeugte Aminosäure-Austausche. Die Ergebnisse stimmen mit den auf Grund der bekannten Codons durch eine Fehlpaarung von 5-Fluoruracil mit Guanin zu erwartenden Veränderungen überein.

Besonders deutlich kommt die 5-Fluoruracil-Wirkung bei einer plötzlich einsetzenden Synthese von neuen Enzymen zum Ausdruck, wie sie unter den Bedingungen der Induktion bei Bakterien vorliegt. Veränderungen durch 5-Fluoruracil bei der Induktion von Enzymen wurden zuerst von Chargaff und Mitarbeitern

[476; 477] und BUSSARD, NAONO, GROS und MONOD [149; 384] beobachtet. Nach Art der auftretenden Veränderungen lassen sich zwei Gruppen von Enzymen unterscheiden. Bei der ersten Gruppe geht die enzymatische Aktivität durch 5-Fluoruracil-Einwirkung völlig verloren. Das ist z. B. bei der β-Galactosidase, der β-Glucuronidase und der Serin-Dehydrase der Fall. Wie am Beispiel der β-Galactosidase gezeigt wurde [149], entsteht hier ein Protein, bei dem die immunologischen Eigenschaften des normalen Enzyms noch vorhanden sind, das aber keinerlei katalytische Aktivität mehr aufweist. Bei den Enzymen der zweiten Gruppe bleibt die katalytische Aktivität erhalten, es treten aber andere nachweisbare Veränderungen auf. Zu dieser zweiten Gruppe gehören z. B. die alkalische Phosphatase, die Serin-Desaminase und die Glucose-6-phosphatase. Die hier auftretenden Veränderungen ließen sich z. B. an der alkalischen Phosphatase dadurch nachweisen, daß unter 5-Fluoruracil-Einfluß ein Enzym gebildet wird, welches bedeutend hitzelabiler ist als das normale.

Zur Zeit der Durchführung dieser Versuche mit induzierbaren Enzymen war die Messenger-RNS noch unbekannt und die Code-Funktion wurde im allgemeinen der Ribosomen-RNS zugeschrieben. Die praktisch sofort nach Zugabe des Induktors in den Bakterienzellen auftretende Synthese neuer, bisher nicht vorhandener Enzyme und das sofortige Ende ihrer Synthese nach Entfernung des Induktors, veranlaßte JACOB und MONOD die Existenz eines schnell gebildeten und schnell zerfallenden „Botens“ der Gene zu postulieren. Er konnte nicht mit den metabolisch stabilen Ribosomen identisch sein. Die durch 5-Fluoruracil bewirkte Veränderung der induzierten Enzyme bildete zusammen mit der bereits bekannten Tatsache des 5-Fluoruracil-Einbaus in die RNS die Grundlage dafür, diesen Boten als eine neue RNS-Fraktion, nämlich die Messenger-RNS, anzusehen.

Inzwischen konnte gezeigt werden, daß auch die von 5-Fluoruracil-enthaltendem Polio-Virus codierte RNS-Polymerase sich anomal in bezug auf Hitze-Stabilität und Ionen-Bedarf verhält [999]. Auch die Induktion der Tryptophan-Pyrrolase in der Leber kann durch 5-Fluoruracil gehemmt werden [z. B. 345; 596; 739; 792]. Ebenso könnte die antiandrogene Wirkung des 5-Fluoruracils [253] nach den heutigen Vorstellungen über den Mechanismus der Hormon-Wirkung auf einer Hemmung der Enzyminduktion beruhen.

Weitere grundlegende Versuche über die Störung des genetischen Informations-Transfers durch 5-Fluoruracil wurden von CHAMPE und BENZER [175] durchgeführt. In diesen Versuchen wurde die phänotypische Reversion von rII-Mutanten des Phagen T4 untersucht. Derartige Mutanten — bei denen auf Grund von Versuchen mit 2-Aminopurin und 5-Bromuracil wahrscheinlich der Ersatz eines Guanin-Cytosin-Paares durch ein Adenin-Thymin-Paar vorlag — konnten zu 50% durch 5-Fluoruracil wieder zum Wildtyp revertiert werden. Eine Deutung dafür wird von CHAMPE und BENZER durch das in der Abb. 24 wiedergegebene Schema versucht. Danach wird durch Fehl-Paarung von 5-Fluoruracil in der Messenger-RNS mit Guanin in der Transfer-RNS die dem Wildtyp entsprechende Aminosäure x eingebaut, die in der Mutante durch die Aminosäure y ersetzt worden war. Die Tatsache, daß nur 50% aller Mutationen revertierbar waren, zeigt, daß nur ein Strang der DNS abgelesen wird (Mutationen, die in diesem Strang Thymin statt Cytosin enthalten, können entsprechend dem Schema nicht revertiert werden). Weiterhin konnten CHAMPE und BENZER sowie auch GAREN und SIDDIQI [347] und ROSEN [846] bei *E. coli*-Stämmen, die durch Mutation die Fähigkeit zur Bildung der alkalischen Phosphatase verloren hatten, in einigen Fällen die Fähigkeit zur Synthese dieses Enzyms durch 5-Fluoruracil wieder einführen. Das unter

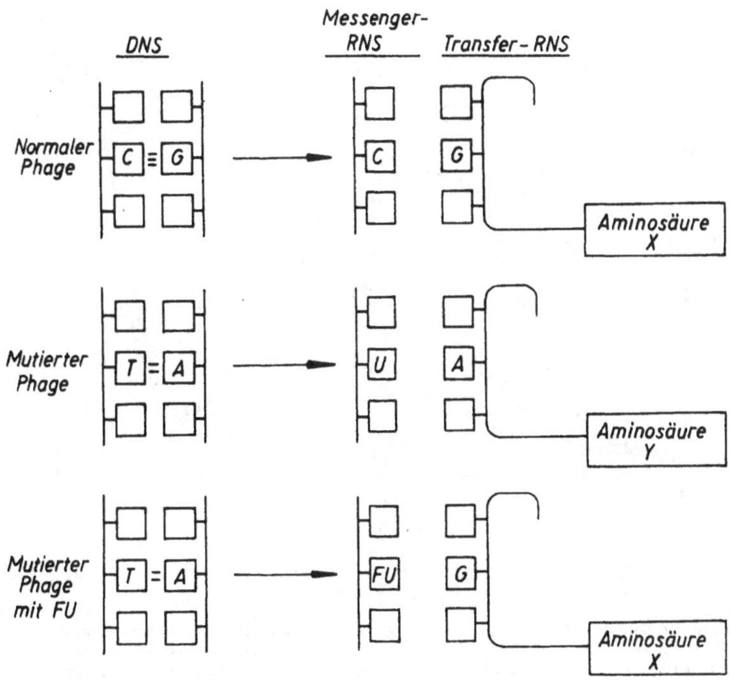

Abb. 24. Mechanismus der spezifischen Wirkung von 5-Fluoruracil bei der phänotypischen Reversion von rII-Mutanten des Phagen T4 (vorgeschlagen von S. P. CHAMPE und S. BENZER [175]).

Das GC-Paar in der DNS des Wildtyps ergibt ein C für die Messenger-RNS und bestimmt durch die nachfolgende Paarung der Messenger-RNS mit der Transfer-RNS bei der Translation den Einbau der Aminosäure *x*. Bei einer durch Umwandlung des GC-Paares in ein AT-Paar gewonnenen Mutante ergibt sich für die Messenger-RNS ein U, was zu einem fehlerhaften Einbau der Aminosäure *y* in das Protein führt. Wird jedoch das U durch 5-Fluoruracil ersetzt, so kann sich dieses wie C verhalten und so eine normale Code-Information liefern.
C = Cytosin, G = Guanin, T = Thymin U = Uracil, A = Adenin, FU = 5-Fluoruracil.

diesen Umständen gebildete Enzym unterschied sich in allen untersuchten Eigenschaften nicht von dem des Wildtyps. Dieser Befund ist insofern verwunderlich, da er auf eine richtige Ablesung aller 5-Fluoruracil-Codons mit Ausnahme des mutierten hinweist. ROSEN erklärte das damit, daß die durch 5-Fluoruracil revertierbaren Mutanten (auch die von CHAMPE und BENZER untersuchten rII-Mutanten des Phagen T4) „nonsense"-Mutanten sind, d. h. das mutierte Codon entspricht keiner Aminosäure. So verzögert sich die Translation an der Stelle dieses Codons.

weil keine passende Transfer-RNS vorhanden ist, bis schließlich die oben genannte Fehl-Paarung eintritt. Fehl-Paarungen an anderer Stelle werden dagegen auf Grund des ausreichenden Angebotes der entsprechenden Transfer-RNS-Arten weitgehend vermieden. Die Wahrscheinlichkeit einer Fehlablesung von 5-Fluoruracil-enthaltender RNS bei der Translation wäre danach davon abhängig, inwieweit für die veränderten Codons Transfer-RNS zur Verfügung steht.

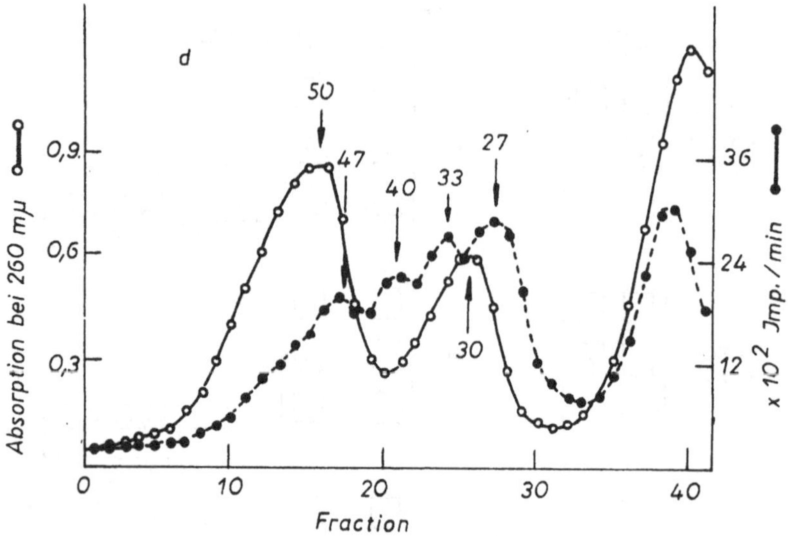

Abb. 25. 5-Fluoruracil-Partikel aus exponentiell in Gegenwart von 5-Fluoruracil und Thymin wachsenden *E. coli* B Zellen.

Die Probe wurde der Kultur 6 Stunden nach der Zugabe von ^{32}P-Phosphat entnommen. Der daraus gewonnene Extrakt wurde mit 9 Teilen eines entsprechenden Extraktes aus normalen Zellen (nicht radioaktiv) gemischt und durch Zentrifugation im Sucrose-Gradienten untersucht (nach T. Andoh und E. Chargaff [14]).

Es muß eingestanden werden, daß die im vorhergehenden, auf Grund molekularbiologischer Befunde gegebene Deutung der Effekte des 5-Fluoruracil-Einbaus in die RNS als Translations- oder Transkriptions-Fehler bisher nicht im in vitro-Ansatz biochemisch bestätigt werden konnte. So codiert im zellfreien Protein-Synthese-System Poly-5-Fluoruridylsäure genau so spezifisch die Synthese von Polyphenylalanin wie Polyuridylsäure [391]. Nach Versuchen von Bujard und Heidelberger [133] mit isolierter RNS-Polymerase kann der fehlerhafte Einbau eines 5-Fluoruracils anstelle eines Cytosins bei der Transkription nicht mehr als 0,03% betragen. Außerdem unterschied sich 5-Fluoruracil in diesen Versuchen nicht von Uracil.

Von Ebel, Rether, Heinrich und Weil [268] wurde der Einfluß eines Einbaus von 5-Fluoruracil auf die Akzeptor-Aktivität von Transfer-RNS untersucht. Dabei wurden für verschiedene Aminosäuren sehr unterschiedliche Wirkungen gefunden. Für einige war die Aktivität unverändert, für einige gehemmt, für andere dagegen sogar gesteigert. Da für diese Untersuchungen ein aus 5-Fluoruracil-behandelter Hefe gewonnenes Transfer-RNS-Gemisch eingesetzt wurde, kann nicht ausgeschlossen werden, daß hier eine durch das 5-Fluoruracil bedingte Verschiebung in den Mengenanteilen der einzelnen Aminosäure-spezifischen Transfer-RNS-Arten vorlag. Trotzdem sollte auf Grund dieser Versuche erwogen werden, ob nicht bei der oben beschriebenen Störung der Translation der Einbau von 5-Fluoruracil in die Transfer-RNS eine größere Beachtung verdient als ihm bisher zuteil wurde.

Der Einbau von 5-Fluoruracil in die Ribosomen-RNS führt dazu, daß nicht die normalen 30S und 50S Ribosomen gebildet werden, sondern sogenannte 5-Fluoruracil-Partikel [14; 18; 461; 462; 497; 548; 580; 581; 905]. Wie Abb. 25 zeigt, lassen sich diese durch Zentrifugation im Dichtegradienten als 27S, 33S, 40S und 47S-Partikel bestimmen [14; 462]. Die 5-Fluoruracil-Partikel enthalten wie normale Ribosomen 23S und 16S RNS [462; 905], jedoch ist das Mengenverhältnis beider zugunsten der 16S RNS verschoben [905]. Die RNS ist in den 5-Fluoruracil-Partikeln leichter durch Ribonuclease angreifbar und zeigt eine geringere Hypochromizität [14]. Nach Entfernung des 5-Fluoruracil können die 5-Fluoruracil-Partikel nicht in die normalen Ribosomen umgebaut werden, sondern unterliegen offenbar einem völligen Abbau [462; 497]. Ebenso kann das in Gegenwart von 5-Fluoruracil-Partikeln gebildete Protein nicht zur Ribosomen-Bildung verwendet werden [497]. Da die Ribosomen-RNS möglicherweise die Ribosomen-Proteine codiert [905], kann angenommen werden, daß die RNS der 5-Fluoruracil-Partikel die Bildung anomaler Proteine verursacht.

2.2.2.2. 8-Azaguanin. 8-Azaguanin ist die erste unnatürliche Base, deren Einbau in die Nucleinsäuren beobachtet wurde [447; 713; 769]. Besonders ausführliche Studien wurden an *B. cereus* durchgeführt, in dessen RNS etwa die Hälfte des Guanin durch 8-Azaguanin ersetzt werden kann [676; 681; 697; 957].

Als Folge des 8-Azaguanin-Einbaus wird die Protein-Synthese gehemmt, insbesondere aber — ähnlich wie beim 5-Fluoruracil-Einbau — die Induktion von Enzymen. Dagegen verläuft die Nucleinsäure-Synthese vergleichsweise ungestört weiter. Es sei hervorgehoben, daß die Untersuchungen über die Hemmung der Protein-Synthese durch 8-Azaguanin zu einer Zeit durchgeführt wurden, in der unsere Kenntnisse über die Beziehungen zwischen Nucleinsäuren und Protein-Synthese noch gering waren. Die Tatsache, daß nach Einbau einer anomalen Base in die RNS eine veränderte Protein-Synthese gefunden wurde, hat daher wesentlich zur Entwicklung unserer Vorstellungen auf diesem Gebiet beigetragen. Zu den Enzymen, deren Induktion gehemmt ist, gehören auf Grund von Untersuchungen, die vor allem von Creaser und Chantrenne und Mitarbeitern durchgeführt wurden, die β-Galactosidase [224], die Katalase und Glucozymase [225; 226] und die Penicillase [179; 182]. Die Hemmung der Induktion kann durch Guanin, Hypoxanthin und Xanthin aufgehoben werden. Dabei verschwindet die 8-Azaguanin-enthaltende RNS nicht sofort, es wird aber in verstärktem Maße normale RNS neu gebildet. Dieser Befund wurde bereits 1956 von Creaser so gedeutet, daß die Synthese neuartiger Proteine die Bildung neuartiger RNS erfordert [226]. Im Gegensatz zu 5-Fluoruracil verursacht 8-Azaguanin nicht die Bildung von Proteinen, die immunologisch ähnlich den zu induzierenden Enzymen sind [1080]. Auch die Induktion der Glucose-6-phosphatase, der Fructose-1,6-diphosphatase und der Tryptophan-Pyrrolase in der Leber werden durch 8-Azaguanin gehemmt [601].

Die durch 8-Azaguanin bedingte Veränderung der Protein-Synthese kommt auch in dem im Vergleich zu Normalbedingungen verschobenen Verhältnis des Einbaus einzelner Aminosäuren in die Zellproteine von *B. cereus* zum Ausdruck [389].

Die Protein-Synthese von Reticulocyten, die ja keine RNS mehr zu bilden vermögen, wird von 8-Azaguanin nicht beeinflußt [683; 1084].

Bei RNS-Viren senkt 8-Azaguanin die Infektiosität [672; 693; 694]. Bereits bei einem Ersatz von nur 1% des Guanin durch 8-Azaguanin in der RNS des „Turnip yellow mosaic-Virus" wird ein Abfall der spezifischen Infektiosität um 50% beobachtet. Verglichen mit dem Einfluß des Einbaus von 5-Fluoruracil (s. S. 72) muß die Schädigung durch 8-Azaguanin daher als relativ hoch bezeichnet werden.

Barnett und Brockmann [46] konnten durch 8-Azaguanin ebenso wie durch 5-Fluoruracil eine phänotypische Reversion von Adenin-Mangel-Mutanten von *Neurospora* erwirken. Danach ist anzunehmen, daß 8-Azaguanin ähnliche Fehler im Translations- oder Transkriptions-Prozeß verursacht wie 5-Fluoruracil.

Der Einbau von 8-Azaguanin in die verschiedenen RNS-Arten erfolgt in unterschiedlichem Ausmaß. Nach Untersuchungen von Levin [638; 639; 640] ist er am höchsten für die Transfer-RNS (etwa 10mal höher als für die Ribosomen-RNS). Die Funktion der Transfer-RNS wird durch den Einbau jedoch nicht beeinträchtigt [639]. Der Einbau von 8-Azaguanin in die ribosomale RNS bewirkt eine Hemmung der Ribosomen-Synthese und eine Anhäufung der Ribosomen-Vorstufen [386; 761; 762; 1084]. RNS, die aus 8-Azaguanin-gehemmten Bakterienkulturen isoliert wurde, bewirkt eine Stimulierung der Protein-Synthese in zellfreien Systemen, die normal [640] oder sogar noch höher ist als die durch RNS aus Normalkulturen erreichte [386]. Grünberger und Mitarbeiter [385; 386] führen dieses Ergebnis darauf zurück, daß die unter 8-Azaguanin sich ansammelnde Ribosomen-Vorstufen-RNS Messenger-Eigenschaften besitzt, die der ribosomalen RNS fehlen.

Grünberger und Mitarbeiter fanden weiterhin [387; 388; 1038], daß synthetische Polynucleotide, die 8-Azaguanin enthalten, qualitativ keine andere Messenger-Aktivität aufweisen als die entsprechenden Guanin-enthaltenden. Offenbar erfolgt die Basen-Paarung korrekt mit Cytosin, statt fälschlich mit Uracil vor sich zu gehen, wie das auf Grund des niedrigeren pk-Wertes von 8-Azaguanin (7,0 anstelle von 9,3 für Guanin) theoretisch durchaus möglich wäre. Die Stimulierung der zellfreien Protein-Synthese durch 8-Azaguanin-enthaltende Polynucleotide ist bedeutend geringer als die durch Guanin-enthaltende. Die Ergebnisse aus Versuchen an zellfreien Systemen erklären aber bisher nicht, warum 8-Azaguanin in zellulären Systemen eine vollständige Unterdrückung der Protein- Synthese bewirken kann.

2.2.2.3. 2-Thiouracil. Die Untersuchungen über die Folgen eines Einbaus von 2-Thiouracil in die RNS erstrecken sich vorwiegend auf die Wirkung bei der Enzym-Induktion und die Hemmung der Vermehrung von RNS-Viren.

Wie an verschiedenen Bakterien und Hefe gefunden wurde, hemmt der Einbau von 2-Thiouracil die Induktion von Enzymen, wie z. B. β-Galactosidase [409; 410], Katalase [216] und Benzoesäure-oxydierenden Enzymen [763]. Bei der Hemmung

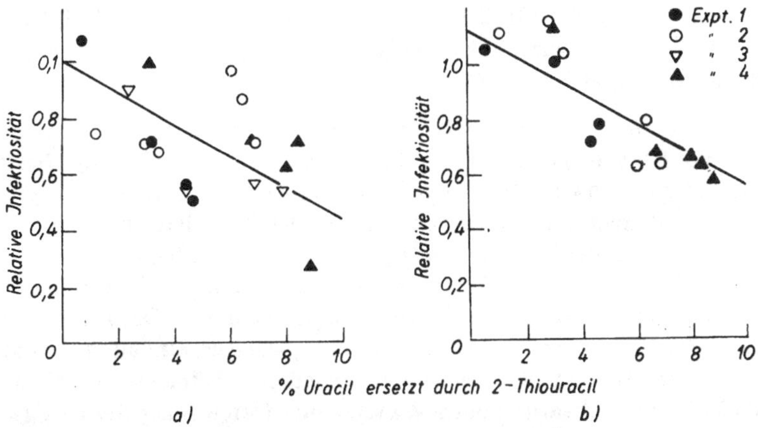

Abb. 26. Beziehung zwischen der in die RNS von Tabak-Mosaik-Virus eingebauten 2-Thiouracil-Menge und der Infektiosität des so modifizierten Virus, geprüft mit entweder a) dem intakten Virus oder b) der isolierten Virus-RNS (nach R. I. B. Francki und R. E. F. Matthews [328]).

der Induktion der β-Galactosidase bei *E. coli* wird — in ähnlicher Weise wie beim 5-Fluoruracil — ein Protein gebildet, daß immunologisch dem normalen Enzym gleicht, aber nur eine geringe oder keine enzymatische Aktivität aufweist [409; 410]. Der Einbau von 2-Thiouracil in die RNS beeinflußt unter bestimmten Umständen sogar besonders stark das immunologische Verhalten der von dieser RNS codierten Proteine. So wurde in Versuchen mit Tabak-Mosaik-Virus (s. u.) gefunden [512a], daß bereits der Austausch nur eines Uracil-Moleküls gegen ein 2-Thiouracil-Molekül genügt, um die antigenen Eigenschaften des Virus-Proteins wesentlich zu verändern.

Tabak-Mosaik-Virus war eines der ersten Objekte, an denen sowohl die hemmende Wirkung des 2-Thiouracils [211] als auch der Einbau dieser Verbindung in die RNS nachgewiesen wurde [513]. Die Hemmung beruht in ähnlicher Weise wie diejenige durch 5-Brom- oder 5-Joduracil bei den DNS-Viren auf der Bildung nichtinfektiöser Partikel [41; 325; 326; 327; 328; 511; 512]. Ein Ersatz von 5 bis 10% des Uracils durch 2-Thiouracil verursacht eine etwa 50%ige Reduktion der Infektiosität. Eine ähnliche Reduktion wird auch erreicht, wenn die Infektion nicht mit intaktem Virus, sondern mit der freien Virus-RNS erfolgt [325] (Abb. 26). Auch bei der Behandlung von auf Eiern gezüchtetem Influenza-Virus mit 2-Thiouracil wurde die Bildung nicht-infektiöser Partikel beobachtet [9]. Die Vermehrung des „Turnip yellow mosaic-Virus" wird in gleicher Weise wie die des Tabak-Mosaik-Virus durch 2-Thiouracil gehemmt, jedoch wird dabei kein Einbau in die RNS gefunden. Hier ist die Synthese viraler RNS über die zur Replikation intermediär gebildete Doppelstrang-RNS gehemmt. Außerdem entstehen offenbar anomale Proteine, deren Bildung durch einen für den Nachweis zu kleinen Einbau an 2-Thiouracil in die Virus-RNS oder durch einen Einbau in die Transfer-RNS der Wirtszelle erklärt wird [820]. 2-Thiouridin-5'-diphosphat ist ein Substrat für die Polynucleotid-Phosphorylase [624]. Poly-2-Thiouridylsäure wirkt nicht als Templat für die RNS-Synthese [587].

2.2.2.4. Tubercidin (7-Deazaadenosin). Tubercidin wird sowohl in die DNS als auch in die RNS eingebaut (Tab. 3, Nr. 67; Tab. 5, Nr. 58). NISHIMURA, HARADA und IKEHARA [748] fanden im zellfreien RNS-Polymerase-System den Einbau von Tubercidin als stark von der Art des Templates abhängig. Bestand dieses aus alternierenden Thymin- und Cytosin-2'-Desoxyribonucleotiden, so wurde ein guter Einbau von Tubercidin (zusammen mit Guanin) erhalten. Enthielt das Templat dagegen alternierende Thymin- und Guanin-2'-Desoxyribonucleotide oder Poly-Thymidylsäure, so wurde ein nur geringer Einbau von Tubercidin gefunden. Dieser Befund ist deshalb von besonderem Interesse als er darauf hinweist, daß die Basen-Paarung nach WATSON und CRICK nicht der einzige Mechanismus zur Auswahl von Nucleosid-Triphosphaten zur Polymerisation sein kann, sondern daß auch die Art der benachbarten Basen im Templat eine Rolle spielen muß.

2.2.2.5. 5-Azacytosin. Neben dem bereits beschriebenen Einbau von 5-Azacytosin in die DNS erfolgt auch ein Einbau in die RNS (Tab. 5, Nr. 31 bis 33) Bedingt durch die Instabilität der Base führt auch der Einbau von 5-Azacytosin in die RNS in ähnlicher Weise wie bei der DNS zur Labilisierung der Sekundärstruktur, erkennbar an einem niedrigeren Schmelzpunkt [197; 198]. Transfer-RNS, die aus 5-Azacytidin-behandelten Mäusen isoliert wurde, zeigt eine starke Veränderung der Akzeptor-Aktivität für verschiedene Aminosäuren [527]. Als Ursache hierfür kann ein Einbau von 5-Azacytosin in die terminale Cytidylyl-Cytidylyl-Adenosin-Sequenz der Transfer-RNS angenommen werden.

2.2.2.6. 6-Azacytosin. Im Gegensatz zu 6-Azauridin-5'-diphosphat kann 6-Azacytidin-5'-diphosphat durch Polynucleotid-Phosphorylase zu einem Polynucleotid polymerisiert werden [949]. Wird in dem Valin-Codon Guanylyl-Uridylyl-Cytidin (GUC) das Cytidin durch 6-Azacytidin ersetzt, so geht die codierende Wirkung vollkommen verloren [946].

2.2.2.7. 5-Chloruracil. 5-Chloruracil wird vor allem in die DNS eingebaut (Tab. 3, Nr. 50). Der Einbau von 5-Chloruracil in die RNS wurde nur in einer Mitteilung von DUNN [260] für *E. coli* beschrieben. Auf einen solchen Einbau wurde auch deswegen geschlossen, weil sich die 5-Chloruracil-Hemmung im Gegensatz zur Hemmung durch 5-Brom- oder 5-Joduracil nicht allein durch Thymin, sondern nur durch Thymin und Uracil aufheben läßt. Da der Radius des Chlors zwischen dem des Jods oder Broms und dem des Fluors liegt, könnte tatsächlich angenommen werden, daß 5-Chloruracil einerseits ebenso wie 5-Fluoruracil in die RNS, andererseits aber auch wie 5-Brom- oder 5-Joduracil in die DNS eingebaut wird. Ein genauer Vergleich über das relative Ausmaß des Einbaus in die RNS oder DNS wäre deshalb von besonderem Interesse, steht aber noch aus.

2.2.2.8. 5-Bromuracil und 5-Bromcytosin. 5-Bromuracil und 5-Bromcytosin werden von der Zelle im allgemeinen nicht in die RNS eingebaut (sondern — das 5-Bromcytosin nach Desaminierung — in die DNS). Lediglich am Cytidylyl-Cytidylyl-Adenosin-Ende der Transfer-RNS kann das Cytosin durch 5-Bromcytosin (bei Einsatz von 5-Bromcytidin-5'-triphosphat) enzymatisch ersetzt werden. Eine derartig modifizierte Transfer-RNS zeigte keine wesentlichen Veränderungen in ihren Akzeptor- und Transfer-Eigenschaften [962]. Im Gegensatz dazu führt das Vorkommen von 5-Bromuracil oder 5-Bromcytosin an anderen Stellen des Transfer-RNS-Moleküls zu starken Veränderungen dieser beiden Eigenschaften. Eine derartige RNS wurde von Ebel und Mitarbeitern durch die chemische Bromierung von Transfer-RNS gewonnen [39; 268]. Als Ergebnis können im wesentlichen 5-Bromuracil und 5-Bromcytosin erwartet werden. Da die terminale Cytidylyl-Cytidylyl-Adenosin-Sequenz erst nach der Bromierung an die RNS-Kette angefügt wurde, konnten hier keine Veränderungen aufgetreten sein. Durch eine derartige Bromierung wurden Veränderungen in den Akzeptor- und Transfer-Eigenschaften der RNS hervorgerufen, die im Ausmaß für die einzelnen Aminosäuren unterschiedlich waren. Bei Verwendung von Polyuridylsäure als Messenger wurde bei Einsatz von bromierter Transfer-RNS im Gegensatz zu normaler Transfer-RNS Glutaminsäure, Isoleucin, Lysin und Valin in Polypeptid-Bindung überführt. Die Bildung von Polyphenylalanin nahm dagegen ab.

Die Ribonucleosid-5'-diphosphate von 5-Bromuracil und 5-Bromcytosin (wie auch die vom 5-Chlor- und 5-Joduracil) sind Substrate für die Polynucleotid-Phosphorylase (s. Tab. 5, Nr. 19 bis 22). Alle so erhaltenen 5-Halogenuracil-Polynucleotide stimulieren in zellfreien Systemen den Einbau von Phenylalanin in die Ribosomen, wenn auch zum Teil in geringerem Umfang als die Polyuridylsäure. Die Fehlcodierung für Leucin ist im Vergleich zur Polyuridylsäure erhöht, und es tritt zusätzlich eine Codierung für Serin auf [390]. Da die Anticodons für Leucin und Serin z. B. Adenin-Adenin-Guanin bzw. Adenin-Guanin-Adenin enthalten, entspricht diese Codierung einer Fehlpaarung der 5-Halogenuracile mit Guanin. Poly-5-Bromcytidylsäure codiert nicht nur wie Polycytidylsäure Prolin (Anticodon Guanin-Guanin-Guanin), sondern auch Threonin (Anticodons Uracil-Guanin-Guanin und Uracil-Guanin-Uracil) [390]. Danach könnte 5-Bromcytosin in noch nicht erklärter Weise auch als Adenin abgelesen werden.

2.2.2.9. Arabinosyl-Nucleoside. Der Einbau von Adenin-arabinosid in die RNS wurde vor allem von Brink und LePage beschrieben (Tab. 5, Nr. 52 bis 54). Silagi beschreibt einen Einbau von Cytosin-arabinosid in die RNS (Tab. 5, Nr. 36), der aber geringer ist als derjenige in die DNS. Cardeilhac und Cohen [163] konnten in Versuchen mit isolierter RNS-Polymerase und Polynucleotid-Phosphorylase keine Substrat-Eigenschaften für Cytosin-arabinosid finden. Dagegen erwies sich Cytosin-arabinosid-5'-diphosphat als starker Hemmstoff der Polynucleotid-Phosphorylase. Auch Adenin-arabinosid-5'-diphosphat hemmt dieses Enzym [953]. Die Problematik des Einbau-Nachweises für Arabinosyl-Nucleoside wird von COHEN in einem Übersichtsartikel diskutiert [205].

2.2.2.10. 3'-Desoxyadenosin. 3'-Desoxyadenosin bewirkt eine Hemmung der Nucleinsäure-Synthese über eine Reihe von biochemischen Mechanismen (Tab. 1, Nr. 9 und 10; Tab. 2, Nr. 15). Der Einbau in die RNS beendet offenbar die RNS-Synthese, da 3'-Desoxyadenosin wegen des Fehlens der für die Phosphat-diester-Brücken-Bildung nötigen OH-Gruppe am C-3' keine Verlängerung der RNS-Kette gestattet. Damit in Übereinstimmung wurde eingebautes 3'-Desoxyadenosin immer am Ketten-Ende gefunden [220; 913].

3. Biochemische Ursachen der erworbenen Resistenz

Die Wirkung der Antimetabolite des Nucleinsäure-Stoffwechsels wird dadurch beeinträchtigt, daß Zellen gegen sie resistent werden können. Unter dem Begriff der Resistenz, wie er in diesem Kapitel behandelt ist, wird die erworbene Resistenz, d. h. der Wandel des Ansprechens einer Zellart gegenüber einer bestimmten Verbindung von gut zu schlecht (bis überhaupt fehlend) verstanden. Da alle bekannten Cytostatica nicht auf jede Zellart gleich stark einwirken, gibt es eine Reihe von

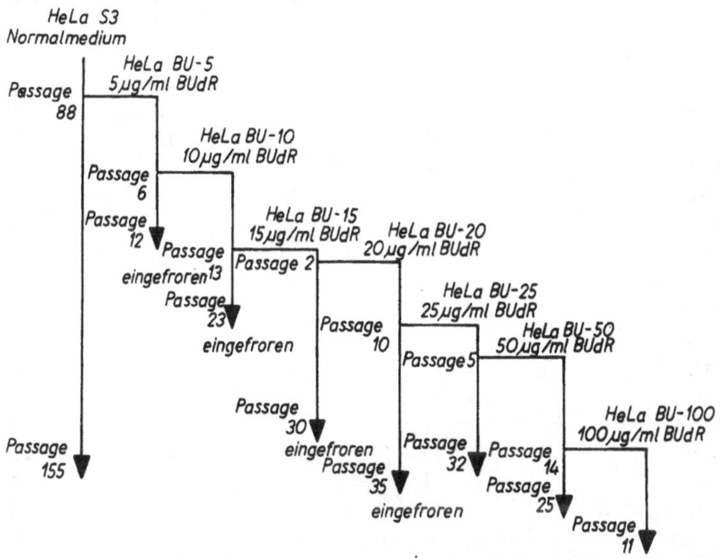

Abb. 27. Entwicklung von 5-Brom-2'-desoxyuridin-resistenten Zellstämmen von HeLa-Zellen (nach S. Kit, D. R. Dubbs und P. M. Frearson [562]). BUdR = 5-Brom-2'-desoxyuridin

Geweben oder Zellstämmen, die a priori bestimmten cytostatisch wirksamen Substanzen gegenüber relativ oder absolut resistent sind. Letztlich beruht ja die Anwendbarkeit der Antimetabolite in der Chemotherapie des Krebses darauf, daß Normalgewebe gegen sie relativ resistenter sind als Tumorgewebe. Auf diese Art der Resistenz wird nicht in diesem, sondern in Kapitel 5 eingegangen.

Den Nachteil des Auftretens von Resistenz teilen die Antimetabolite mit allen anderen Cytostatica. So beschreibt Hutchison in zwei Review-Artikeln über dieses Problem [491; 492] für den Zeitraum von 1944 bis 1966 die Entdeckung von 459 verschiedenen resistenten Zellarten (Gewebekulturen, Transplantations-Tumoren, Mikroorganismen). Davon beziehen sich 299 Fälle auf die Resistenz gegen einen Antimetaboliten. Beispiele aus dieser Übersicht gibt Tab. 6 wieder.

Die Resistenz ist genetisch bedingt und daher erblich. Resistente Zellstämme werden durch Züchtung in Gegenwart unterschwelliger Dosen des jeweiligen Antimetaboliten gewonnen (bzw. bei Tumoren durch Transplantation auf Wirtstiere,

Tabelle 6

Übersicht über das Auftreten von Resistenz gegen Antimetabolite. Entnommen einer Zusammenstellung von Hutchison [491; 492] für die Jahre 1944—1960

Antimetabolit	Tier-Tumoren	Gewebe-kulturen	Mikroorga-nismen	Insgesamt
Amethopterin	51	19	53	123
Aminopterin	1	4	6	11
Dichloroaminopterin	6	—	—	6
Azaserin	9	—	15	24
6-Diazo-5-Oxo-L-Norleucin	5	—	3	8
6-Mercaptopurin	12	7	13	32
6-Thioguanin	6	—	2	8
8-Azaguanin	5	3	10	18
8-Azaguanosin	—	1	—	1
8-Azaadenin	—	—	1	1
8-Azahypoxanthin	—	2	1	3
2-Fluoradenin	—	—	2	2
2-Fluoradenosin	—	—	1	1
2,6-Diaminopurin	—	3	6	9
6-Chlorpurin	—	—	1	1
5-Fluororotsäure	1	—	2	3
5-Fluoruracil	14	2	11	27
5-Fluoruridin	1	3	1	5
5-Fluor-2′-desoxyuridin	—	4	1	5
5-Fluorcytosin	—	—	2	2
5-Fluor-2′-desoxycytidin	—	—	2	2
6-Azauracil	—	—	3	3
6-Azauridin	—	1	1	2
6-Azathymin	—	—	1	1

die mit derartigen Dosen behandelt werden) (Abb. 27 u. 28). Der hierbei wirksame Prozeß ist, wie insbesondere von Law [613; 615; 797] und später u. a. von Szybalski [988; 991; 993] festgestellt wurde, der der Mutation und Selektion. Danach treten in den Zellpopulationen durch Mutationen ständig resistente Zellen auf, die dann in Gegenwart des Hemmstoffes einen Selektions-Vorteil haben. Der Anstieg der Resistenz erfolgt dabei im allgemeinen schrittweise von Generation zu Generation und entspricht damit dem „Penicillin-Typ“ der Resistenz [242]. Das ist am Beispiel der Mäuse-Leukämie L 1210 (Resistenz gegen Amethopterin) in Abb. 29 wiedergegeben. Nur in seltenen Fällen [797] wird bereits von einer Generation zur anderen das volle Ausmaß der Resistenz erreicht („Streptomycin-Typ“). Auch hierfür ist an Hand der Azaserin-Resistenz eines Plasmazellen-Tumors in Abb. 29 ein Beispiel wiedergegeben.

Durch Mischung von gegen 5-Fluoruracil sensiblen und resistenten Stämmen des Ehrlich-Ascites-Carcinoms der Maus im Verhältnis 1 resistente Zelle zu 1000 sen-

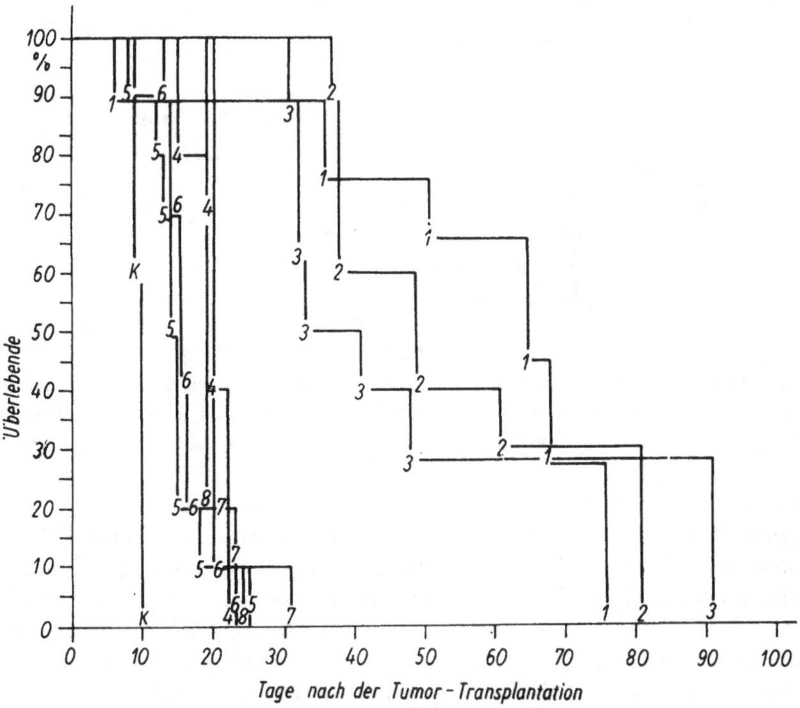

Abb. 28. Überlebenszeiten von 5-Fluoruracil-behandelten Mäusen, denen entweder nicht vorbehandelte Ehrlich-Ascites-Tumorzellen appliziert wurden (Gruppe 1) oder Zellen, die für 1–8 Passagen bereits mit 5-Fluoruracil vorbehandelt wurden (Gruppen 2–8). K = unbehandelte Kontrolle

Zur Gewinnung der resistenten Zellstämme wurden Mäusen je 10^6 Ehrlich-Ascites-Tumorzellen transplantiert und die Tiere dann jeden zweiten Tag mit 20 mg 5-Fluoruracil pro kg behandelt. Sobald die Tiere Ascites entwickelten, wurden sie punktiert und 10^6 Zellen weiter transplantiert (nach P. Reichard, O. Sköld und G. Klein [830]).

siblen Zellen wurde nach Transplantation auf 5-Fluoruracil-behandelte Mäuse volle Resistenz bereits nach der ersten Tumor-Passage erreicht [831; 939; 940]. Bei einem Mischungsverhältnis von 1 zu 10^5 wurden dazu 2 bis 3 Passagen benötigt. Dagegen tritt erst nach 20 Passagen Resistenz ein, wenn ausschließlich von sensiblen Zellen ausgegangen wird. Das zeigt, daß die Zahl der Mutationen zur Resistenz in einer Zellpopulation sehr gering ist. Nach Abschätzungen von Klein [566] liegt die Zahl der zur Amethopterin-Resistenz führenden Mutationen bei der

Mäuse-Leukämie L 1210 bei etwa 1 pro 10^7 Zellen. Zu ähnlichen Ergebnissen kamen FRIEDKIN und GOLDIN auf Grund einer Computer-Berechnung [336]. In Untersuchungen an Gewebekulturen von Knochenmarkzellen des Menschen fanden SZYBALSKI und Mitarbeiter [988; 993] eine Mutations-Häufigkeit zur 8-Azaguanin-Resistenz von 5×10^{-4} bis 10^{-6}/Zelle und Generation.

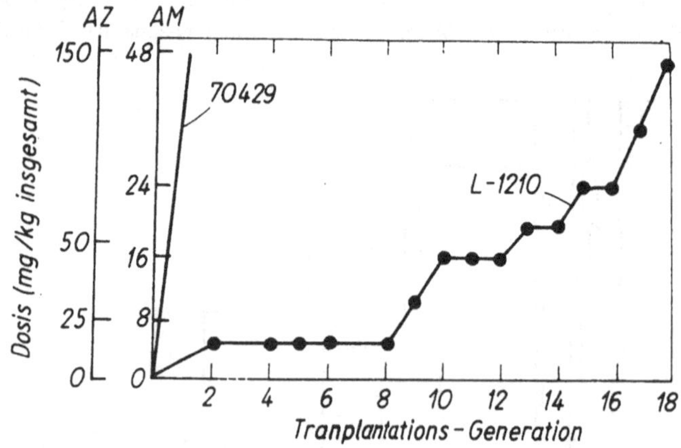

Abb. 29. Muster der Resistenz-Entwicklung in zwei Mäuse-Tumoren durch Selektion mit antileukämischen Agenzien. Der Plasmazellen-Tumor wurde mit Azaserin (AZ) behandelt, die lymphozytäre Leukämie L 1210 mit Amethopterin (AM) (nach L. W. LAW [615]).

Das Ausmaß der Resistenz kann mehr als das Tausendfache betragen, d. h. die resistente Form wird erst durch eine mehr als tausendfach höhere Menge des Hemmstoffes gehemmt, als nötig ist, um die Ausgangsform völlig zu hemmen. Es sei jedoch betont, daß z. B. bei den geringen Unterschieden in der Empfindlichkeit zwischen Tumor- und Normalgewebe bereits ein Anstieg der Resistenz der Tumorzellen um nur ein Geringes völlig genügt, um eine Verbindung für die Chemotherapie des Krebses praktisch unbrauchbar werden zu lassen.

Der genetisch bedingte Charakter der Resistenz geht auch aus Transformations-Versuchen hervor, in denen die Eigenschaft der Resistenz durch DNS aus resistenten Zellstämmen auf sensible Stämme übertragen werden konnte. Derartige Versuche wurden an *Diplococcus pneumoniae* in bezug auf die Resistenz gegen Amethopterin und 8-Azaguanin durchgeführt [254; 931].

Wie von HUTCHISON und ihren Mitarbeitern gefunden wurde [75; 76; 889] ist der Übergang zur Resistenz gegen Folsäure-Analoga in einigen Fällen mit einer Änderung des Chromosomen-Bildes verbunden.

Da die Resistenz erblich fixiert ist, bleibt sie im allgemeinen auch dann bestehen, wenn der resistente Zellstamm in Abwesenheit des Hemmstoffes fortgepflanzt wird. Somit bringen die mit dem Resistentwerden verbundenen biochemischen Veränderungen (s. u.) offenbar in der Regel keinen Selektionsnachteil für die Zelle mit sich. Würde ein solcher vorliegen, so sollten die spontan auftretenden Rückmutanten zur Sensibilität allmählich in der Zellpopulation wieder die Überhand gewinnen. In einigen wenigen Fällen wurde das damit verbundene Nachlassen der Resistenz auch beobachtet, im allgemeinen geht die einmal erworbene Resistenz jedoch nicht wieder verloren.

Wegen ihres übersichtlichen Wirkungsmechanismus sind für Antimetabolite bereits verschiedene biochemische Ursachen für Entstehung einer Resistenz erkannt worden. Dazu gehören:

1. Ausfall der letalen Synthese
2. Veränderung der Affinität zwischen Enzym und Antimetabolit
3. Kompensatorisch erhöhte Enzymbildung
4. Verzögerte Penetration in die Zelle
5. Erhöhter Abbau des Antimetaboliten

Es finden sich jedoch in der Literatur oft Hinweise, daß diese Ursachen nicht für jede aufgetretene Resistenz eine befriedigende Erklärung bieten. Es muß daher auch noch andere Ursachen geben. Sicher liegt häufig auch eine Summation verschiedener kleinerer Stoffwechsel-Alterationen vor.

3.1. Ausfall der letalen Synthese

Der Ausfall der letalen Synthese ist, wie insbesondere von Brockman und Mitarbeitern nachgewiesen wurde (11; 115; 116; 118; 121; 122; 123; 124; 125; 127; 845; 977a), die weitverbreitetste Ursache der Resistenz. Sie kommt praktisch bei allen Verbindungen vor, die zur Entfaltung ihrer Wirksamkeit der Überführung in die Nucleotid-Form bedürfen (also bei allen Antimetaboliten mit Ausnahme der Glutamin- und Folsäure-Antagonisten). In Tab. 7 ist eine Zusammenstellung über diese Resistenzform wiedergegeben. Danach wurde Resistenz durch Ausfall der letalen Synthese vor allem bei Mikroorganismen, an Gewebekulturen und bei Transplantations-Tumoren gefunden. Untersuchungen am Menschen liegen hierfür allerdings kaum vor. Bei 15 Leukämie-Patienten, die resistent gegen 6-Mercaptopurin waren, wurde nur ein Fall gefunden, der auf einen Verlust der letalen Synthese zurückzuführen war [238]. Weitere Untersuchungen über die Häufigkeit dieser Resistenz-Ursache bei Menschen wären zur Abklärung ihrer Bedeutung für die Klinik dringend wünschenswert.

Der Verlust eines für die letale Synthese verantwortlichen Enzyms erfolgt offenbar schrittweise, entsprechend der Ausbildung der Resistenz. So fand Szybalski [991] bei der Ausbildung der Resistenz gegen 8-Azaguanin an einem Stamm von Knochenmarkzellen des Menschen in der Gewebekultur folgende Schritte: Die erste Mutation führte zwar schon zu einer erheblichen Resistenz, hatte aber noch keinen Verlust der Guanosin-5'-phosphat-Pyrophosphorylase zur Folge. Die Ursache für diese Resistenz ist daher noch unklar, kann aber eventuell auf eine gestörte Penetration des 8-Azaguanins in die Zelle zurückgeführt werden. Bei einer zweiten Mutation erfolgt dann unter fortschreitender Ausbildung der Resi-

Tabelle 7

Beispiele für Resistenz durch Ausfall der letalen Synthese

Nr.	Antimetabolit	Biologisches Objekt	Fehlendes Enzym	Literatur
1.	6-Mercaptopurin	*Streptococcus faecalis*	Inosin-5'-phosphat-[1] Pyrophosphorylase	42; 119; 867; 125
2.	„	H. Ep. 2-Zellen in Gewebekultur (Larynx-Ca, Mensch)	Inosin-5'-phosphat-[1] Pyrophosphorylase	127
3.	„	Gewebe vom Menschen in vivo	Inosin-5'-phosphat-[1] Pyrophosphorylase	238
4.	„	Lymphozytäre Leukämie P388 in vivo	Inosin-5'-phosphat-[1] Pyrophosphorylase	845
5.	„	*Salmonella typhimurium*	Inosin-5'-phosphat-[1] Pyrophosphorylase	525
6.	„	Affennierenzellen in Gewebekultur	Inosin-5'-phosphat-[1] Pyrophosphorylase	642
7.	„	Mäuse-Leukämie L1210	Inosin-5'-phosphat-[1] Pyrophosphorylase	125; 124
8.	6-Thioguanin	„ „ „	Guanosin-5'-phosphat-[1] Pyrophosphorylase	126; 283; 977a
9.	8-Azaguanin	D98-Zellen in Gewebekultur (Knochenmark, Mensch)	Inosin-5'-phosphat-[1] Pyrophosphorylase	991
10.	„	Lymphozytäre Leukämie P388 in vivo	Inosin-5'-phosphat-[1] Pyrophosphorylase	845 237
11.	„	Mäuse-Leukämie L1210 in vivo	Inosin-5'-phosphat-[1] Pyrophosphorylase	125; 118; 124
12.	„	Mäuse-Fibroblasten in Gewebekultur	Inosin-5'-phosphat-[1] Pyrophosphorylase	655
13.	„	*Salmonella typhimurium*	Guanosin-5'-phosphat-[1] Pyrophosphorylase	525
14.	„	*Streptococcus faecalis*	Guanosin-5'-phosphat-[1] Pyrophosphorylase	124; 125; 122
15.	8-Azaadenin	„ „	Adenosin-5'-phosphat-Pyrophosphorylase	122
16.	2-Fluoradenin	„ „	Adenosin-5'-phosphat-Pyrophosphorylase	122
17.	2,6-Diaminopurin	*Salmonelly typhimurium*	Adenosin-5'-phosphat-Pyrophosphorylase	524; 525; 526

Tabelle 7 (Fortsetzung)

Nr.	Antimetabolit	Biologisches Objekt	Fehlendes Enzym	Literatur
18.	2,6-Diaminopurin	Affennierenzellen in Gewebekultur	Adenosin-5'-phosphat-Pyrophosphorylase	642
19.	„	*Lactobacillus casei*	Adenosin-5'-phosphat-Pyrophosphorylase	281
20.	„	L-Zellen (Mäuse-Fibroblasten)	Adenosin-5'-phosphat-Pyrophosphorylase	80
21.	5-Fluoruracil	Ehrlich-Ca und Mäuse-Leukämie L1210 in vivo	Uridin-Kinase	830 940; 831
22.	„	Transplantations-Tumoren	Orotidin-5'-phosphat-Pyrophosphorylase	541
23.	5-Fluoruridin	Mastzellen-Tumor P815	Uridin-Kinase	11
24.	5-Fluor-2'-desoxyuridin	Mäusetumor L5178y und P815 in Gewebekultur	Thymidin-Kinase	725
25.	„	Mäuse-Fibroblasten in Gewebekultur	„ „	236; 256 656
26.	5-Brom-2'-desoxyuridin	„	„ „	226; 256 656
27.	„	HeLa-Zellen	„ „	562
28.	„	Vaccinia	„ „[2]	255
29.	5-Jod-2'-desoxyuridin	Herpes simplex	„ „[2]	171
30.	„	Vaccinia	„ „[2]	255
31.	„	CFSV-Zellen der Maus in Gewebekultur	„ „	558
32.	6-Azauracil	*Streptococcus faecalis*	Uridin-5'-phosphat-Pyrophosphorylase	421 125
33.	Cytosin-arabinosid	Leukämiezellen in vitro	2'-Desoxycytidin-Kinase	189

[1] Zwischen der Inosin-5'-phosphat-Pyrophosphorylase und der Guanosin-5'-phosphat-Pyrophosphorylase wird nicht immer sicher unterschieden, und häufig wird der Ausfall beider Enzyme als Resistenzursache angegeben.

[2] Diese Viren-Stämme vermögen im Gegensatz zu den Wildstämmen das Enzym nicht in den Wirtszellen zu induzieren. Werden sie auf Zellen gezüchtet, die ebenfalls keine Thymidin-Kinase bilden können (z. B. Nr. 24; 25; 26; 27; 31), so resultiert Resistenz sowohl für die Viren wie auch für die Wirtszellen. Werden dagegen die gleichen Zellen mit den Wildformen der Viren infiziert, so induzieren diese die Fähigkeit zur Bildung der Thymidin-Kinase, und es tritt keine Resistenz ein.

stenz eine Reduktion des Enzymgehaltes auf 1/20 der ursprünglichen Menge, und erst nach einer dritten Mutation ist das endgültige Ausmaß der Resistenz und ein vollständiger Verlust des Enzyms erreicht.

Kalle und Gots [524; 525] konnten in Arbeiten über die Resistenz von *Salmonella* gegen verschiedene Purin-Antimetabolite Aufschlüsse über die Zahl der vorkommenden Purin-Nucleotid-Pyrophosphorylasen gewinnen. Durch die Untersuchung resistenter Mutanten konnten sie zeigen, daß es für Adenosin-5'-phosphat, Inosin-5'-phosphat, Guanosin-5'-phosphat und Xanthosin-5'-phosphat je ein spezifisches Enzym gibt, dessen Verlust zur Resistenz gegen die entsprechenden Antimetabolite führt (Abb. 30). Besonders interessant ist jedoch, daß sie von der Adenosin-5'-phosphat-Pyrophosphorylase zwei verschiedene Formen isolieren konnten: die in der Wildform vorkommende, die sowohl Adenin als auch 2,6-Diaminopurin zum Nucleotid umsetzt, und eine zweite Form aus einem 2,6-Diaminopurin-resistenten Stamm, die zwar Adenin, nicht aber 2,6-Diaminopurin umsetzen kann. Hier ist es infolge der Mutation offenbar zu einer strukturellen Veränderung des Enzyms gekommen, die zu einem selektiven Verlust der Affinität zum 2,6-Diaminopurin geführt hat. Das mutierte Enzym unterscheidet sich von dem der Wildform auch durch eine unterschiedliche Eluierbarkeit von der DEAE-Säule, ein verändertes pH-Optimum und eine doppelt so hohe Temperatur-Empfindlichkeit [526]. In diesem Zusammenhang ist zu erwähnen, daß die Adenosin-5'-phosphat-Pyrophosphorylase aus Hefe auch normalerweise 2,6-Diaminpurin nicht umsetzen kann. Ähnliche Verhältnisse konnte Sköld [938] bei 5-Fluoruracil-resistenten Zellen des Ehrlich-Ascites-Carcinoms finden. Hier liegt eine veränderte Uridin-Kinase vor, die sich ebenfalls von der aus normalen Zellen durch ihre Hitze-Stabilität, das säulenchromatographische Verhalten sowie ihre Fällbarkeit durch Ammoniumsulfat unterscheidet.

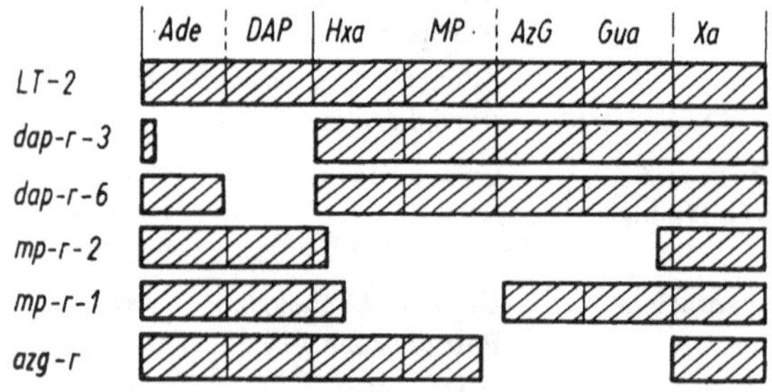

Abb. 30. Purin-Nucleotid-Pyrophosphorylasen in resistenten Mutanten von *Salmonella typhimurium*. Die Ergebnisse sind als % der Enzym-Aktivität des Wildtyps wiedergegeben. Die für jedes Purin angegebene Gesamtfläche entspricht einer 100%igen Aktivität im Vergleich zum Wildtyp, der weiße Anteil gibt den prozentualen Enzym-Verlust wieder (nach G. P. Kalle und J. S. Gots [525]).

Die Abbildung zeigt, daß für jedes Purin eine eigene Nucleotid-Pyrophosphorylase vorkommt und daß die Xanthosin-5'-phosphat-Pyrophosphorylase in keinem der mutierten Stämme fehlt. LT-2 stellt den Wildtyp dar, dap-r sind 2,6-Diaminopurin-resistente Stämme, mp-r sind 6-Mercaptopurin-resistente Stämme und azg-r ist ein 8-Azaguanin-resistenter Stamm. Ade = Adenin, DAP = 2,6-Diaminopurin, Hxa = Hypoxanthin, MP = 6-Mercaptopurin, AzG = 8-Azaguanin, Gua = Guanin, Xa = Xanthin.

Es hat zahlreiche Bemühungen gegeben, der durch Fehlen der letalen Synthese bedingten Resistenz wirksam zu begegnen. Eine direkte Applikation von Nucleotiden ist, wie bereits auf S. 22 erwähnt wurde, wegen der Impermeabilität der Zellmembran für diese Verbindungen nicht möglich. Versuche, die Phosphat-Ester durch die Sulfat-Ester, welche die Zellmembran passieren können, zu ersetzen, haben im Falle des 5-Fluor-2'-desoxyuridins, des Adenosins, Cytidins und des Thymidins zu Verbindungen geführt, die zwar Abbauprozesse, aber nicht Biosynthese-Prozesse hemmten [17; 583; 1054]. Besonders viele Versuche waren von der Bestrebung gekennzeichnet, die Nucleotide durch weitere Veresterung des Phosphates doch in eine penetrationsfähige Form zu bringen. In diesem Zusammenhang ist eine Vielzahl von Verbindungen hergestellt worden [85; 717; 721; 768; 832], ohne daß praktisch verwertbare Erfolge erzielt wurden. Zunächst als vielversprechend erschienen Versuche mit dem Bis-(thioinosin)-5'-5''-phosphat [77]. Bei der Spaltung dieses Phosphat-Diesters entsteht ein Mol 6-Mercaptopurin-ribosid und ein Mol 6-Mercaptopurin-ribosid-5'-phosphat. Die Verbindung zeigt auch tatsächlich die erwartete Wirksamkeit gegen 6-Mercaptopurin-resistente Tumorzellen in Gewebekulturen. Praktisch ist sie jedoch nicht zur Anwendung gekommen, da ihre Spaltung in der Zelle offenbar zu langsam abläuft.

In weiteren Versuchen zur Umgehung der Resistenz wurden anstelle der freien Basen die entsprechenden Nucleoside eingesetzt. Diesem Vorgang liegt die Vorstellung zugrunde, für die letale Synthese andere Enzyme heranzuziehen. Die Nucleotid-Bildung aus Nucleosiden erfolgt, wie bereits auf S. 24 ausgeführt, durch die Nucleosid-Kinasen über eine Phosphorylierung mittels Adenosin-5'-triphosphat. Man nahm daher an, durch den Einsatz von Nucleosiden den Ausfall der Phosphorylasen oder Pyrophosphorylasen umgehen zu können. Es erwies sich jedoch, daß in der überwiegenden Zahl der Fälle Cross-Resistenz zwischen Nucleosid und freien Basen vorliegt [628; 631; 720; 937]. Die Ursachen dafür sind nicht in jedem Falle klar. Von LePage und Mitarbeitern [628; 631] wurde für das 6-Thioguanosin gefunden, daß es nur schwach phosphoryliert, aber rasch zur freien Base und Ribose aufgespalten wird. Das gleiche gilt für das 6-Mercaptopurin-ribosid. Da eine Inosin-Kinase bisher noch nicht nachgewiesen wurde, kann auch das dem Inosin analoge 6-Mercaptopurin-ribosid in der Zelle nicht phosphoryliert werden. Die Wirksamkeit dieser Verbindung in nicht resistenten Zellen beruht daher offenbar auf der Spaltung des Nucleosids und der nachfolgenden Umsetzung der freien Base mit 5-Phosphoribosylpyrophosphat zum Nucleotid. Vielversprechend scheint dagegen die Anwendung von 6-Methylmercaptopurin-ribosid zu sein, die von Bennett, Lee, Brockman und Schnebli [53] vorgeschlagen wurde. Der Ersatz der Mercapto-Gruppe am C-6 durch eine Methylmercapto-Gruppe bewirkt danach sowohl eine Hemmung der Nucleosid-Spaltung als auch eine Phosphorylierung durch die Adenosin-Kinase. Die Phosphorylierung dieser Verbindung kann damit erklärt werden, daß ihr die Methylmercapto-Gruppierung eine Ähnlichkeit mit dem Adenosin und daher eine Affinität für die Adenosin-Kinase verleiht. Die Mercapto-Gruppe des 6-Mercaptopurin-ribosids liegt dagegen vorwiegend in der Thiocarbonyl-Form vor und die Verbindung ähnelt daher dem Inosin mit einer Ketogruppe am C-6. 6-Methylmercaptopurin-ribosid hat sich als wirksam gegen 6-Mercaptopurin-resistente Leukämieformen sowohl in Gewebekulturen als auch im Tierexperiment erwiesen. Die praktische Bewährung bleibt abzuwarten. Das

Bestreben, für die letale Synthese auf andere Stoffwechselwege auszuweichen, liegt auch der Verwendung von 6-Azacytidin zugrunde. 6-Azacytidin wird durch die Cytidin-Kinase phosphoryliert und dann zu der eigentlich wirksamen Verbindung 6-Azauridin-5'-phosphat desaminiert. 6-Azacytidin könnte daher in solchen Fällen wirksam sein, wo Resistenz gegen 6-Azauridin durch Fehlen der Uridin-Kinase vorliegt [426]. Praktisch ist dieser Weg jedoch noch nicht erprobt.

Insgesamt muß also festgestellt werden, daß es selbst bei der in ihren Ursachen leicht zu überschauenden Form der Resistenz durch Ausfall der letalen Synthese bisher keine sicheren Möglichkeiten der Umgehung gibt.

Wie bereits früher erwähnt, gehören die Enzyme, die die letale Synthese durchführen, dem sogenannten „salvage pathway" an, der der anabolen Wiederverwertung präformierter Nucleinsäure-Bausteine dient. Der zur Resistenz führende Ausfall von Enzymen dieses „salvage pathway" hat daher zur Folge, daß die resistenten Zellen ausschließlich auf die deNovo-Synthese der Purine und Pyrimidine angewiesen sind. Sie sollten deshalb in erheblichem Maße empfindlicher gegen Hemmstoffe dieser deNovo-Synthese sein, was auch häufig beobachtet wurde [z. B. 614; 616]. SZYBALSKI [998] hat eine solche, mit der Resistenz gegen eine Verbindung gleichzeitig auftretende Erhöhung der Empfindlichkeit gegen eine andere Verbindung als „collaterale Sensibilität" bezeichnet. HUTCHISON hat in ihren zwei Review-Artikeln [491; 492] zahlreiche Beispiele dafür aufgeführt. Für die Mehrzahl der Fälle ist allerdings eine biochemische Erklärung noch nicht zu geben, da zwischen zwei Verbindungen sowohl Cross-Resistenz als auch collaterale Sensibilität auftreten kann.

Eine Methode zur selektiven Bekämpfung von resistenten Zellen ist von SZYBALSKI und Mitarbeitern [994] als „reciprocal therapy" bezeichnet worden. Als Beispiel wird hierfür die Abtötung von 8-Azaguanin- und 6-Mercaptopurin-resistenten Zellen, die keine Inosin-5'-phosphat-Pyrophosphorylase besitzen, durch die Kombination vom Aminopterin, Inosin, Thymidin und einigen Aminosäuren angeführt. Hier können alle nicht resistenten Zellen die Aminopterin-Hemmung durch Verwendung der anderen applizierten Verbindungen umgehen; lediglich die resistenten Zellen werden gehemmt, da sie das Inosin nicht verwerten können.

3.2. Veränderung der Affinität zwischen Enzym und Antimetabolit

Im Gegensatz zu der weitverbreiteten Resistenz durch Ausfall der letalen Synthese ist eine Resistenz durch verminderte Affinität des Antimetaboliten zum Enzym nur in wenigen Fällen nachgewiesen worden. Dieser Typ der Resistenz wurde zum ersten Mal von DAVIS und MASS [239] in Versuchen über die Resistenz gegen Sulfonamide gefunden. In bezug auf Antimetabolite des Nucleinsäure-Stoffwechsels im engeren Sinne wurde der erste Fall einer Resistenz durch veränderte Affinität zum Enzym für das 5-Fluor-2'-desoxyuridin-5'-phosphat durch HEIDELBERGER und Mitarbeiter [445] beschrieben. Sie fanden, daß aus 5-Fluoruracil-resistenten Tumorzellen isolierte Thymidylat-Synthetase durch 5-Fluor-

2'-desoxyuridin-5'-phosphat in Konzentrationen nicht gehemmt wurde, bei denen eine fast völlige Hemmung des entsprechenden Enzyms aus sensiblen Zellen vorlag. Es muß aber darauf hingewiesen werden, daß in späteren Versuchen von HEIDELBERGER und HARTMAN [436] sowie von HÄGGMARK [395] keine derartigen Unterschiede zwischen resistenten und sensiblen Tumoren festgestellt wurden. Es scheint sich also bei der zunächst gefundenen Affinitäts-Veränderung eher um eine Ausnahme als um die Regel im Falle der Resistenz gegen 5-Fluoruracil zu handeln.

Später wurden auch für die Folsäure-Antagonisten durch HUTCHISON und Mitarbeiter [5; 929; 930] bei Bakterien Fälle von Resistenz beschrieben, die auf eine veränderte Affinität der Antagonisten gegenüber dem Enzym Folsäure-Reduktase zurückgeführt werden konnten. Die der Affinitäts-Änderung zugrunde liegende Struktur-Änderung des Enzymproteins kommt hier auch durch eine Verschiebung des pH-Optimums, eine verringerte Hitze-Stabilität und eine unterschiedliche Eluierbarkeit von Sephadex-Säulen zum Ausdruck. Die Affinitäts-Verminderung betrifft nur die Folsäure-Antagonisten, dagegen liegen etwa normale K_m-Werte für die Folsäure vor.

Auch bei den Folsäure-Antagonisten stellt die Resistenz durch verminderte Affinität zum Enzym eine Ausnahme dar, da die häufigste Form der Resistenz auf einer Erhöhung des Gehaltes der Zelle an Folsäure-Reduktase beruht (s. u.). In einer genetischen Analyse konnten HUTCHISON und Mitarbeiter nachweisen [930], daß diese beiden Formen der Resistenz zwar an verschiedenen Stellen des Genoms lokalisiert sind, daß sich aber die Gen-Abschnitte überlappen. Offenbar handelt es sich dabei um denjenigen Teil des Genoms, der die Struktur der Folsäure-Reduktase bestimmt, aber auch die Geschwindigkeit ihrer Bildung reguliert.

Wegen ihrer geringen Verbreitung kommt der Resistenz durch Veränderung der Affinität zwischen Enzym und Antimetabolit nur eine geringe praktische Bedeutung zu. Sie ist jedoch von erheblichem theoretischem Interesse, da von einer genaueren Analyse der veränderten Enzymstruktur Aufschlüsse über diejenigen Eigenschaften zu erwarten sind, die die Voraussetzung für die Bindung des Metaboliten bzw. Antimetaboliten darstellen.

3.3. Kompensatorisch erhöhte Enzymbildung

Die kompensatorisch erhöhte Enzymbildung stellt vor allem bei den Folsäure-Antagonisten eine weit verbreitete und sicher nachgewiesene Resistenz-Ursache dar. Sie kommt sowohl bei Mikroorganismen [131; 747; 764; 929] als auch bei Tumoren und in Geweben von Versuchstieren [69; 317; 336; 401; 405; 460; 478; 696; 712; 743] vor und wurde auch in der Klinik am Patienten gefunden [67; 68] (Abb. 31). In allen diesen Fällen kommt es zu einem Anstieg der Folsäure-Reduktase, des Enzyms also, das durch die Folsäure-Antagonisten praktisch irreversibel gehemmt wird. Dieser Anstieg zeigt in einem gewissen Bereich oft eine verblüffende Parallelität zum erreichten Resistenz-Grad. So fanden HAKALA, ZAKRZEWSKI und NICHOL [405] in zwei resistenten Gewebekultur-Stämmen des Sarcoms 180, die eine 67-bzw. 174fache Resistenz gegen Amethopterin aufwiesen, einen um das 65-bzw. 155fache erhöhten Gehalt an Folsäure-Reduktase. FISCHER [317] konnte an Leukämiezellen in Gewebekultur nachweisen, daß der in einem ersten Mutations-Schritt erreichte 2,3fache Resistenz-Grad auch von einem 2fachen Anstieg der Folsäure-Reduktase begleitet ist. Ein zweiter Mutations-Schritt, der

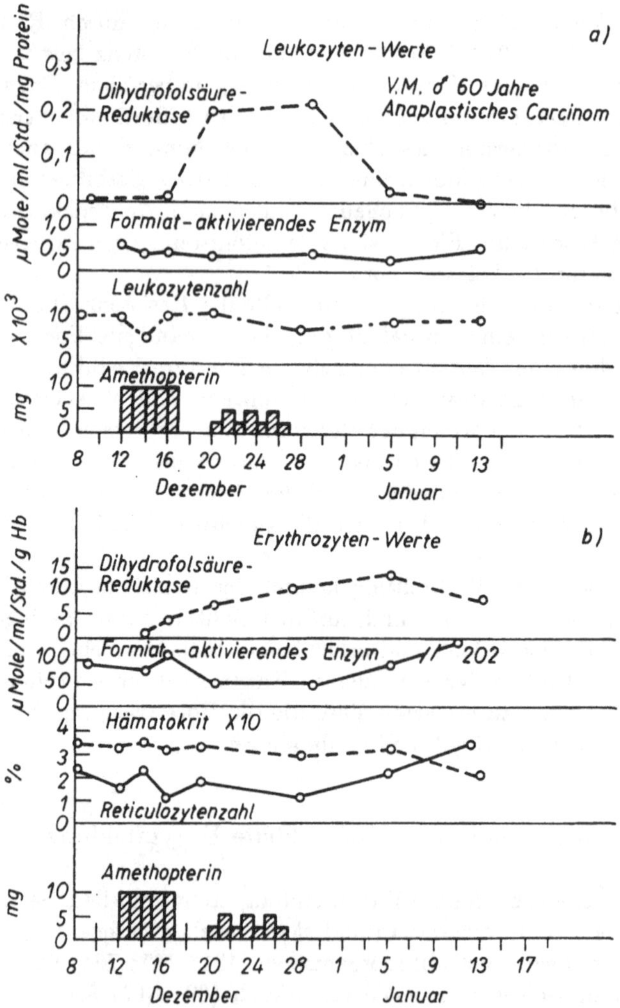

Abb. 31 Folsäure-Reduktase und Formiat-aktivierendes Enzym in Leukozyten (a) und Erythrozyten (b) eines Patienten mit anaplastischem Carcinom, behandelt mit Amethopterin (nach J. B. BERTINO, D. M. DONOHUE, B. SIMMONS, B. W. GABRIO, R. SILBER und F. M. HUENNECKENS [68]).

zu einer 16fachen Resistenz führte, brachte entsprechend eine 17fache Erhöhung des Enzymgehalts.

Die entscheidende Bedeutung kommt aber sicher nicht der Parallelität zwischen dem Resistenz-Grad und der gemessenen stationären Konzentration an Folsäure-Reduktase zu, sondern der erhöhten Bildungsrate an diesem Enzym, deren Ausdruck der erhöhte Gehalt ist. Zusätzlich liegt zum Teil eine verminderte Penetrationsrate für die Folsäure-Analoga vor, die bewirkt, daß auch bei hohen Hemmstoff-Konzentrationen die Penetration des Hemmstoffes hinter der Enzymbildung zurückbleibt [317; 712].

Die Annahme, daß nicht der Gehalt an Folsäure-Reduktase, sondern deren Bildungsrate entscheidend für die Resistenz ist, kann auch zur Erklärung von Befunden von Hutchison und Mitarbeitern [478] an der Mäuse-Leukämie L 1210 herangezogen werden. In diesen Versuchen traten maximale Resistenz und maximaler Anstieg der Reduktase nicht immer in der gleichen Transplantations-Generation auf, sondern der Reduktase-Anstieg war häufig erst eine bis mehrere Generationen nach dem Erreichen der maximalen Resistenz zu bemerken. Außerdem nahm nach 20 bis 28 Transplantations-Generationen in Abwesenheit von Amethopterin der Reduktase-Gehalt wieder ab, nicht aber die Resistenz. Offenbar wird also die Syntheserate gedrosselt, wenn nicht das aktive Enzym ständig durch die Folsäure-Analoga inaktiviert wird. Ähnliche Schlußfolgerungen ergeben sich auch aus dem Reduktase-Gehalt in Leukozyten von Patienten, die mit Amethopterin behandelt wurden [491]. Danach kann angenommen werden, daß die Biosynthese der Reduktase durch Tetrahydro-folat oder ein durch dessen Vermittlung gebildetes Produkt reprimiert wird. Ein infolge Inaktivierung der Reduktase gesenkter Gehalt an Tetrahydro-folat würde daher kompensatorisch eine gesteigerte Neubildung des Enzyms bewirken.

Der Anstieg des Gehaltes an Folsäure-Reduktase in Zellen, die gegen die Folsäure-Analoga resistent sind, würde danach auf zwei Ursachen zurückzuführen sein: die durch Mutation gewonnene Potenz zur erhöhten Enzym-Bildung und die infolge der Enzym-Inaktivierung verminderte Repression durch Tetrahydrofolat (oder Folgeprodukte).

Zur Überwindung dieser Art von Resistenz wurde von Misra, Humphreys, Friedkin, Goldin und Crawford vorgeschlagen [712], Analoga zu entwickeln, die in der oxydierten Form nicht hemmen, als Substrate für die Folsäure-Reduktase dienen und durch dieses Enzym in einer Art letaler Synthese in den Hemmstoff überführt werden. Hier würden dann gerade die resistenten Zellen viel Hemmstoff bilden und so besonders geschädigt werden. (s. Dihydrohomofolsäure, S. 155).

Außer bei den Folsäure-Analoga kommt Resistenz durch erhöhte Enzymbildung auch beim 6-Azauridin vor, wie in Befunden an Patienten festgestellt werden konnte [164; 227; 301 a]. Hier findet man bei der Behandlung von Leukämien ein Nachlassen der therapeutischen Wirkung, verbunden mit einer verringerten in vitro-Wirkung des 6-Azauridins auf die Leukozyten der behandelten Patienten. Die verminderte in vitro-Wirkung, gemessen an der Hemmung der Decarboxylierung von Orotidin-5'-phosphat, konnte auf einen erhöhten Gehalt an Orotidin-

5'-phosphat-Decarboxylase zurückgeführt werden (dem Enzym, auf dessen Hemmung die Wirkung von 6-Azauridin beruht, s. Tab. 1, Nr. 17).

3.4. Verzögerte Penetration von Antimetaboliten in die Zelle

Eine verminderte Penetrationsrate kommt als Resistenz-Ursache in erster Linie bei den Folsäure-Antagonisten, in wenigen Fällen auch beim 6-Mercaptopurin und Azaserin vor. Die Beweise sind jedoch häufig indirekter Natur. So wird auf einen Permeationseffekt z. B. dann geschlossen, wenn Reaktionen in zellfreien Systemen aus sensiblen und resistenten Zellen in gleicher Weise verlaufen oder hemmbar sind, während in intakten Zellen charakteristische Unterschiede auftreten [13; 742; 744; 771; 772; 773; 774]. Es bleibt jedoch letztlich unsicher, ob solche „intact cell effects", wie sie häufig — und besser! — bezeichnet werden, wirklich auf einer unterschiedlichen Penetrationsrate beruhen.

So beschreibt PATERSON [771; 772; 773; 774] einen 6-Mercaptopurin-resistenten Stamm des Ehrlich-Ascites-Carcinoms, dessen Zellen aus 6-Mercaptopurin kein Nucleotid zu bilden vermögen. Durch zellfreie Enzym-Extrakte wird jedoch, unabhängig von ihrer Herkunft aus sensiblen oder resistenten Zellen, dieses Nucleotid in gleichem Ausmaß synthetisiert. Danach liegt hier also kein Ausfall der letalen Synthese durch Verlust der Inosin-5'-phosphat-Pyrophosphorylase vor. Als Ursache der fehlenden Nucleotid-Bildung in intakten Zellen wird von PATERSON daher eine mangelnde Penetration des 6-Mercaptopurins in die Zelle angenommen. Andererseits konnte DAVIDSON [235] bei 6-Mercaptopurin- und 8-Azaguanin-resistenten L 1210-Leukämiezellen keine Veränderung der Penetrationsrate für die beiden Antimetabolite gegenüber den sensiblen Zellen feststellen. Die Annahme einer verzögerten Penetration als Resistenzursache stößt bei den Purin- und Pyrimidin-Analoga auch insofern auf Schwierigkeiten, als zumindest Pyrimidin-Basen und ihre Nucleoside vorwiegend durch Diffusion in die Zelle aufgenommen werden [504]. Es ist daher schwer vorstellbar, wie die Zelle auf diesen rein passiven Prozeß Einfluß nehmen sollte.

Auch für das Azaserin ist beschrieben worden, daß die Hemmbarkeit der deNovo-Purin-Synthese bei resistenten und sensiblen Stämmen des Plasmazellen-Tumors 70429 nur in intakten Zellen, nicht aber in zellfreien Extrakten unterschiedlich ist [13]. Da Azaserin nicht erst einer letalen Synthese zum Wirksam-werden bedarf, fällt deren Verlust als Resistenz-Ursache von vornherein weg, und es liegt nahe, wiederum die verzögerte Penetration in die Zelle für die Resistenz verantwortlich zu machen. Genauere Untersuchungen von ANDERSON und JACQEZ [12] an diesem Tumor ergaben jedoch, daß hier kein Unterschied zwischen sensiblen und resistenten Zellen in der Penetrationsrate für Azaserin vorliegt. Da auch kein schnellerer Abbau des Azaserins in den resistenten Zellen gefunden wurde, gibt es offenbar „intact cell effects" von heute noch unbekannter Natur. Sowohl Azaserin als auch 6-Diazo-5-Oxo-L-Norleucin werden aktiv in die Zelle transportiert [12; 502; 503]. Daher wäre eine Veränderung der Geschwindigkeit des Transportes durch eine Mutation hier leichter vorstellbar als bei den Purinen. Wie PINE an einem Lymphosarcom in Gewebekultur fand [787], kommen für Azaserin Veränderungen in der aktiven Aufnahme zumindest bei niedrigen Hemmstoff-Konzentrationen als Ursache der Resistenz tatsächlich in Frage.

Auch die Folsäure-Antagonisten werden aktiv in die Zelle transportiert [854]. Eine verminderte Penetrationsrate tritt hier, wie bereits auf S. 95 erwähnt, bei der Resistenz gegen Folsäure-Antagonisten als zusätzlicher Faktor neben der Erhöhung der Folsäure-Reduktase auf [126; 712; 744; 745; 1044; 1046; 1048]. Hinweise darauf ergaben sich u. a. aus der Tatsache, daß zur Senkung des Folsäure-Reduktase-Spiegels auf einen bestimmten niedrigen Wert bei resistenten Zellen bedeutend mehr Hemmstoff benötigt wird als der Erhöhung ihres Enzym-Gehaltes gegenüber den sensiblen Formen entspricht. So fanden z. B. WERKHEISER und Mitarbeiter [1048], daß bei Mäuse-Leukämiezellen zur Senkung des Enzym-Gehaltes auf 0,1 μμäquivalente/mg Protein bei der resistenten Form mit einem Enzym-Gehalt von 22,0 μμäquivalenten/mg Protein etwa 220mal mehr Amethopterin benötigt wurde als bei der sensiblen Form mit einem Enzym-Gehalt von 9,1 μμäquivalenten/mg Protein. FISCHER [318] konnte an Mäuse-Leukämiezellen nachweisen, daß die sensiblen Zellen Amethoptherin 14mal schneller aktiv aufnahmen als die resistenten.

Hinweise auf eine mangelnde Penetration als Ursache für eine Resistenz finden sich in der Literatur auch für andere Antimetabolite, ohne daß dazu genauere Untersuchungen vorliegen. So wurde z. B. bei einem 5-Fluoruracil-resistenten Stamm von *E. coli* eine mangelnde Transportfähigkeit für Uracil-arabinosid gefunden [1005]. Daraus wurde geschlossen, daß möglicherweise auch für das 5-Fluoruracil ein gehemmter Transport als Ursache der Resistenz vorliegt.

3.5. Erhöhter Abbau von Antimetaboliten

Ein erhöhter Abbau ist als Resistenz-Ursache für verschiedene biologisch aktive Verbindungen (z. B. Penicillin, DDT) bekannt geworden. Bei der erworbenen Resistenz gegen Nucleinsäure-Antimetabolite spielt ein erhöhter Abbau als Ursache im allgemeinen keine Rolle. Lediglich für das 6-Thioguanin wurde die Züchtung von resistenten Tumorstämmen beschrieben, die eine höhere Abbau-Kapazität für diese Verbindung besitzen als der sensible Ausgangsstamm [72; 879].

Die natürliche (d. h. nicht sekundär erworbene) unterschiedliche Empfindlichkeit verschiedener Spezies, Gewebe oder Tumorstämme gegenüber bestimmten Antimetaboliten ist jedoch häufig von der Geschwindigkeit des Abbaus bestimmt. So ist z. B. die große Unempfindlichkeit von Kaninchen und Meerschweinchen gegenüber Folsäure-Antagonisten durch den raschen Abbau dieser Verbindungen in den Geweben der beiden Spezies bedingt [515]. Auch die Beeinflußbarkeit verschiedener Tumoren durch 8-Azaguanin kann von der Abbaurate dieser Verbindung durch Desaminierung bestimmt werden [349; 463; 464; 579].

4. Der Abbau der Antimetabolite

Die meisten Antimetabolite unterliegen in der Zelle einem raschen enzymatischen Abbau. Das gilt vor allem für diejenigen Antimetabolite, die strukturähnlich mit den Purin- oder Pyrimidin-Basen und ihren Nucleosiden sind. Sie werden über den üblichen Abbauweg der Purin- oder Pyrimidin-Verbindungen umgesetzt (s. Abb. 32 und 33).

Der Abbau der Antimetabolite führt sehr schnell zu unwirksamen Verbindungen und ist so häufig wirkungsbegrenzend. Daher werden immer wieder Versuche unternommen, durch Hemmung des Abbaus eine Steigerung der therapeutischen Wirksamkeit der Antimetabolite zu erreichen. Auf einige dieser Versuche wird weiter unten noch näher eingegangen. Ein in der Praxis angewendetes Verfahren ist jedoch noch nicht bekannt geworden.

Im Folgenden sollen die Eigenschaften einiger wichtiger Enzyme, die den Abbau von Antimetaboliten katalysieren, beschrieben werden.

4.1. Desaminierungen bei Purinen

Durch Desaminierung wird Guanin in Xanthin und Adenosin in Inosin (Hypoxanthin-ribosid) übergeführt. Xanthin und das aus Inosin durch Nucleosid-Spaltung gewonnene Hypoxanthin stehen dann als Substrate der Xanthin-Oxydase für den weiteren Abbau zur Verfügung (s. u.).

Die Adenosin-Desaminase ist für die Inaktivierung folgender Antimetabolite verantwortlich: Adenin-arabinosid, Tubercidin, Adenin-xylosid, 3'-Desoxyadenosin, 2,6-Diaminopurin, Isoadenosin (3-Ribofuranosyl-adenin), 6-Chlorpurin und Pyrazolo-adenin [113; 286; 435; 632; 1061; 1072]. Im Falle des 6-Chlorpurins wirkt das Enzym als Dechlorase und spaltet das Chlor vom C-6 ab [219]. 2,6-Diaminopurin wird zu Guanin desaminiert und als solches in die Nucleinsäuren eingebaut [43; 51; 52; 56; 282; 432; 549]. Schließlich wird auch noch 2'-Desoxyadenosin gespalten, welches zwar kein Antimetabolit im strengen Sinne des Wortes ist, aber eine Rückkopplungs-Hemmung der DNS-Synthese durch 2'-Desoxyadenosin-5'-triphosphat bewirkt, wenn es der Zelle in unnatürlich hoher Menge angeboten wird [611; 765]. Wegen ihrer rapiden Desaminierung ist diese Verbindung jedoch praktisch nicht anwendbar.

Von Cory und Suhadolnik [218; 219], Schaeffer und Mitarbeitern [887; 888; 889] sowie York, Lyndal und LePage [1072] wurden an der Adenosin-Desaminase eine große Zahl von Analoga in bezug auf die strukturellen Voraussetzungen

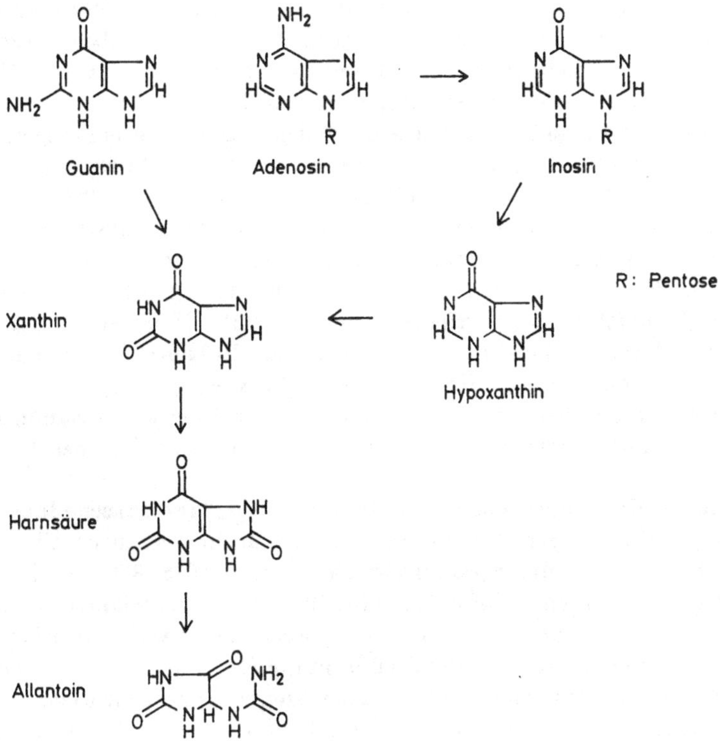

Abb. 32. Abbau der Purine

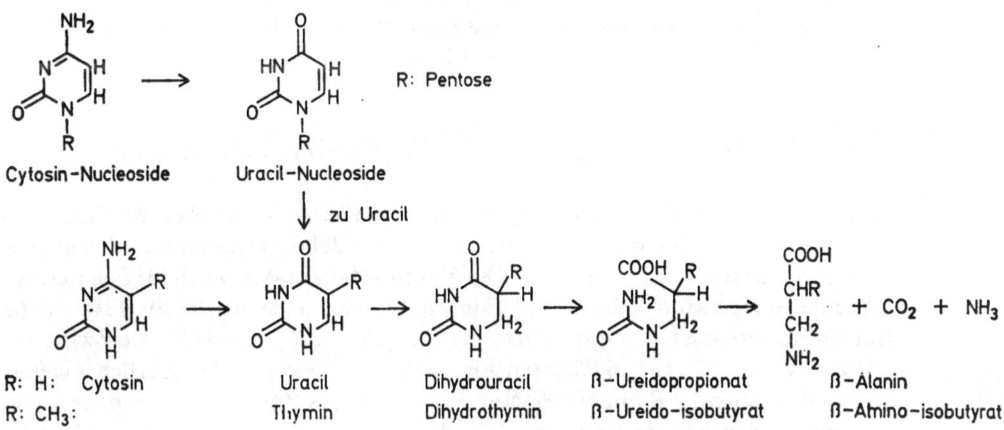

Abb. 33. Abbau der Pyrimidine

für einen Hemmstoff- bzw. Substrat-Charakter untersucht. Danach sind für eine Affinität zum Enzym sowohl die Substitution am C-6 als auch die am N-9 besonders wichtig. Bei gleichbleibender Substitution am N-9 (= Ribose) ergaben verschiedene Substitutionen am C-6 eine Reihe von Hemmstoffen (z. B. 6-N-Methyladenosin, Purin-ribosid, 6-Mercaptopurin-ribosid [218]). Bei unverändertem Purin-Anteil (= Adenin) des Nucleosids stellen dagegen Verbindungen mit sehr unterschiedlichen Pentosen Substrate dar (so die Adenin-Nucleoside der 3-Desoxyribose, 2,3-Didesoxyribose, Arabinose, Xylose und Lyxose [218; 1072]). Die Geschwindigkeit der Desaminierung ist für die einzelnen Substrate sehr unterschiedlich, was weniger auf veränderte K_m-Werte als auf eine langsamere Überführung des Enzym-Substrat-Komplexes in das Produkt und das freie Enzym zurückzuführen ist (stark verringertes v_{max} [1072]). Hemmstoffe des Enzyms werden auch durch die Substitution von Adenin am N-9 durch Hexyl- oder Pentyl- bzw. Hexanol- oder Pentanol-Reste gewonnen [218; 887].

Der wirksamste bisher gefundene Hemmstoff der Adenosin-Desaminase ist das 2-Aminopurin-2'-desoxyribosid [330]. Ein weiterer Hemmstoff ist das 8-Azaguanin [307].

Die Guanase desaminiert Guanin zu Xanthin. Sie ist für die rasche Inaktivierung des 8-Azaguanins zu dem unwirksamen 8-Azaxanthin verantwortlich, welches auch als Hauptausscheidungsprodukt im Urin auftritt [678; 870]. Als Hemmstoffe für die Guanase wirken 6-Formylpteridin [910] und Aminoimidazolcarboxamid [56; 166; 680; 682]. Beide Verbindungen sind auch in vivo wirksam, erkenntlich an einem verstärkten Einbau von ^{14}C-Guanin in die Nucleinsäuren und einer Potenzierung des cancerostatischen Effektes von 8-Azaguanin bei gleichzeitiger Applikation des Hemmstoffes [910; 680]. Leider erhöht zumindest das Aminoimidazolcarboxamid nicht nur die Wirkung auf den Tumor, sondern auch auf das Normalgewebe und erbringt daher wegen der erhöhten Toxizität keine Verbesserung der Therapie-Möglichkeiten mit 8-Azaguanin [166].

Wie bereits erwähnt, kann die Desaminierungsrate durch die Guanase darüber entscheiden, ob ein Gewebe durch 8-Azaguanin hemmbar ist oder nicht (z. B. verschiedene Tumoren [349; 463; 464; 579]).

4.2. Abbau von Hypoxanthin, Xanthin und ihren Analoga

Das als Folge der Desaminierung von Adenosin entstehende Hypoxanthin wird durch die Xanthin-Oxydase zu Xanthin umgewandelt, welches durch das gleiche Enzym zu Harnsäure oxydiert wird. Die Xanthin-Oxydase ist auch für den raschen Abbau des 6-Mercaptopurins zu 6-Thioharnsäure verantwortlich [60; 924], die im Urin als Hauptausscheidungsprodukt auftritt [274; 276; 277; 411]. Als Zwischenprodukt wird offenbar 6-Thioxanthin gebildet, welches in Ehrlich-Ascites-Tumorzellen auch in Form seines Nucleotids 6-Thioxanthosin-5'-phosphat nachgewiesen werden konnte [20]. Es ist noch unbekannt, inwieweit dieses Produkt eine hemmende Wirkung auf die Zellen ausübt. Neben dem 6-Mercaptopurin sind auch 2,6-Diaminopurin [1067], 6-Chlorpurin [257; 258; 259], 2-Azaadenin oder -hypoxanthin [911] und Pyrazolo-hypoxanthin sowie Pyrazolo-adenin [309; 310] Substrate für die Xanthin-Oxydase. Die Oxydationsprodukte sind 8-Hydroxy-2,6-diamino-purin, 6-Chlor-harnsäure und Pyrazolo-isoguanin bzw. Pyrazolo-xanthin. Da der Zerfall des Enzym-Produkt-Komplexes bei diesen Verbindungen sehr langsam ist, wirken sie eher als Hemmstoffe denn als Substrate. Die K_m-Werte entsprechen dagegen etwa denjenigen des Hypoxanthins und Xanthins, im Falle der Pyrazolo-Verbindungen sind sie sogar noch um 1/2000 geringer [1033]. Ein Hemmstoff für die Xanthin-Oxydase ist auch das 8-Azaguanin [308; 1008].

Wegen ihrer hohen Affinität zur Xanthin-Oxydase hat man die Pyrazolo-Verbindungen benutzt, um durch eine Hemmung des Abbaus von 6-Mercaptopurin und 6-Chlorpurin die Wirksamkeit dieser beiden Antimetabolite zu steigern. Da Pyrazolo-adenin selbst zu toxisch ist, wurde hierfür das unschädlichere Pyrazolo-hypoxanthin eingesetzt. ELION, CALLAHAM, NATHAN, BIEBER, RUNDLESS und HITCHINGS [276; 277] konnten beim Adenocarcinom 755 der Maus durch die Anwendung von 20 mg/kg Pyrazolo-hypoxanthin die „minimum effective dosis" an 6-Mercaptopurin von 2,5 mg/kg auf 0,75 mg/kg und diejenige an 6-Chlorpurin von 50 mg/kg auf 6 mg/kg erniedrigen. Dabei trat im Gegensatz zu den oben beschriebenen Versuchen, die Wirksamkeit des 8-Azaguanins durch Guanase-Hemmung zu steigern, keine Erhöhung der Toxizität ein. Im Urin der Versuchstiere trat vermehrt 6-Mercaptopurin auf, während die Ausscheidung von 6-Thioharnsäure stark zurückging.

Es sei noch vermerkt, daß Pyrazolo-hypoxanthin (als „Allopurinol" bekannt) wegen seiner hemmenden Eigenschaften in bezug auf die Harnsäure-Bildung auch zur Behandlung der Gicht angewandt wird [479a; 572; 585; 1073; 1074a].

Die Harnsäure stellt beim Menschen und den Primaten das Endprodukt des Purin-Abbaus dar, wird aber bei den meisten Säugern durch das Enzym Uricase zu Allantoin abgebaut. Dieses Enzym wird stark durch 6-Chlorpurin [257], 8-Azaguanin [750] und 8-Azaxanthin [750] gehemmt.

Neben dem Abbau zu 6-Thioharnsäure kann 6-Mercaptopurin auch noch durch Desulfurierung abgebaut werden [165]. Dabei soll Hypoxanthin entstehen. Einzelheiten über diese Reaktion sind noch nicht bekannt.

4.3. Desaminierungen bei Pyrimidinen

Der Abbau der Pyrimidine geht vom Uracil oder Thymin bzw. von deren 5-halogenierten Analoga aus. Cytosin-Derivate müssen daher vorher zu den entsprechenden Uracil-Derivaten desaminiert werden. Die Desaminierung kann bei Bakterien sowohl bei der freien Base als auch beim Nucleosid stattfinden [651], beim Menschen und in Säugergeweben aber nur am Nucleosid. Die bereits früher erwähnte Desaminierung des 2'-Desoxycytidin-5'-phosphates ist sicher kein Abbauprozeß, sondern dient der Synthese des Thymidin-5'-phosphates (durch Bildung des Precursors 2'-Desoxyuridin-5'-phosphat). Das Bakterien-Enzym desaminiert auch 6-Azacytosin und 6-Azacytidin [651] und wird durch 6-Azauracil gehemmt [196].

Da Cytosin kein Substrat für die Pyrimidin-Nucleosid-Phosphorylasen zur Nucleosid-Synthese ist und in Säugergeweben nicht desaminiert werden kann, verhält es sich hier praktisch völlig inert und wird unverändert wieder ausgeschieden. Das gleiche gilt für das 5-Fluorcytosin. In Mikroorganismen (vor allem für *Candida* nachgewiesen) werden jedoch beide Verbindungen desaminiert und das aus dem 5-Fluorcytosin entstehende 5-Fluoruracil kann zu einem cytostatischen Nucleotid umgesetzt werden [575]. Daher ist vorgeschlagen worden, 5-Fluorcytosin als Fungicid einzusetzen.

Das Säuger-Enzym desaminiert 6-Azacytidin zu 6-Azauridin [751] und Cytosin-arabinosid zu dem unwirksamen Uracil-arabinosid [156].

Eine bedeutende Rolle spielen die die Cytosin-Verbindungen desaminierenden Enzyme bei der Anwendung von 5-Brom- oder 5-Jod-2'-desoxycytidin und 5-Fluor-2'-desoxycytidin. Diese Verbindungen bedürfen zur Entfaltung einer cytostatischen Wirkung der Überführung in die entsprechenden Uracil-Derivate. Da Cytosin-Nucleoside nicht gespalten werden können, hatte man an diese Verbindungen die Erwartung geknüpft, eine Art Depot-Form für die eigentlich wirksamen, aber sehr schnell gespaltenen Uracil-Derivate zu haben [184; 222; 223; 812]. Die Notwendigkeit der enzymatischen Überführung in die Uracil-Derivate scheint jedoch die mit dem verzögerten Abbau verbundenen Vorteile wieder aufzuheben. So bringt, z. B. gemessen am Einbau von 5-Brom- oder 5-Joduracil in die DNS, die Anwendung der halogenierten Cytosin-Derivate keine Verbesserung, verglichen mit dem direkten Einsatz der entsprechenden Uracil-Verbindungen [593; 594]. Auch am Menschen war die Wirkung des 5-Jod-2'-desoxycytidins nicht derjenigen des 5-Jod-2'-desoxyuridins überlegen [153].

4.4. Abbau von Thymin, Uracil und 5-halogenierten Uracilen

Thymin und Uracil werden durch die Dihydropyrimidin-Dehydrogenase zu den entsprechenden Dihydro-Derivaten reduziert. Nach Untersuchungen von Grisola und Cardoso [383] sowie Newmark, Stephens und Barrett [740] reduziert dieses Enzym alle 5-halogenierten Uracile im etwa gleichen Umfang wie Thymin oder Uracil. Wesentlich schlechter verläuft dagegen die Reduktion von 5-Aminouracil, 2-Thiouracil und 6-Azauracil. 6-Azathymin wird nicht reduziert, hemmt aber das Enzym. Die Reduktion erfolgt mit NADP-H_2 und wird als der begrenzende Schritt des Pyrimidin-Abbaus angesehen [790]. Werden daher verschiedene Pyrimidine appliziert, so hemmen sie gegenseitig ihren Abbau. Šebesta, Bauerova, Šorm und Šormova [49; 903] fanden z. B., daß 5-Bromuracil und 5-Nitrouracil den Abbau von Uracil stark hemmen. So konnte bei Pflanzen durch 5-Bromuracil infolge des Uracil-Spareffektes sogar eine Förderung des Wachstums erreicht werden. In Untersuchungen von anderer Seite wurden ebenfalls die 5-halogenierten

Uracile [47], 6-Azathymin [346; 813] und eine Reihe von Verbindungen, die in einem heterocyclischen 6-Ring eine von zwei Ring-Stickstoffen eingeschlossene Carbonylgruppe haben [790], als Hemmstoffe des Uracil-Abbaus erkannt. Zu den zuletzt genannten Verbindungen gehören Orotsäure und 6-Azauracil, aber auch Purine wie Xanthin und Harnsäure.

Die Dihydro-Derivate des 5-Brom- oder 5-Joduracils sind instabil und spalten spontan Jod- oder Bromwasserstoff ab [48]. Dabei entsteht Uracil, welches bei Applikation größerer 5-Bromuracil-Mengen an Mäuse im Urin gefunden werden kann. Die Bildung von Uracil aus 5-Bromuracil erklärt auch die Befunde von WACKER und Mitarbeitern [1026], die bei Bakterien nach Gabe von ^{14}C-5-Bromuracil den Einbau der dehalogenierten Base als Uracil in die RNS und als Thymin in die DNS fanden.

Der weitere Abbau des Dihydrouracils oder Dihydrothymins erfolgt durch Ringspaltung zu β-Ureido-propionsäure bzw. β-Ureido-isobuttersäure. Diese beiden Verbindungen zerfallen dann in CO_2, NH_3 und β-Alanin oder β-Amino-isobuttersäure, die Endprodukte des Abbaus der Pyrimidine.

Im Gegensatz zum 5-Joduracil entsteht aus dem 5-Jodcytosin eine Reihe acyclischer jodierter Produkte [40], die eventuell für die unerwartete Toxizität dieser Verbindung verantwortlich zu machen sind. Als Erklärung für das Auftreten dieser Verbindungen wird angenommen, daß 5-Jodcytosin im Gegensatz zu Cytosin von der Dihydropyrimidin-Dehydrogenase hydriert werden kann und das entstehende Produkt bevorzugt einer Ringspaltung und nicht einer Dehalogenierung unterliegt.

Einen anderen Verlauf als der 5-Brom- oder 5-Joduracil-Abbau nimmt nach HEIDELBERGER und Mitarbeitern der Abbau des 5-Fluoruracils [178; 729]. Hier entstehen aus dem 5-Fluor-dihydrouracil durch Ringspaltung α-Fluor-β-ureido-propionsäure oder unter Aufnahme einer Aminogruppe α-Fluor-β-guanidino-propionsäure. Aus diesen beiden Verbindungen entstehen als Endprodukte des Abbaus Harnstoff, CO_2, NH_3 und α-Fluor-β-alanin.

Der Abbau von 5-Fluoruracil wird durch Thymin über eine Konkurrenz um die Dihydropyrimidin-Dehydrogenase stark gehemmt [729; 1039]. Das führt zu der zunächst paradox wirkenden Erscheinung, daß die Toxizität von 5-Fluoruracil oder 5-Fluor-2'-desoxyuridin durch Thymidin nicht vermindert, sondern sogar verstärkt wird [147; 371], obwohl Thymidin den durch die 5-Fluoruracil-Verbindungen gesetzten Block umgeht und daher aufhebt. Die Erklärung liegt darin, daß aus Thymidin sehr schnell Thymin entsteht, welches den Abbau von 5-Fluoruracil stark verzögert und so dessen Wirksamkeit steigert.

Im Gegensatz zu den direkt am C-5 des Pyrimidinrings halogenierten Uracilen wird der Ring des 5-Trifluormethyluracils nicht abgebaut. Die Verbindung wird unverändert oder als 5-Carboxyl-uracil im Urin ausgeschieden.

5-Azacytosin ist, wie bereits erwähnt (s. S. 66), labil und zerfällt spontan unter Ringspaltung. Das Abbauprodukt des 5-Azacytosins, N-Formylbiuret, hemmt die Aspartat-Carbamoyltransferase und die Dihydroorotase [190].

4.5. Nucleosid-Spaltung

Die Nucleosid-Spaltung erfolgt hauptsächlich phosphorolytisch, d. h. es entstehen dabei die freie Base und das Ribose- oder 2-Desoxyribose-1-phosphat. Die dafür verantwortlichen Enzyme heißen daher Nucleosid-Phosphorylasen. Die Reaktion ist reversibel (s. aber S. 25).

Die Purin-Nucleosid-Phosphorylasen haben auf die Anwendung von Antimetaboliten keinen wesentlichen Einfluß, da die Purin-Analoga im allgemeinen als freie Basen appliziert werden. Auf die Bedeutung dieser Enzyme bei der letalen Synthese und für Resistenz-Probleme ist bereits ausführlich eingegangen worden (s. S. 24 und 91).

Purin-Nucleosid-Phosphorylasen vermögen Nucleoside der Xylose und Arabinose nicht zu spalten [113; 282; 880]. Die Inosin-Phosphorylase wird durch 6-Mercaptopurin gehemmt [1004].

Im Gegensatz zu den Purin-Nucleosid-Phosphorylasen beeinträchtigen die Pyrimidin-Nucleosid-Phosphorylasen die Anwendung von Antimetaboliten zum Teil in entscheidendem Maße. Die Ursache hierfür liegt in der Art der Applikation der Pyrimidin-Analoga, die üblicherweise in der Nucleosid-Form erfolgt (s. S. 25). Die Nucleoside werden aber — mit Ausnahme des 6-Azauridins — von diesen Enzymen sehr rasch gespalten. Besonders stark wird die Wirkung der 2'-Desoxynucleoside der 5-halogenierten Uracile im Tierkörper und beim Menschen beeinträchtigt. Hier werden z. B. 5-Brom- und 5-Jod-2'-desoxyuridin so schnell zu den inaktiven Pyrimidin-Basen abgebaut, daß nur ein außerordentlich geringer Einbau in die DNS erfolgt [63; 202; 418; 593; 809; 849]. So konnte die, in zahlreichen Untersuchungen an Phagen, Bakterien und Gewebekulturen gefundene, für eine Therapie so erwünschte Strahlensensibilisierung als Folge dieses Einbaus bisher nicht praktisch ausgenützt werden. Es hat daher zahlreiche Versuche gegeben, durch Hemmung dieser abbauenden Enzyme eine verbesserte Einbaurate zu erreichen. Dabei wurde gefunden, daß im Säugergewebe zwei verschiedene Pyrimidin-Nucleosid-Phosphorylasen vorkommen, die sich in ihrer Hemmbarkeit unterscheiden [604]: die Uridin-2'-Desoxyuridin-Phosphorylase [796], die durch verschiedene pyranoide 2'-Desoxynucleoside, wie z. B. 2'-Desoxyglucopyranosyl-thymin, gehemmt werden kann [295; 296] und die Thymidin-Phosphorylase [337], die in vitro stark durch 6-aminosubstituierte Pyrimidine, wie 6-Aminothymin, gehemmt wird [607]. In Versuchen an Katzen, in deren Geweben von beiden Enzymen nur die Uridin-2'-Desoxyuridin-Phosphorylase vorkommt, konnte durch 2'-Desoxyglucopyranosylthymin eine beträchtliche Steigerung des Einbaus von 5-Jod-2'-desoxyuridin in die DNS verschiedener Gewebe erreicht werden [605; 606]. Das läßt darauf schließen, daß hier durch Hemmstoffe des Abbaus eine beträchtliche Wirksamkeitssteigerung erreichbar sein sollte, wie sie ähnlich auch in den bereits beschriebenen (s. S. 101) Versuchen mit Hemmstoffen des Abbaus von 6-Mercaptopurin und 6-Chlorpurin erzielt wurde. 2'-Desoxyglucopyranosyl-thymin kann jedoch nicht therapeutisch angewandt werden, da in den Geweben des Menschen — wie auch in der Leber von Ratte und Maus — nur die Thymidin-Phosphorylase vorkommt, die durch diese Verbindung nicht hemmbar ist. In vivo-Versuche mit dem in vitro sehr wirksamen Thymidin-Phosphorylase-Hemmstoff 6-Aminothymin haben bisher noch keine befriedigenden Ergebnisse gebracht.

Eine rasche Spaltung der Nucleosid-Bindung ist nach HEIDELBERGER und Mitarbeitern [78] auch die Hauptursache für die begrenzte klinische Wirksamkeit des 5-Fluor-2'-desoxyuridins. Hier entsteht durch die Spaltung aus dem Nucleosid nicht wie im Falle des 5-Brom- oder 5-Jod-2'-desoxyuridins eine inaktive, sondern eine stärker toxische Verbindung, das 5-Fluoruracil (s. S. 111 und Abb. 34). Auch hier würde also eine wirksame Hemmung der Thymidin-Phosphorylase zu einer Verbesserung der therapeutischen Möglichkeiten führen.

An Gewebekulturen (HeLa-Zellen) wurde das 5-Allyl-2'-desoxyuridin als Hemmstoff der Pyrimidin-Nucleosid-Spaltung erkannt [703]. Es hemmt außerdem die Aufspaltung von 5-Fluor-2'-desoxyuridin durch Extrakte aus Ehrlich Ascites-Tumorzellen [441]. Das weist darauf hin, daß das gehemmte Enzym die Uridin-Desoxyuridin-Phosphorylase ist [604]. Ob auch die Thymidin-Phosphorylase gehemmt wird, ist nicht bekannt.

In anderen Versuchen zur Verhinderung der raschen Inaktivierung durch Nucleosid-Spaltung wurden die 2'-Desoxyribonucleoside verschiedener 5-Fluordihydropyrimidine appliziert [265]. Nucleoside von Dihydropyrimidinen sind durch Nucleosid-Phosphorylasen nicht angreifbar, jedoch selbst auch ohne biologische Wirkung. Sie können sich aber langsam unter Regenerierung der 5.6-Doppelbindung in die entsprechenden Pyrimidin-Nucleoside umwandeln. Für das d-5-Brom-5-fluor-6-methoxy-5.6-dihydro-2'-desoxyuridin und das entsprechende 6-Äthoxy-Derivat und deren bromfreie Abkömmlinge wurde eine 2 bis 4fach höhere cancerostatische Aktivität als für das 5-Fluor-2'-desoxyuridin selbst gefunden. Das entspricht einer Steigerung der Wirksamkeit, wie sie sonst durch langsame Infusion des 5-Fluor-2'-desoxyuridins erreicht wird (s. S. 115). Danach können diese Verbindungen tatsächlich für die Nucleosid-Phosphorylasen unangreifbare Depot-Formen darstellen.

Auf die Anwendung der durch Zellen nicht spaltbaren Nucleoside der Cytosin-Analoga ist bereits auf S. 102 eingegangen worden.

4.6. Abbau von Folsäure-Antagonisten

Aminopterin und Amethopterin werden durch die Aldehyd-Oxydase in der Leber verschiedener Spezies abgebaut [516]. Der Abbau führt zu den entsprechenden 7-Hydroxy-Derivaten, die nur etwa 1/100 der Wirksamkeit besitzen. Die unterschiedliche Toxizität der Folsäure-Antagonisten bei verschiedenen Spezies konnte auf eine entsprechend unterschiedliche Spezifität der Aldehyd-Oxydase zurückgeführt werden [515]. So ist bei Mäusen, Ratten und Hunden die im Vergleich zum Amethopterin höhere Toxizität des Aminopterins auf den mangelnden Abbau dieser Verbindung zurückzuführen. Kaninchen und Meerschweinchen sind dagegen gegen beide Verbindungen relativ resistent, da sie beide gut abbauen können. Bei

Mäusen, Ratten, Hunden und Affen wird Dichloramethopterin besser abgebaut als Amethopterin [449; 450]. Das führt zu einer besseren Verträglichkeit des Dichlor-Derivats. Der mit dem Abbau verbundene Wirkungsverlust ist jedoch so hoch, daß diese Verbindung bei der Anwendung am Menschen keinen Vorteil erbrachte [899].

In anderen Untersuchungen wurden Ergebnisse erhalten, die auf die Inaktivierung von Aminopterin und Amethopterin durch intramolekulare Säureamid-Bildung innerhalb der terminalen Glutaminsäure hindeuten [500; 501].

4.7. Abbau von Azaserin

Nach Untersuchungen von Jacquez und Sherman [505] wird Azaserin unter Freisetzung von Pyruvat und Ammoniak abgebaut.

5. Biochemische Probleme bei der Anwendung von Antimetaboliten des Nucleinsäure-Stoffwechsels zur Chemotherapie des Krebses

Wie bereits in der Einleitung erwähnt, werden Antimetabolite des Nucleinsäure-Stoffwechsels hauptsächlich zur Chemotherapie des Krebses angewendet und Hauptanliegen der Antimetabolit-Forschung ist es, neue bessere Cancerostatica aufzufinden. Die Entwicklug von Cancerostatica ist ungleich schwieriger als diejenige von Verbindungen zur Bekämpfung bakterieller Krankheitserreger. Das ist zum Teil schon rein methodisch bedingt, insbesondere aber auf die große Ähnlichkeit von Angriffsziel, der Krebszelle, und zu schützendem Objekt, der Normalzelle, zurückzuführen.

Vom rein Methodischen her ist die Testung von Verbindungen auf cancerostatische Wirksamkeit immer noch ein Problem. Während zur Prüfung auf bakteriostatische Eigenschaften in den Bakterien ein leicht in großer Menge und vor allem einheitlich zu erhaltendes und quantitativ gut analysierbares Testmaterial vorliegt, ergeben sich für die Testung von Cancerostatica schon in bezug auf die Wahl des Testobjekts Schwierigkeiten. Hier ist vor allem die große Heterogenität der Tumoren zu erwähnen, die dazu führt, daß wegen der unterschiedlichen Empfindlichkeit verschiedener Tumoren Verbindungen zur Prüfung ihrer cancerostatischen Eigenschaften immer an mehreren Tumoren getestet werden müssen. Außerdem lassen therapeutische Wirkungen auf Transplantations-Tumoren von Versuchstieren nur sehr bedingt auf ähnliche Effekte bei den Spontan-Tumoren des Menschen schließen. Insgesamt stellt also die ausschließliche Testung an Tumoren ein aufwendiges und unsicheres Verfahren dar, dessen Ergänzung durch biochemische Testmethoden sich als sehr wertvoll erwiesen hat. Für eine biochemische Testung sind Antimetabolite besonders geeignet, da auf Grund ihrer Struktur immer nur eine begrenzte und daher leicht zu untersuchende Zahl von Angriffsorten in Frage kommt. In den biochemischen Verfahren ist zunächst zu prüfen, ob eine Verbindung bestimmte Reaktionen in zellfreien Systemen hemmt. Auf der zellulären Ebene schließen sich dann Untersuchungen über den Einbau spezifischer Precursoren in verschiedene Zellfraktionen, vor allem aber in die Nucleinsäuren, an. Erweist sich eine Verbindung in derartigen Tests als absolut wirkungslos, so wird man sie nicht erst in Tierversuchen zu prüfen brauchen ohne im allgemeinen ein großes Risiko einzugehen, eine wirksame Verbindung zu übersehen (Ausnahmen sind Verbindungen, die z. B. in der Leber aktiviert werden müssen, wie etwa Endoxan). Umgekehrt kann natürlich an dieser Stelle noch nicht von einer aktiven Substanz ausgesagt werden, ob sie sich für die Chemotherapie des Krebses eignet oder ob sie überhaupt unter den im Organismus vorliegenden Bedingungen wirksam ist. Hierzu müssen sich dann Versuche an Gewebekulturen und Tierexperimente anschließen. Durch die biochemische Voruntersuchung wird jedoch die Zahl der Verbindungen, die in den Tierversuch gelangen, stark reduziert und so eine genauere Analyse dieser Verbindungen erleichtert. Ein solches Verfahren hat außerdem den Vorteil, daß es eine Differenzierung der unwirksamen Verbindungen gestattet in solche, die primär, d. h. auch auf der molekularen Ebene unwirksam sind und solche, die erst sekundär im komplizierten System eines Organismus an der Entfaltung ihrer Wirksamkeit gehindert werden (etwa durch zu schnellen Abbau oder ungenügende Aufnahme). Hieraus können sicher fruchtbarere Einsichten für die Weiterentwicklung gewonnen werden, als das beim negativen Ausfall eines ausschließlich auf der Messung des Tumor-Wachstums begründeten Tests möglich ist.

Es kann heute mit Sicherheit angenommen werden, daß es grundsätzliche biochemische Unterschiede zwischen der Krebs- und der Normalzelle geben muß. Die Art dieser Unterschiede ist bis zum heutigen Tag Gegenstand einer zum Teil sehr leidenschaftlichen Diskussion. Die Entwicklung auf diesem Gebiet ist sehr gut an Hand einer Reihe von Übersichtsartikeln von Potter [687; 799; 800; 801; 802] zu verfolgen (s. aber auch Greenstein [381], Weinhouse [1037], Wieland [1053] und Pitot [791]). Danach kann heute die Krebsentwicklung als ein Prozeß angesehen werden, bei dem die Malignität in fortschreitendem Maße zunimmt. Das Endstadium stellen dann Tumoren dar, die eine hohe Wachstumsrate haben und in kurzer Zeit das Wirtstier töten, wie das bei der Mehrzahl der Transplantations-Tumoren der Fall ist. Der Stoffwechsel solcher Tumoren ist ganz auf das rapide Wachstum ausgerichtet und es sind alle Stoffwechsel-Leistungen ausgefallen, die nicht diesem Prozeß dienen. Die Differenziertheit der Gewebe, aus denen die Tumoren stammen, geht nach der cancerösen Entartung parallel zur fortschreitenden Malignität verloren und die meisten Transplantations-Tumoren weisen daher eine große biochemische Uniformität auf [381]. So verlieren z. B. schnell wachsende Hepatome diejenigen Leber-Enzyme, die am Glycogen-Umsatz bzw. an der Harnstoff-Synthese beteiligt sind, sowie auch solche, die Pyrimidine abbauen. Andererseits wächst mit zunehmender Malignität die Fähigkeit zur Gärung, worauf vor allem von Warburg [1032] immer wieder hingewiesen wird.

Die von Morris eingeführten „minimal deviation hepatomas“ zeigen jedoch, daß auch Tumoren, die noch nicht die enzymatischen Eigenschaften des Ausgangsgewebes — in diesem Falle der Leber — verloren haben, echte Malignität aufweisen, wenn sie auch langsamer wachsen als die üblichen Transplantations-Tumoren. Das heißt aber, daß alle bisher beschriebenen biochemischen Unterschiede zwischen Krebs- und Normalzellen nicht als Ursache der malignen Entartung gedeutet werden können, sondern nur den Grad ihres Fortschreitens widerspiegeln. Unabhängig davon ist für die Chemotherapie des Krebses letztlich nur von Bedeutung, welche Unterschiede beim Menschen zwischen Normal- und Tumorgeweben vorkommen. Da die biochemischen Eigenschaften jedes Tumors von seiner Herkunft und dem z. Zt. der Erfassung erreichten Malignitätsgrad abhängig sind, wird man auf diesem Gebiet kaum Ergebnisse erhalten, die sich verallgemeinern lassen. Es muß jedoch damit gerechnet werden, daß der größte Teil der

Tumoren bei Menschen dem Normalgewebe in seinen Stoffwechsel-Leistungen noch sehr ähnlich ist. Darauf weisen z. B. die hormonelle Beeinflußbarkeit verschiedener Tumoren des endocrinen Systems und die Jodspeicherung durch Schilddrüsen-Tumoren hin. Außerdem ließ sich beim Morris „minimal deviation hepatoma“ 5123 die große Ähnlichkeit der Stoffwechsel-Leistungen mit denen der Leber auch noch nach der 18. Transplantations-Generation nachweisen [799], was darauf hinweist, daß die Konservierung der Eigenschaften eines Normalgewebes in einem Tumor über längere Zeit hin prinzipiell möglich ist.

Darüber hinaus ähneln stark maligne Transplantations-Tumoren in ihren biochemischen Eigenschaften zwar nicht mehr dem Ausgangsgewebe (wie z. B. der Leber), dafür aber anderen, sich schnell teilenden Normalgeweben (wie Darmepithel und Knochenmark) [z. B. 621a; 863]. Danach ist anzunehmen, daß der biochemische Spielraum für einen selektiven chemotherapeutischen Angriff auf die Krebszelle außerordentlich gering ist. Auch hier besteht ein großer Unterschied zur chemotherapeutischen Bekämpfung von bakteriellen Krankheitserregern. Die Unterschiede zwischen Bakterienzelle und Säugerzelle sind viel größer als die zwischen Krebs- und Normalzelle eines Individuums. Als Beispiel sei auf die großen Unterschiede im Aufbau der Zellmembran bei Bakterien- und Säugerzellen hingewiesen, die für die selektive Wirkung des Penicillins entscheidend sind. Eine weitere Folge der großen Ähnlichkeit von Krebs- und Normalzelle ist, daß eine Unterstützung der Chemotherapie durch die immunologische Abwehr des Körpers sicher nur in einem geringen (im einzelnen noch nicht bekannten) Ausmaß vor sich geht.

Über den heutigen Stand unserer Kenntnisse bezüglich der Unterschiede zwischen Tumor- und Normalzellen muß zusammenfassend also festgestellt werden: weder sind die der malignen Entartung kausal zugrunde liegenden biochemischen Prozesse bekannt, noch lassen sich bisher qualitative biochemische Unterschiede zur Auswertung für einen selektiven chemotherapeutischen Angriff auf die Krebszelle erkennen.

Es können daher z. Zt. auch noch keine Antimetabolite gewonnen werden, die absolut selektiv nur auf die Krebszelle wirken. Trotzdem erweist sich auch bei dem gegenwärtigen Stand unserer Kenntnisse das Prinzip der Antimetabolit-Wirkung als wegweisend für die gezielte Synthese von Verbindungen mit möglichst weitgehender partieller Selektivität. Diese bereits heute zur therapeutischen Anwendung führende partielle Selektivität vieler Cytostatica gegen Krebsgewebe beruht auf quantitativen Unterschieden in der Enzym-Ausstattung zwischen Normal- und Krebszelle. Auf das Vorliegen eines solchen auswertbaren quantitativen Unterschiedes darf jedoch umso mehr gehofft werden, je spezifischer nur eine Reaktion gehemmt wird. Der für eine solche spezifische Hemmung erforderliche gezielte Eingriff in nur eine Reaktion kann aber nur durch Antimetabolite rationell angestrebt werden. Weiterhin sollte berücksichtigt werden, daß die gehemmte Reaktion einem biochemischen Prozeß zugehört, den das Krebsgewebe mit möglichst wenigen Normalgeweben teilt. Daher sollten z. B. Eingriffe in den Energie-Stoffwechsel vermieden werden, da durch sie praktisch alle Gewebe betroffen werden und die Chance einer partiellen Selektivität gering ist. Das gleiche gilt für die Protein-Synthese, die ebenfalls für alle Gewebe essentiell ist. In diesem Zusammenhang sei darauf verwiesen, daß trotz der großen Zahl von Aminosäure-Analoga [251; 922], die zeitlich noch vor der Mehrzahl der Nucleinsäure-Antimetabolite entwickelt wurden, praktisch keine dieser Verbindungen eine so ausgeprägte partielle Selektivität gegen Krebsgewebe gezeigt hat, daß sie zur Behandlung in die Klinik eingeführt wurde.

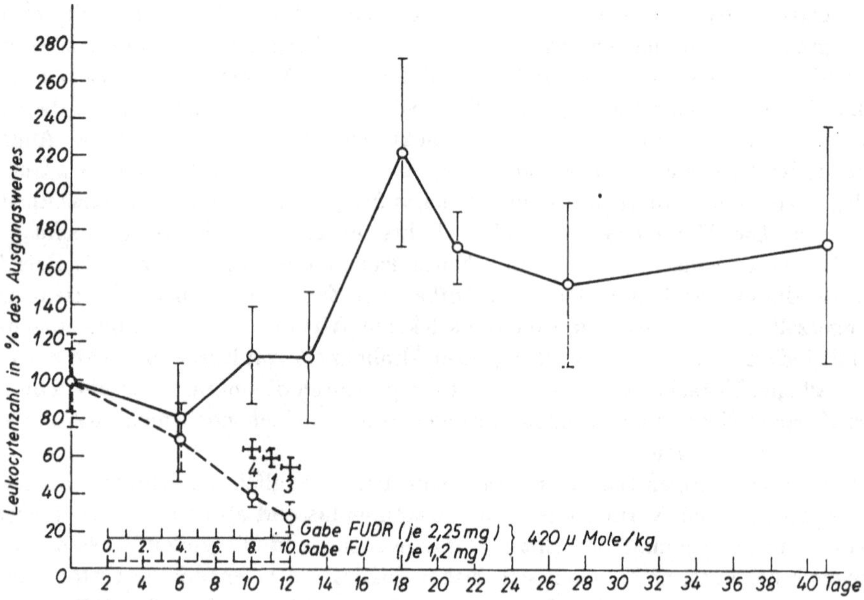

Abb. 34. Vergleich der Toxizität von 5-Fluoruracil und 5-Fluor-2′-desoxyuridin an der Maus. Die mit dem 2′-Desoxyribosid behandelten Tiere zeigten keinerlei Schädigungen.

Besonders günstige Aussichten zur Erzielung einer partiellen Selektivität sollten danach Verbindungen zukommen, die eine selektive Hemmung der DNS-Synthese bewirken. Eine solche Hemmung führt zur Verhinderung der Zellteilung und damit des Tumorwachstums und kann darüber hinaus den Zelltod bewirken (s. S. 27). Außerdem werden Gewebe mit einer geringen Mitose-Rate dadurch nicht betroffen. Für einen solchen Eingriff an der DNS-Synthese sollte insbesondere die Synthese der Thymin-Verbindungen geeignet sein, da ihr offenbar eine regulierende und limitierende Rolle bei diesem Prozeß zukommt [108; 335; 608; 718].

Es muß festgestellt werden, daß nach diesen Gesichtspunkten die Mehrzahl der heute bekannten Nucleinsäure-Antimetabolite in ihren Eigenschaften noch nicht als optimal angesehen werden kann, da sie nicht nur die DNS-Synthese hemmen, sondern auch die RNS-Synthese und über letztere auch auf die Protein-Synthese einwirken.

Der primäre Angriffspunkt einer Verbindung ist sicher nicht der allein entscheidende Faktor dafür, ob eine partielle Selektivität gegen Krebsgewebe erreicht wird, sondern hierfür kommt einer Reihe von Sekundär-Faktoren (s. u.) eine bedeutende Rolle zu. Trotzdem finden Überlegungen, wie sie oben ausgeführt wurden, in den Eigenschaften der von HEIDELBERGER eingeführten 5-Fluoruracil-Verbindungen eine gute Bestätigung. Von diesen Verbindungen ist das 5-Fluor-2'-desoxyuridin in bezug auf die Hemmung der DNS-Synthese viel wirksamer als das 5-Fluoruracil [93; 969]. Entsprechend kommt dem 5-Fluor-2'-desoxyuridin häufig eine bessere, zumindest aber immer eine etwa gleiche cancerostatische Aktivität zu wie dem 5-Fluoruracil [437]. Trotzdem ist das 5-Fluoruracil wesentlich toxischer als sein 2'-Desoxyribosid [443; 444] (Abb. 34). Dieser Befund läßt sich in Übereinstimmung mit den vorstehenden Ausführungen derart erklären, daß die geringere Toxizität des 5-Fluor-2'-desoxyuridins auf seiner höheren Spezifität in bezug auf die Hemmung der DNS-Synthese beruht. Dagegen wird 5-Fluoruracil in großem Umfang in die RNS eingebaut und schädigt so weitaus mehr biochemische Reaktionen [1055]. Diese Deutung wird auch dadurch unterstützt, daß die dritte der 5-Fluoruracil-Verbindungen, das 5-Fluoruridin, welches von seiner Struktur her für den Einbau in die RNS am günstigsten ist, auch die weitaus höchste Toxizität aufweist [443]. In der Praxis hat sich der von 5-Fluor-2'-desoxyuridin gebotene Vorteil bisher nicht in vollem Maße ausnutzen lassen, offenbar insbesondere wegen der schnellen Freisetzung von 5-Fluoruracil aus seinem 2'-Desoxyribonucleosid.

Während die Wirkungsmechanismen der meisten Antimetabolite aufgeklärt sind, ist vergleichsweise wenig über die ihrer partiellen Selektivität gegen Krebsgewebe zu Grunde liegenden quantitativen biochemischen Unterschiede zwischen Normal- und Krebsgewebe bekannt. Die Ursache hierfür liegt sicher in der Komplexität der Prozesse, die zu dieser Differenz in der Sensibilität führen. Hierzu gehören Permeationsvorgänge, Abbauprozesse, das Ausmaß der letalen Synthese, das Verhältnis von deNovo-Synthese und Synthese über den „salvage pathway“ und natürlich Unterschiede in der Intensität der gehemmten Reaktion und ihrer Notwendigkeit für den Fortbestand der Zelle. Die Gesamtheit dieser Prozesse führt dazu, daß nicht nur Unterschiede in der Sensibilität zwischen Normalgewebe und Tumor, sondern auch zwischen verschiedenen Tumoren und zwischen verschiedenen Normalgeweben auftreten. Da Hemmungen durch Antimetabolite des Nucleinsäure-Stoffwechsels vorwiegend (aber nicht ausschließlich) gegen die zur Zellteilung führenden Vorgänge gerichtet sind, werden hauptsächlich Normalgewebe mit hoher Mitose-Rate, wie das Darmepithel und das Knochenmark, geschädigt. Die Schädigung dieser beiden Gewebe durch ein und denselben Antimetaboliten erfolgt jedoch häufig in unterschiedlichem Ausmaß. Dabei bewirken schon geringe Änderungen in der Struktur der Antimetabolite große Unterschiede in der Wirkung. So schädigt das 6-Mercaptopurin sowohl das Knochenmark als auch das Darmepithel [781], während sich die toxischen Wirkungen des 6-Thioguanins vorwiegend auf das Knochenmark erstrecken [723; 781]. Wie von MARCHESI und SARTORELLI [684] gezeigt wurde, liegt die Beschränkung der Wirkung des 6-Thioguanins auf das Knochenmark in dem unterschiedlichen Stoffwechselschicksal dieser Verbindung in beiden Geweben. So findet sich nach 6-Thioguanin-Applikation an Mäuse im Darm im Vergleich zum Knochenmark ein 16fach höherer Spiegel an dem Abbauprodukt 6-Thioharnsäure und nur die Hälfte an Nucleotid. Die zur letalen Synthese notwendige Guanosin-5'-phosphat-Pyrophosphorylase ist dagegen im Knochenmark 5mal höher als im Darm. Ähnliche Unterschiede dürften häufig auch die Ursache für die höhere Empfindlichkeit von Tumoren gegen Antimetabolite sein. Für Pyrimidin-Analoga wie 5-Fluoruracil wurde allerdings nachgewiesen, daß auch Normalgewebe mit einer hohen Mitose-Rate wie der Darm, eine verminderte Abbau-Kapazität und einer verstärkte Fähigkeit zur Nucleotid-Bildung aufweisen [621 a]. Daher kann z. B. das völlige Fehlen des Abbaus von 5-Fluoruracil in Ehrlich-Ascites-Tumorzellen [178; 729] nur wenig zu einer partiellen Selektivität beitragen, da auch der Darm durch diese Verbindung stark geschädigt wird.

Unterschiede bei der Pyrimidin-Synthese in bezug auf das Verhältnis von deNovo-Synthese und Synthese über die Verwertung präformierter Pyrimidine durch den „salvage pathway" liegen der Selektivität des 6-Azauridins zugrunde [1041]. Hier wurde gefunden, daß in normalen Leukozyten des Menschen der Anteil der deNovo-Synthese nur gering und die Verwertung präformierter Pyrimidine gut ist. 6-Azauridin als Hemmstoff der deNovo-Synthese kann hier also kaum eine Schädigung bewirken. Dagegen sind Leukämiezellen in großem Ausmaß auf die deNovo-Synthese angewiesen und werden daher durch diese Verbindung sehr geschädigt. Beim Hund sind auch die normalen Leukozyten auf die deNovo-Synthese angewiesen und 6-Azauridin ist daher für diese Spezies bedeutend toxischer als für den Menschen [164].

Wegen der hohen Milchsäure-Gärung stark maligner Tumoren ist häufig versucht worden, den damit verbundenen Abfall des pH-Wertes durch die Verwendung von Verbindungen zu nutzen, die im sauren besser wirken als im neutralen [z. B. 848]. Auch für Antimetabolite bietet sich diese Möglichkeit der Selektivität an, weil fast alle bekannten Basen-Analoga stärker sauer sind als die natürlichen Basen. So liegen z. B. die pK-Werte der Pyrimidin-Analoga zwischen 7,4 (5-Trifluormethyluracil) und 8,3 (5-Joduracil), während die Werte für Uracil und Thymin 9,5 bzw. 9,8 betragen. Daraus folgt, daß bei dem normalen pH-Wert der Zelle einige Antimetabolite zu einem nicht unbeträchtlichen Ausmaß in der dissoziierten Form vorliegen. Da aber offenbar nur der undissoziierte Anteil wirksam werden kann, hat eine Erniedrigung des pH-Wertes der Zelle eine Erhöhung der Menge an wirksamen Antimetaboliten zur Folge.

Erniedrigte pH-Werte in Tumoren wurden insbesondere nach Glucose-Applikation gefunden. So kann z. B. in Hepatomen von Ratte und Maus der pH-Wert von 6,7—7,0 durch Glucose-Gabe auf 6,2—6,4 gesenkt werden [522]. In Versuchen zur Auswertung des niedrigen pK-Wertes von 5-Fluoruracil für die selektive Schädigung von Tumorgewebe wurde daher der Einfluß von Glucose auf die Wirkung dieser Verbindung beim Flexner-Jobling-Carcinom der Ratte untersucht [598]. Dabei wurde tatsächlich eine Verbesserung der Wirkung beobachtet, die durch Galactose, welche die Gärung nicht fördert, nicht zu erreichen war. Auch am Menschen wurde eine Verbesserung der 5-Fluoruracil-Wirkung durch Glucose beschrieben [623]. In anderen Fällen dagegen erwies sich Glucose als ohne Einfluß [407]. Insgesamt ist es sehr fraglich, ob sich wirklich bei der Mehrzahl der Tumoren eine so starke Senkung des pH-Wertes erzielen läßt, daß bei den bisher bekannten Antimetaboliten eine entscheidende Erhöhung des nichtdissoziierten, wirksamen Anteils auftritt.

Es hat zahlreiche Versuche gegeben, die Spezifität der Antimetabolit-Wirkung gegen Krebsgewebe durch verschiedene Maßnahmen zu erhöhen, wenngleich auch derartige Bemühungen in der Praxis bisher nur geringen Nutzen erbracht haben. Die große Bedeutung solcher Versuche ist jedoch aus der Tatsache abzuleiten, daß die Aussicht, im gegenwärtigen Zeitpunkt Hemmstoffe mit absoluter Selektivität für Tumorgewebe zu gewinnen, außerordentlich gering ist. Zu ihrer systematischen Entwicklung fehlt — wie oben ausgeführt — die Kenntnis auswertbarer Unterschiede zwischen Tumor- und Normalzelle und ihre Auffindung durch ausgedehntes Screening beliebiger Substanzen ist sehr unwahrscheinlich. Eine systematische Abschwächung der Toxizität bereits bekannter Cancerostatica erscheint jedoch durchaus als möglich. Für solche Versuche bieten sich gerade die Antimetabolite wegen ihres bekannten Wirkungsmechanismus an. Die folgenden Ausführungen sollen daher auch als Anregungen zu weiteren experimentellen Untersuchungen dieser Art aufgefaßt werden, denen eine ebenso große Bedeutung beizumessen ist, wie der Entwicklung neuer Hemmstoffe mit letztlich doch wieder nur partieller Selektivität.

Eine besondere Bedeutung kommt in diesem Zusammenhang der Optimierung des Behandlungsschemas zu. Hierzu gehören Fragen der Applikationsroute, der zeitlichen Verteilung der Dosen und der Kombination mehrerer Hemmstoffe. Die Variationsmöglichkeiten sind dabei natürlich sehr groß. Es soll hier jedoch nicht auf die zahlreichen im Tierversuch oder in der Klinik ermittelten Verfahren eingegangen werden, sondern nur einige Beispiele für die biochemische Begründung bestimmter Behandlungsmethoden angeführt werden. Auf Grund ihres Wirkungsmechanismus können in dieser Weise für verschiedene Antimetabolite besonders aussichtsreiche Varianten zu experimentellen oder klinischen Prüfungen vorgeschlagen werden.

Bei Verbindungen, die über einen Einbau in die DNS wirksam werden, wie 5-Brom- oder 5-Jod-2'-desoxyuridin, kann auf Grund der DNS-Synthese-Rate einzelner Gewebe und des Schicksals ihrer Zellen eine Voraussage über eine geeignete zeitliche Verteilung der Dosen angegeben werden. Das Ausmaß des Einbaus der genannten Analoga ist natürlich um so größer, je höher die DNS-Synthese (und damit die Mitose-Rate) eines Gewebes ist. Da Gewebe wie Darmepithel und Knochenmark sich schneller teilen als die meisten Tumoren, bauen sie auch größere Mengen der Analoga in die DNS ein als Tumoren [202; 322; 470; 486; 597a; 849]. In einem Vergleich mit autoradiographischen Methoden fanden z. B. Hoffman und Post [470], daß bei einem spontanen Mamma-Tumor der Ratte mit einer Generationszeit von 45 Stunden, davon 10 Stunden DNS-Synthese-Periode, 2

Stunden nach der Applikation von 5-Jod-2'-desoxyuridin nur 3% der Zellen markiert waren, dagegen aber 50% der Ileum-Zellen (Generationszeit 12 Stunden, davon 6 Stunden DNS-Synthese). Darm und Knochenmark zeigen aber auch eine schnelle „Zellmauserung", d. h. sie geben ihre Zellen an das Blut bzw. an das Darmlumen ab. Daher sinkt der anfänglich hohe 5-Joduracil-Gehalt dieser Gewebe sehr schnell wieder ab. Im Tumor dagegen verbleiben die Zellen im Gewebsverband und es verschwindet kein 5-Joduracil, mit Ausnahme desjenigen aus absterbenden Zellen. Daher sinkt schon in relativ kurzer Zeit nach 5-Jod-2'-desoxyuridin-Applikation der anfänglich höhere Gehalt des Knochenmarks und des Darmepithels an 5-Joduracil-enthaltender DNS unter den Wert des Tumors ab [202; 322; 849] (s. Abb. 35). Daraus kann der Schluß gezogen werden, daß während einer Behandlung mit den halogenierten Thymin-Analoga durch geeignete Pausen in der Applikation den Normalgeweben Gelegenheit gegeben werden sollte, ihre die Analoga enthaltende DNS zu eliminieren. Aus diesem Grunde sollte auch eine Bestrahlung, deren erhöhte Wirksamkeit ja in den meisten Fällen das Ziel der Behandlung mit den halogenierten Thymin-Analoga sein wird, erst zu einer bestimmten Zeit nach der letzten Applikation dieser Verbindungen erfolgen.

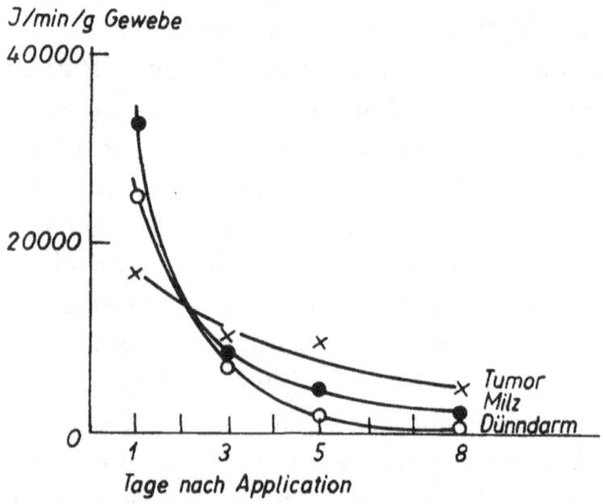

Abb. 35. Zeitlicher Abfall des 5-Joduracil-Gehaltes in der DNS von Milz, Dünndarm und Hepatom 129 bei der Maus (gemessen mit ^{125}J-markiertem 5-Jod-2'-desoxyuridin).

Die Mäuse erhielten am 5. und 6. Tag nach der Tumor-Transplantation eine Gesamtdosis von 480 μ Molen 5-Jod-2'-desoxyuridin pro kg (gegeben zweimal täglich i. p.) (graphische Darstellung nach Werten von B. W. Fox und W. H. Prusoff [322]).

Die Diskontinuität der DNS-Synthese, die bei Säugern maximal nur etwa 50% der Zeit eines Generationszyklus ausmacht, führt dazu, daß bei kurzfristiger Applikation der halogenierten Thymin-Analoga immer nur höchstens die Hälfte aller Zellen diese Verbindungen in die DNS einbaut. Aus diesem Grunde ist hier die sich über einen längeren Zeitraum erstreckende kontinuierliche Infusion angezeigt. In anderen Fällen wurde durch die Applikation von 5-Brom- oder 5-Jod-2'-desoxyuridin in Öl als Depot-Form eine erhebliche Steigerung des Einbaus erreicht [202; 418]. Auf eine andere interessante Möglichkeit wurde von Papac, Calabresi, Hollingsworth und Welch hingewiesen [766]. Hier wurde in Modellversuchen an Mäusen durch hohe Gaben von Cytosin-arabinosid eine völlige Hemmung der DNS-Synthese von sich regenerierendem Knochenmark bewirkt. Dadurch bleiben diejenigen Zellen, die sich in der DNS-Synthese-Periode befinden, in dieser „stecken", die Zellen, die sich in der G_1 oder G_2-Periode befinden, durchlaufen diese (und eventuell die Mitose) und stauen sich dann am Anfang der DNS.

Synthese-Periode an. Die Aufhebung der Cytosin-arabinosid-Hemmung durch 2'-Desoxycytidin bewirkt dann einen fast gleichzeitigen Beginn der DNS-Synthese in allen Zellen, d. h. die Zellen sind weitgehend synchronisiert worden. Infolge des gleichzeitigen Synthese-Starts aller Zellen wird z. B. die Wirkung von zu dieser Zeit appliziertem 5-Jod-2'-desoxyuridin verzehnfacht (s. Abb. 36). Eine partielle Synchronisation ließ sich auch beim Menschen durch hohe Dosen von 5-Fluoruracil erreichen [559].

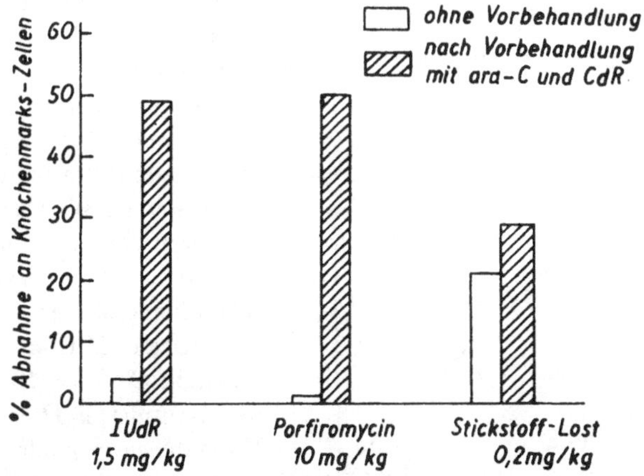

Abb. 36. Wirkung von Cytostatica auf das regenerierende Knochenmark von Mäusen, denen nach einer Bestrahlung unbestrahltes Knochenmark i. v. appliziert wurde.

Es wurden drei Dosen von je 50 mg Cytosin-arabinosid pro kg appliziert und unmittelbar nach der letzten Dosis 200 mg 2'-Desoxycytidin pro kg gegeben. Die Behandlung wurde am 4. Tage nach der Bestrahlung und der Mark-Transplantation durchgeführt, die Untersuchung des Knochenmarks erfolgte nach weiteren 4 Tagen (nach R. J. Papac, P. Calabresi, J. W. Hollingsworth und A. D. Welch [766]). ara-C = Cytosin-arabinosid, CdR = 2'-Desoxycytidin, IUdR = 5-Jod-2'-desoxyuridin.

Auch Hemmstoffe der DNS-Synthese mit kurzzeitiger Wirkungsdauer, wie etwa die 5-Fluoruracil-Verbindungen, wirken wegen der diskontinuierlichen DNS-Synthese nur auf einen Teil aller Zellen ein. Daher ist auch hier die sich über einen längeren Zeitraum erstreckende kontinuierliche Infusion angezeigt. Im Falle der 5-Fluoruracil-Verbindungen liegen hierzu Untersuchungen insbesondere von Sullivan und Miller [710; 981; 982a] sowie Ansfield und Curreri [15; 16] vor. Die kontinuierliche Infusion erbrachte dabei besonders beim 5-Fluor-2'-desoxyuridin eine erhebliche Steigerung der Wirksamkeit. Die erreichte Verbesserung ist aber nicht nur auf die Erfassung eines größeren Prozentsatzes aller Zellen zurückzuführen, sondern auch darauf, daß unter den Bedingungen eines kontinuierlichen Angebotes kleiner Mengen die Spaltung der Verbindung zugunsten der Phosphorylierung zurückgedrängt wird (etwa auf Grund des kleineren K_m-Wertes für die die Phosphorylierung bewirkende Thymidin-Kinase). Eine ähnliche Verbesserung der Wirkung ist auch in Tierversuchen durch die Anwendung der 2'-Desoxyribonucleoside bestimmter 5-Fluorodihydropyrimidine, die als Depot-Form wirken, erreicht worden [265] (s. S. 105).

In einigen der oben beschriebenen Versuche lag bereits eine Kombination mehrerer Antimetabolite vor. Derartige Kombinationen sind aus verschiedenen Gründen untersucht worden. So hat man versucht, die Wirkung eines Antimetaboliten durch die Kombination mit einem zweiten, der den Abbau des ersten hemmt, zu verbessern (s. S. 101). Durch die Kombination von 5-Fluoruracil-Verbindungen mit 5-Brom- oder 5-Jod-2'-desoxyuridin wird infolge der unterdrückten Synthese der Thymin-Verbindungen der Einbau der Thymin-Analoga in die DNS verbessert (s. S. 50). Die Verhinderung der Ausbildung einer Resistenz durch die Kombination mehrerer Hemmstoffe ist bei der Bekämpfung der Infektionskrankheiten lange bekannt. Auf ihre Bedeutung zur Verringerung der Resistenz-Wahrscheinlichkeit bei Tumoren hat insbesondere LAW hingewiesen [612]. Wenn die Wahrscheinlichkeit der Entstehung von resistenten Mutanten gegen den Hemmstoff I $= 10^{-6}$ ist und für den Hemmstoff II $= 10^{-5}$, so ist die Entstehung doppelt resistenter Mutanten nur in einem Ausmaß von 10^{-11} zu erwarten.

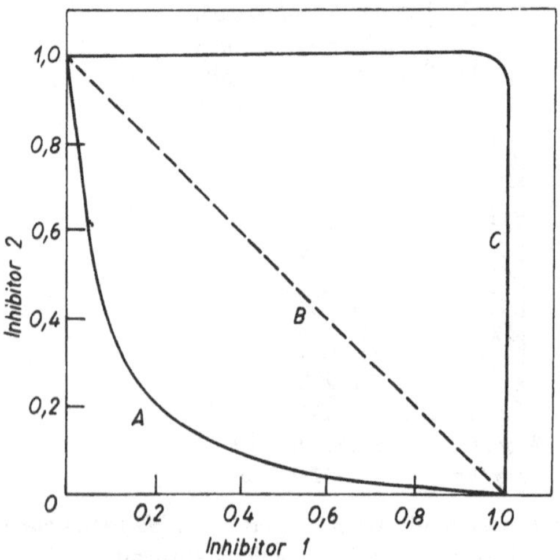

Abb. 37. Isobole („constant-effect curves") für die gleichzeitige Einwirkung von zwei Inhibitoren.
Auf der Abszisse und Ordinate sind die anteiligen Hemmkonzentrationen von Inhibitor 1 bzw. Inhibitor 2 aufgetragen. Kurve A gibt den Kurvenverlauf bei synergistischer Wirkung, Kurve B bei additiver Wirkung und Kurve C bei weniger als additiver Wirkung wieder. Die Kombination von zwei Hemmstoffen, die an zwei verschiedenen Reaktionen einer Biosynthese-Kette eingreifen („sequential blockade") ergibt an isolierten Enzym-Systemen Werte, die der Kurve C entsprechen
(nach R. J. RUBIN, A. REYNARD und R. E. HANDSCHUMACHER [856]).

Die Kombination von zwei Hemmstoffen, die an zwei verschiedenen Reaktionen einer Biosynthese angreifen („sequential blockade" nach POTTER [798]) wurde vorgenommen, um durch Verbesserung der Konkurrenzbeziehung [S]/[I] den zweiten Hemmschritt günstiger zu gestalten. Wie von RUBIN, REYNARD und HANDSCHUMACHER [425; 856] in Versuchen mit 5-Azaorotat und 6-Azauridin-5'-phosphat (zwei Hemmstoffen der Pyrimidin-Synthese, s. Tab. 1, Nr. 17 und 29) gezeigt wurde, ergibt die „sequential blockade" jedoch keine Verbesserung des Gesamt-Hemmeffektes (s. Abb. 37). Die Geschwindigkeit der enzymatischen Reaktion wird in einem solchen System immer allein von der langsamsten Reaktion bestimmt, d. h. von dem jeweils wirksamsten Inhibitor. Es ist jedoch nicht auszuschließen, daß in dem komplexen System einer Zelle doch synergistische Effekte zustande kommen können. Derartige Effekte wurden z. B. von ŠKODA, ČIHAK und ŠORM [941] bei der Kombination von Formylbiuret und 6-Azauridin (die beide ebenfalls eine „sequential blockade" der Pyrimidin-Synthese bewirken) in bezug auf die cancerostatische Wirkung auf Ehrlich-Ascites-Tumorzellen beobachtet.

Andere Kombinationen von Antimetaboliten wurden in der Hoffnung vorgenommen, daß sich die Hemmeffekte in bezug auf den Tumor in stärkerem Umfang ergänzen als in bezug auf das Normalgewebe [z. B. 364; 612; 875; 982]. Das ist bei einigen Transplantations-Tumoren für bestimmte Antimetabolit-Kombinationen tatsächlich der Fall, wie dem Sarkom 180 (Azaserin + 6-Chlorpurin) und der Leukämie L 1210 (8-Azaguanin + Amethopterin). Die Ursache für diese selektive Verstärkung der Wirkung im Tumorgewebe ist jedoch unbekannt.

Eine besondere Möglichkeit, die toxischen Wirkungen auf Normalgewebe zu verringern, ergibt sich bei den Antimetaboliten durch die geeignete Ausnutzung der Antimetabolit-Metabolit-Konkurrenz. Danach kann die Wirkung von Antimetaboliten durch die gleichzeitige Applikation des Metaboliten aufgehoben werden, wenn diese in so hoher Dosierung erfolgt, daß der Antimetabolit vom Enzym verdrängt wird. Ebenso kann die Wirkung auch durch die Applikation des Produktes des gehemmten Enzyms aufgehoben werden.

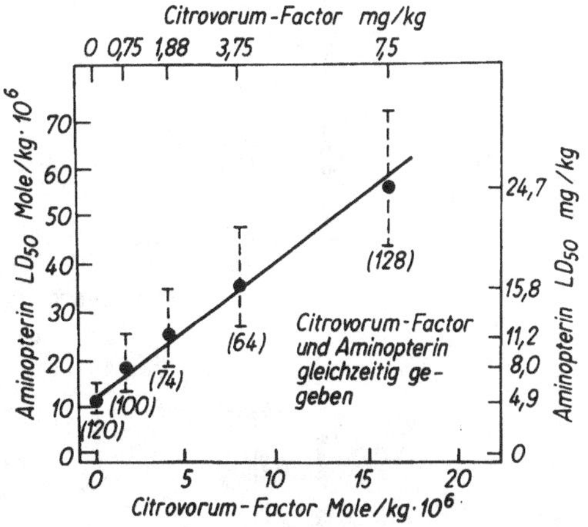

Abb. 38. Wirkung des Citrovorum-Factors auf die Aminopterin-Toxicität in Mäusen (in Klammern Zahl der Tiere) (nach A. Goldin, E. M. Greenspan, J. M. Venditti und E. B. Schoenbach [363]).

Versuche dieser Art waren bekanntlich der Anlaß zur Entwicklung des Begriffes der Antimetabolit-Wirkung durch Woods [1062]. Durch Shive und Mitarbeiter [920; 921] hat diese Versuchsanordnung als „Hemmungsanalyse" zur Aufklärung von Stoffwechselwegen Bedeutung erlangt. Die Aufhebung einer Antimetabolit-Hemmung durch bestimmte Metabolite hat häufig die ersten genauen Hinweise auf die gehemmte Reaktion gegeben. So wurde in derartigen Versuchen von Säuberlich [864] an *Leuconostoc* und von Nichol und Welch [746] an Ratten die Wirkung der Folsäure-Analoga als Hemmung der Folsäure-Reduktase erkannt. Es liegt mittlerweile eine große Zahl von Beobachtungen über die antagonistische Wirkung verschiedener Metabolite zu ihren Antimetaboliten bei Mensch und Tier vor. Dazu gehören beim Tier Folsäure bzw. Citrovorum-Faktor und die Folsäure-Analoga [135; 144; 359; 360; 363; 365; 367; 380] (s. auch Abb. 38), verschiedene Purin-Derivate und das Azaserin bzw. das 6-Diazo-5-oxo-L-Norleucin [201; 232], das 2'-Desoxycytidin und das Cytosin-arabinosid [297], Adenosin-5'-phosphat und 6-Mercaptopurin [368], Thymidin und 5-Fluor-2'-desoxyuridin [710] sowie Thymidin und 5-Jod-2'-desoxyuridin [815]. Beim Menschen wurde ein solcher Antagonismus für Folsäure und die Folsäure-Analoga [897; 982] sowie Thymidin und 5-Jod-2'-desoxyuridin [150; 886] gefunden.

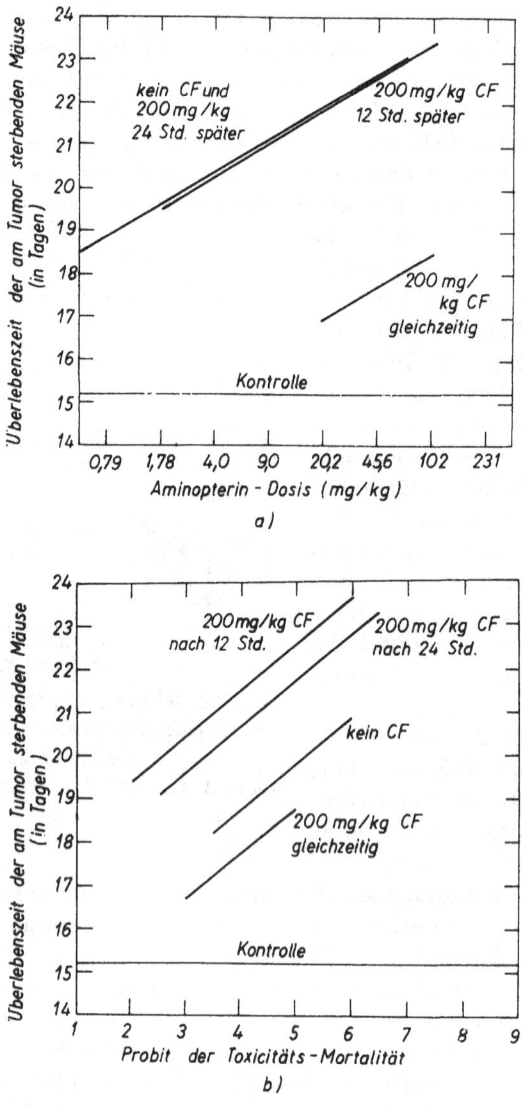

Abb. 39. Wirkung von gleichzeitiger und verzögerter Applikation von Citrovorum-Faktor auf die Abhängigkeit der Überlebenszeit leukämischer Mäuse von der Aminopterin-Dosis, ausgedrückt in a) als mg pro kg und in b) als Wahrscheinlichkeit der Toxizitäts-Mortalität (nach A. Goldin, N. Mantel, S. W. Greenhouse, J. M. Venditti und S. R. Humphreys [366]).

Aus den Abbildungen ist ersichtlich, daß der Citrovorum-Faktor bei gleichzeitiger Applikation mit Aminopterin dessen cancerostatische Aktivität zu einem beträchtlichen Teil aufhebt. Wird der Cirovorum-Faktor dagegen erst 12 oder 24 Stunden nach dem Aminopterin gegeben, so bleibt dessen cancerostatische Aktivität bei verringerter Toxizität erhalten. CF = Citrovorum-Faktor.

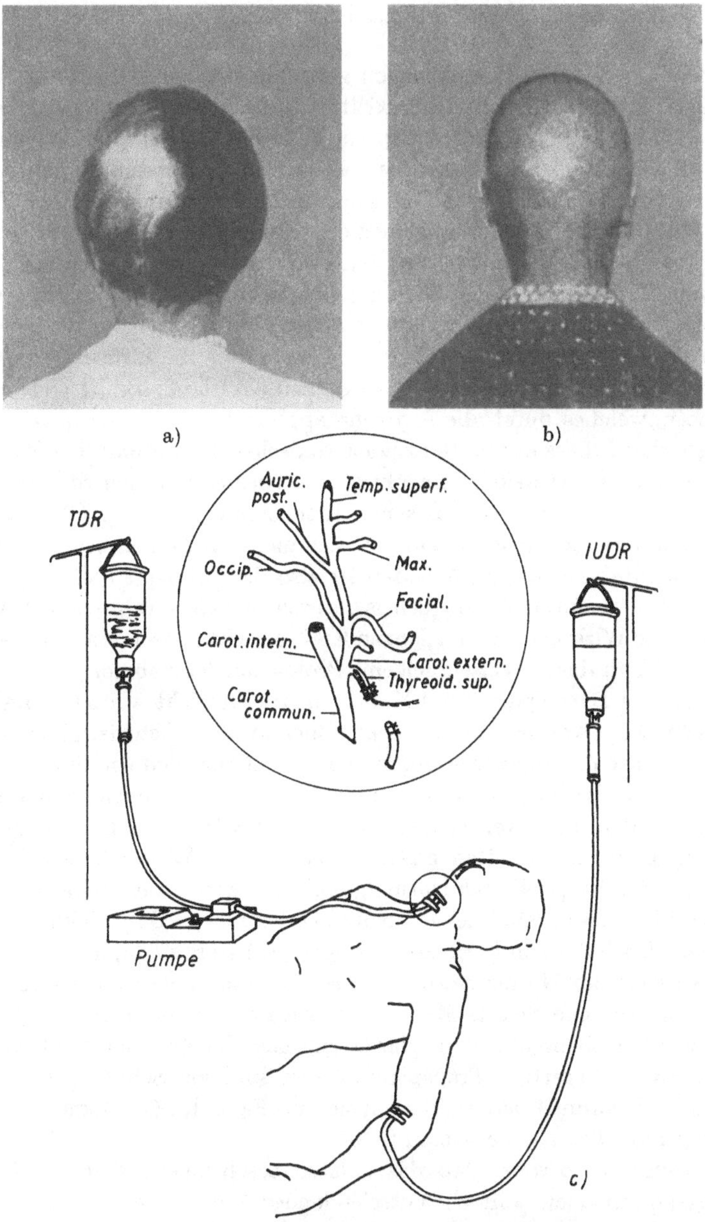

Abb. 40. Schützende Wirkung von Thymidin bei durch 5-Jod-2'-desoxyuridin bedingtem Haarausfall.

a) Nach systemischer Anwendung von 5-Jod-2'-desoxyuridin mit gleichzeitiger Infusion von Thymidin in die rechte Carotis externa. b) Gleiche Person nach 5-Jod-2'-desoxyuridin-Behandlung ohne Thymidin-Schutz. c) Schema der Infusion von 5-Jod-2'-desoxyuridin und Thymidin (nach P. Calabresi [150]). Im Kreis die genaue Lage des Katheters. TDR = Thymidin, IUDR = 5-Jod-2'-desoxyuridin.

Wenn nicht besondere Vorkehrungen getroffen werden, wird durch die Applikation des Metaboliten sowohl die Toxizität als auch die Wirkung auf den Tumor aufgehoben [144; 297; 359; 365; 368]. Im Falle des Amethopterins genügt es jedoch schon, den Citrovorum-Faktor später als den Hemmstoff zu geben, um eine verringerte Toxizität bei gleichbleibender Hemm-Wirkung auf den Tumor zu erhalten [366] (Abb. 39). Im allgemeinen wird man sich aber auf den Schutz bestimmter Organe beschränken und den übrigen Körper — auch zur Erfassung unerkannter Metastasen — der Wirkung des Antimetaboliten überlassen. Bedingungen hierfür sind in Arbeiten von CALABRESI und Mitarbeitern wiedergegeben [150; 686]. Hier wurde beim Menschen der Kopf durch die Infusion von Thymidin in die Arteria carotis externa vor dem im ganzen Kreislauf zirkulierenden 5-Jod-2'-desoxyuridin, welches durch die Armvene appliziert wurde, geschützt (Abb. 40). Es ließen sich so die sonst auftretenden toxischen Symptome am Kopf (Haarausfall, Stomatitis) vermeiden. Im übrigen Körper traten aber die von 5-Jod-2'-desoxyuridin zu erwartenden toxischen Erscheinungen ein (z. B. Leukopenie), so daß die Schutzwirkung des Thymidins sich nicht über einen begrenzten Bereich hinaus ausdehnte. Aus diesen Arbeiten ist also das prinzipiell wichtige Ergebnis abzuleiten, daß es durchaus möglich ist, durch örtlich verabreichte Dosen eines Metaboliten die Wirkung eines im ganzen Kreislauf zirkulierenden Antimetaboliten aufzuheben. Ob in dieser Weise auch eine Protektion der insbesondere zu schützenden Gewebe, wie Darmepithel und Knochenmark, erreicht werden kann, ist noch nicht beschrieben worden. Sicher liegen hier größere Schwierigkeiten für eine regionale Durchströmung dieser Organe vor. Es können jedoch auch noch andere Möglichkeiten zu ihrem Schutz erwogen werden. So ist z. B. noch nicht ausreichend untersucht worden, inwieweit sich ein besonderer Schutz des Darmes durch orale Verabreichung des Metaboliten erreichen läßt [312]. Weiter haben CASIDA und Mitarbeiter gefunden [169], daß Normalgewebe die Ester von aliphatischen Säuren mit Nucleosiden etwa 45mal besser spalten als Tumoren. Danach könnte versucht werden, den Metaboliten in Form eines geeigneten Esters zu applizieren, aus dem er dann vorwiegend im Normalgewebe wieder freigesetzt werden würde. Letztlich könnte als zusätzliche Schutz-Methode neben der Anwendung des Metaboliten auch an eine Knochenmark-Transplantation nach der Antimetabolit-Applikation gedacht werden. Derartige Transplantationen sind als Schutz gegen Strahlenschäden lange bekannt [215] und haben sich im Falle des 6-Thioguanins als guter Schutz gegen die Toxizität erwiesen [876].

Abschließend sei betont, daß das zuletzt beschriebene Dot-Antidot-Prinzip von Metabolit-Antimetabolit ein entscheidender Vorzug der Antimetabolite ist, da für die anderen Cytostatica ein anwendbares Antidot nicht bekannt ist. Diesen Vorzug einer breiteren praktischen Nutzung zuzuführen, sollte Gegenstand ausgedehnter Untersuchungen sein.

II

SPEZIELLER TEIL

1. Unnatürliche Pyrimidin-Derivate

1.1. 5-Fluoruracil, -ribosid und -2'-desoxyribosid

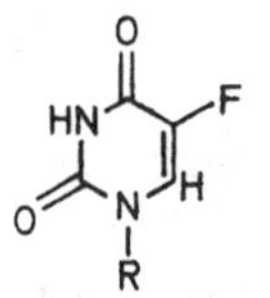

R: H; Ribose oder Desoxyribose

Die 5-Fluoruracil-Verbindungen werden auf Grund der Ähnlichkeiten der Atom-Radien vom Fluor (1,35 Å) und vom Wasserstoff (1,20 Å) in der Zelle wie die entsprechenden Uracil-Verbindungen umgesetzt bzw. konkurrieren mit diesen um bestimmte Enzyme. Die Substitution des Wasserstoffs am C-5 des Uracils durch Fluor bewirkt eine Erniedrigung des pK-Wertes von 9,45 auf 8,15 [437].

Die Einführung der 5-Fluoruracil-Verbindungen in die Forschung und die Chemotherapie des Krebses erfolgte durch HEIDELBERGER und Mitarbeiter, die auch die wesentlichen Wirkungsmechanismen aufklärten. Anlaß zur Entwicklung derartiger Verbindungen war die Beobachtung von RUTTMAN und Mitarbeitern [863], daß Tumoren, im Gegensatz zu bestimmten Normalgeweben, Uracil zur RNS-Synthese verwenden können. Daher erschien es als aussichtsreich, durch Uracil-Analoga eine selektive Schädigung von Krebsgeweben zu erreichen. Durch die Einführung eines Fluor-Atoms am C-5 des Uracils, also derjenigen Stelle, an der die Methylierung zum Thymin ansetzt, wurden die nächst den Folsäure-Antagonisten wirksamsten Antimetabolite des Nucleinsäure-Stoffwechsels erhalten. Dagegen erwies sich das 6-Fluoruracil als chemisch instabil und biologisch inaktiv [1041 a]. Später wurde dann gefunden, daß Uracil auch in Normalgeweben mit hoher Mitoserate gut zur RNS-Synthese verwertet werden kann [159; 621 a]. Die 5-Fluoruracil-Verbindungen weisen daher nicht die zunächst erwartete hohe Selektivität der Wirkung auf Krebsgewebe auf, haben aber trotzdem in die Klinik als Cancerostatica Eingang gefunden.

5-Fluoruracil bzw. seine Nucleoside werden durch letale Synthese (s. S. 25) in Nucleotide übergeführt, die mit den biochemischen Reaktionen der Uracil-Verbindungen im Nucleinsäure-Stoffwechsel an zwei verschiedenen Stellen interferieren:

1. der Methylierung von 2'-Desoxyuridin-5'-phosphat zu Thymidin-5'-phosphat durch die Thymidylat-Synthetase. Diese Reaktion wird durch 5-Fluor-2'-

desoxyuridin-5'-phosphat gehemmt [82; 446; 691; 835; 1052], welches eine 1700mal höhere Affinität zu diesem Enzym aufweist als das Substrat [436],

2. dem Einbau von 5-Fluoruridin-5'-phosphat anstelle von Uridin-5'-phosphat in die RNS. Auf diesen Einbau und seine biologischen Folgen wird auf S. 69 genauer eingegangen.

Es ist nicht immer leicht zu entscheiden, welcher der beiden Wirkungsmechanismen für bestimmte biologische Effekte verantwortlich ist. Wegen der besonders hohen Affinität des 5-Fluor-2'-desoxyuridin-5'-phosphates zur Thymidylat-Synthetase dürfte in der Mehrzahl der Fälle die Hemmung der DNS-Synthese der entscheidende Faktor sein. Durch diese Hemmung kann mit 5-Fluor-2'-desoxyuridin an Bakterien und in Gewebekulturen der „Thymin-Mangel-Tod" hervorgerufen werden [208; 271; 858] (s. Abb. 4, S. 28).

Wie an Ehrlich-Ascites-Tumorzellen in vitro nachgewiesen wurde [390; 609], ist 5-Fluor-2'-desoxyuridin in bezug auf die Hemmung der DNS-Synthese etwa 10000mal wirksamer als 5-Fluoruracil. Die Ursache dafür liegt sicher in der leichteren Überführbarkeit von 5-Fluor-2'-desoxyuridin in das wirksame 2'-Desoxyribonucleotid durch letale Synthese. Trotzdem erwies sich in Versuchen an der Maus [443] das 5-Fluoruracil als wesentlich toxischer als das 5-Fluor-2'-desoxyuridin. Die höchste Toxizität kommt jedoch dem 5-Fluoruridin zu, d. h. die Toxizität ist um so größer, je leichter die Verbindungen auf den RNS-Stoffwechsel einwirken können. Auf die Bedeutung dieses Befundes wird auf S. 111 genauer eingegangen.

Wegen der Bedeutung von Uracil-Verbindungen als Coenzyme im Kohlehydrat-Stoffwechsel können die entsprechenden 5-Fluoruracil-Derivate auch hier störend eingreifen (z. B. als 5-Fluoruridin-5'-diphosphat-Glucose). Hier werden vor allem Hemmungen der Zellwand-Synthese bei Bakterien beobachtet [499; 841; 1001; 1002; 1003]. Dabei kommt es sowohl zu einer Akkumulation von Zellwand-Bausteinen, die offenbar nicht normal verwandt werden können, als auch zum Auftreten osmotisch labiler, sphaeroplastenartiger Bakterienzellen.

5-Fluoruracil-Nucleoside werden in der Zelle sehr rasch phosphorolytisch gespalten (s. S. 105). 5-Fluoruracil wird durch Reduktion der 5,6-Doppelbindung und nachfolgende Ringspaltung abgebaut, wobei als Endprodukte Ammoniak, Harnstoff, α-Fluor-β-alanin und α-Fluor-β-guanidinopropionsäure entstehen können (s. S. 103). Durch Abbau und Ausscheidung im Urin werden die 5-Fluoruracil-Verbindungen innerhalb weniger Stunden aus dem Körper eliminiert [177; 178; 433; 728; 729].

Resistenz gegen 5-Fluoruracil-Verbindungen tritt vorzugsweise durch Verlust der letalen Synthese auf (s. S. 88, Tab. 7, Nr. 21 bis 25). In Ausnahmefällen wurde auch eine verringerte Affinität zwischen dem 5-Fluor-2'-desoxyuridin-5'-phosphat und der Thymidylat-Synthetase beobachtet (s. S. 92).

5-Fluoruracil und sein 2'-Desoxyribosid haben sich im Tierversuch als cancerostatisch wirksam erwiesen [z. B. 90; 139; 369; 437; 443; 444; 603; 644; 646; 647].

Sie haben sich als Cancerostatica auch in der Klinik, insbesondere zur Behandlung von Brust- und gastrointestinalen Carcinomen bewährt [z. B. 15; 16; 89; 89a; 98; 99; 155; 157; 186; 229; 230; 249; 300; 407; 437; 439; 565; 665; 710; 734; 890; 891; 894; 961; 981; 1015].

1.2. 5-Fluor-2'-desoxycytidin

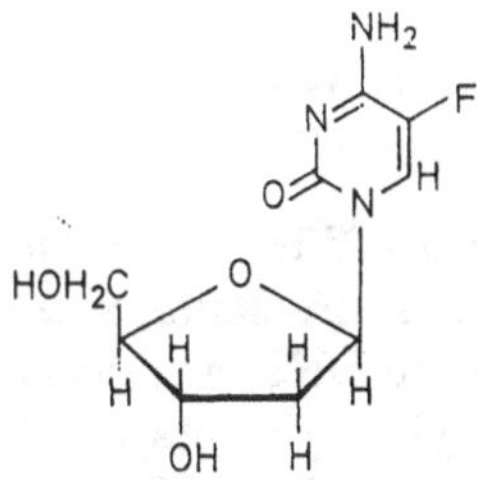

5-Fluor-2'-desoxycytidin hemmt die Vermehrung von Zellen in Gewebekultur [184; 272] und transplantable Mäuse-Leukämien [139]. Die Hemmung kann durch Thymidin aufgehoben werden. Die eigentlich wirksame Substanz ist wahrscheinlich das 5-Fluor-2'-desoxyuridin-5'-phosphat [436], das aus 5-Fluor-2'-desoxycytidin durch Desaminierung und Phosphorylierung entsteht. Als Depot-Form wirkt das 4-N-p-Toluyl-5-fluor-2'-desoxycytidin, aus dem durch Deacylierung das freie Nucleosid entsteht [264]. 5-Fluorcytosin kann wegen der biochemischen Inaktivität von Cytosin im Säugerorganismus nur von Mikroorganismen in ein cytostatisch wirksames Nucleotid umgewandelt werden (s. S. 102).

1.3. 5-Fluororotat

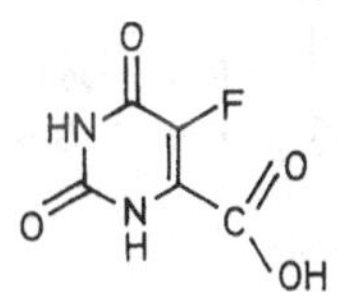

5-Fluororotat wird intrazellulär zu den 5-Fluoruracil-Verbindungen umgesetzt [93; 177]. Der Einbau von 5-Fluoruracil in die RNS kann höher sein, wenn 5-Fluororotat anstelle von 5-Fluoruracil appliziert wird (bessere letale Synthese). So wurde nach Gabe von 5-Fluororotat bei der Ratte ein etwa 60mal höherer Einbau in die Transfer-RNS erzielt als nach Gabe von 5-Fluoruracil [1030]. Dabei wird der Gehalt der Transfer-RNS an Pseudouridin von 20% auf 12% gesenkt (da durch das Fluor-Atom am C-5 die Anfügung von Ribose an dieser Stelle verhindert wird und 5-Fluoruracil so nur als N-Glycosid in die RNS eingebaut werden kann).

1.4. 5-Trifluormethyl-2'-desoxyuridin

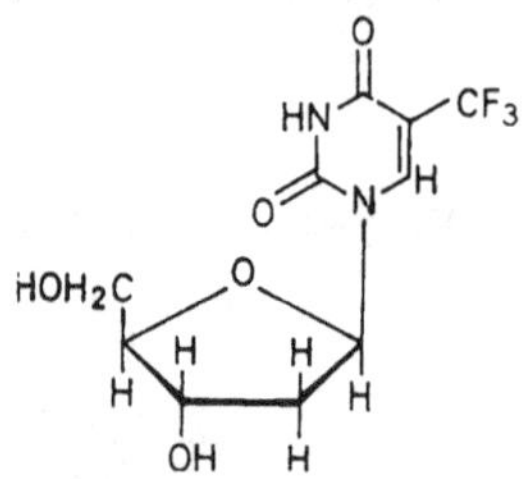

Herstellung und Aufklärung des Wirkungsmechanismus von 5-Trifluormethyl-2'-desoxyuridin erfolgten durch HEIDELBERGER und Mitarbeiter. Die Verbindung wird anstelle von Thymidin in die DNS eingebaut (s. S. 66). Das 2'-Desoxyribonucleotid hemmt die Thymidylat-Synthetase [835]. Das Nucleosid unterliegt der Spaltung durch Pyrimidin-Nucleosid-Phosphorylasen und hemmt so als konkurrierendes Substrat die Aufspaltung von 5-Fluor-2'-desoxyuridin durch diese Enzyme [440]. Das bei der Spaltung entstehende 5-Trifluormethyluracil wird entweder unverändert oder als 5-Carboxyluracil im Urin ausgeschieden [442].

5-Trifluormethyl-2'-desoxyuridin hemmt im Tierversuch verschiedene Transplantations-Tumoren [438]. Gegen Herpes Keratitis ist es wirksamer als 5-Jod-2'-desoxyuridin [544; 456].

1.5. 5-Brom-2'-desoxyuridin, 5-Jod-2'-desoxyuridin

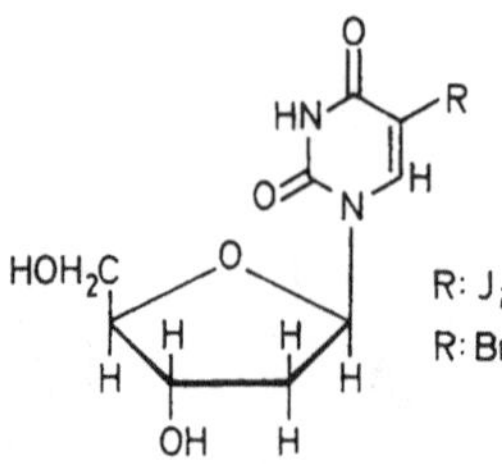

R: J; 5-Jod-2'-desoxyuridin
R: Br; 5-Brom-2'-desoxyuridin

5-Brom- und 5-Jod-2'-desoxyuridin werden auf Grund der Ähnlichkeit der Atom-Radien ihrer Substituenten am C-5 (1,95 Å für Brom und 2,16 Å für Jod) mit dem Radius der Methyl-Gruppe (2,00 Å) in der Zelle wie Thymidin umgesetzt und über dessen anabolen Stoffwechselweg in die DNS eingebaut. Durch die Einführung des Brom- oder Jod-Atoms am C-5 des Uracils wird der pK-Wert von 9,5 auf 8,1 (5-Bromuracil) oder 8,3 (5-Joduracil) gesenkt. Der niedrigere pK-Wert ist eventuell die Ursache für die mutagene Wirkung des 5-Brom- oder 5-Joduracil-Einbaus in die DNS (s. S. 55).

Auf Grund des auf S. 25 beschriebenen Weges für die letale Synthese sind die 2'-Desoxyribonucleoside die im Vergleich zu den freien Basen günstigeren (Bakterien) oder allein wirksamen (Säugerzellen) Applikations-Formen der 5-halogenierten Thymin-Analoga. Um die rasche Nucleosid-Spaltung (s. u.) zu umgehen, sind verschiedentlich auch die entsprechenden 2'-Desoxynucleoside des 5-Brom- oder 5-Jodcytosins angewandt worden, die in der Zelle nicht gespalten und durch Desaminierung in die Uracil-Derivate überführt werden können (s. S. 102).

Der Ersatz des Thymins in der DNS durch die Analoga kann bis zu 100% gehen. Die biologischen Folgen des Ersatzes sind stark abhängig vom Ausmaß und dem biologischen Objekt. Sie bestehen in einer Hemmung der Zellteilung, einer erhöhten Mutationsrate und einer erhöhten Empfindlichkeit gegenüber Strahlen und alkylierenden Agenzien infolge gestörter Reparatur-Prozesse. Auf den Einbau der halogenierten Thymin-Analoga in die DNS, seinen Nachweis und seine biologischen Folgen wird auf den Seiten 49 bis 66 genauer eingegangen (z. B. Mutationen S. 54, Strahlensensibilisierung S. 56).

Die 2'-Desoxyribonucleoside des 5-Brom- oder 5-Joduracils unterliegen im Körper von Mensch und Tier einer sehr raschen und so die Wirksamkeit limitierenden Nucleosid-Spaltung (s. S. 104). Die dabei entstehenden (inaktiven, weil nicht in die DNS eingebauten) Pyrimidin-Basen werden nach enzymatischer Hydrierung der 5,6-Doppelbindung und spontaner Abspaltung von Halogen-Wasserstoff in Uracil überführt, welches dann weiter abgebaut wird (s. S. 102). Wie in Versuchen mit radioaktivem Jod nachgewiesen wurde, führte die Abspaltung von Jodwasserstoff nach Applikation von 5-Jod-2'-desoxyuridin zu einer beträchtlichen Jodierung von Proteinen innerhalb der Zelle [809]. Hierauf muß insbesondere beim analytischen Nachweis des Einbaus von 5-Joduracil in die DNS geachtet werden, der somit eine Trennung von DNS und Proteinen erfordert (da die Jod-Bindung an die Proteinesäure stabil ist, kann diese Trennung durch Extraktion der DNS mit heißer Säure nach SCHNEIDER [893] erfolgen).

Wie an Gewebekulturen beobachtet wurde, kann Resistenz gegen 5-Brom- oder 5-Jod-2'-desoxyuridin durch Verlust der letalen Synthese infolge Fehlens der Thymidin-Kinase auftreten (s. S. 89, Tab. 7, Nr. 26 bis 31.)

Hinsichtlich des Einbaus der halogenierten Thymin-Analoga in verschiedene biologische Objekte sei auf die Tab. 3 und 4 verwiesen. Im Körper von Tier und Mensch kommt infolge des schnellen Abbaus eine Wirkung erst bei sehr hohen Dosen zustande [152; 507; 815]. Am Menschen wurden bei kontinuierlicher Infusion von 5-Jod-2'-desoxyuridin toxische Effekte und nur eine geringe Wirkung auf Tumoren gefunden [152]. Die toxischen Effekte konnten sowohl beim Menschen [150; 686] als auch im Tierversuch (815] durch Thymidin aufgehoben werden. Wegen ihrer hohen Mitoserate bauen verschiedene Normalgewebe wie Knochenmark und Darmepithel die halogenierten Thymin-Analoga schneller in die DNS ein als die meisten Tumorarten. Durch die intensive Zell-Mauserung dieser Gewebe wird die Analoga-haltige DNS aber auch schneller als bei den Tumoren wieder eliminiert. Auf die Bedeutung dieser Tatsache für eine geeignete zeitliche Dosis-Verteilung bei der Applikation der Antimetabolite wird auf S. 114 eingegangen. Über die praktische Ausnutzung der Erhöhung der Strahlensensibilität zur Chemotherapie des Krebses gibt es bisher kaum experimentelle Befunde [62; 63], für die

Klinik fehlen sie ganz. Eine Verbesserung auf diesem Gebiet wird durch die Anwendung von Depot-Formen und die Hemmung des Abbaus (s. S. 105) angestrebt.

Gute Erfolge wurden bei der lokalen Anwendung von 5-Jod-2'-desoxyuridin zur Bekämpfung der Herpes Keratitis erzielt (s. S. 54).

1.6. 5-Chlor-2'-desoxyuridin

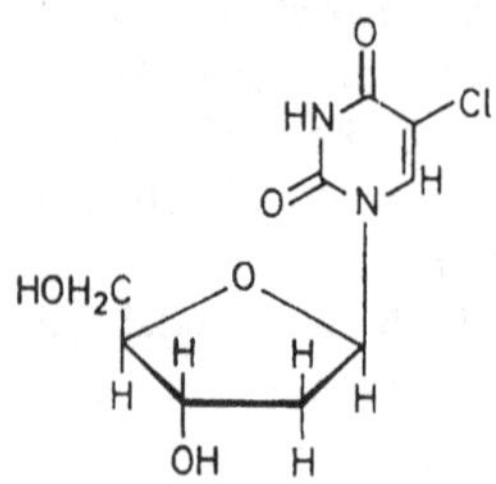

5-Chloruracil wurde neben 5-Brom- und 5-Joduracil bereits sehr früh als Hemmstoff der Bakterien-Vermehrung erkannt [469], ist aber im Gegensatz zu diesen beiden Verbindungen nur wenig untersucht worden. Auf Grund der Größe des Atom-Radius vom Chlor soll 5-Chloruracil sowohl in die DNS als auch in die RNS eingebaut werden (s. S. 80). 5-Chlor-2'-desoxyuridin ist ein Virostaticum [645], hemmt die Vermehrung von *E. coli* stärker als die 2'-Desoxyriboside des 5-Brom- oder 5-Joduracils [1016] und ist auch für die Maus toxischer [62].

1.7. 5-Aminouracil, -ribosid und -2'-desoxyribosid

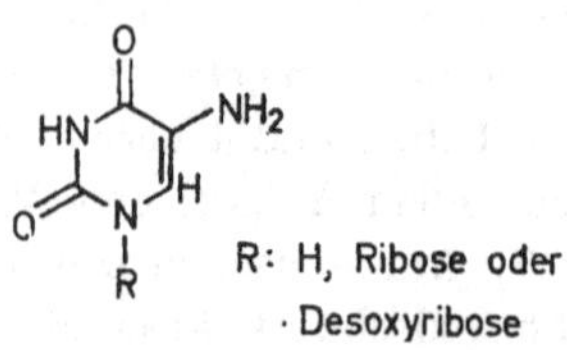

5-Aminouracil ist bereits sehr früh als Hemmstoff der Bakterien-Vermehrung erkannt worden [469]. Später wurden auch das Ribosid [839] und das 2'-Desoxyribosid [339; 520] hergestellt und biochemisch untersucht. Ein Einbau von 5-Aminouracil ist sowohl für die DNS [520] als auch für die RNS [954] beschrieben worden. Das Nucleotid hemmt die Orotidin-5'-phosphat-Decarboxylase [954]. In Ascites-Tumorzellen wurde nach Behandlung mit 5-Aminouridin 5-Aminouridin-5'-diphosphat-Glucose nachgewiesen [954]. 5-Aminouracil wird oft zur Synchronisation von Tier- und Pflanzenzellen in Gewebekulturen verwendet [187; 203; 508; 699; 1029].

1.8. 5-Methylamino-2'-desoxyuridin

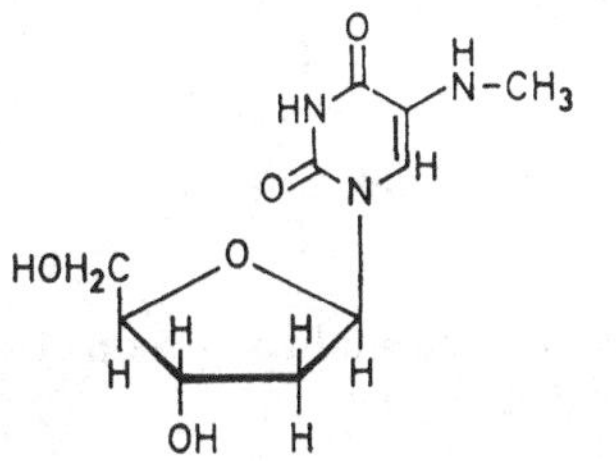

5-Methylamino-2'-desoxyuridin fördert vorübergehend das Wachstum Thymin-auxotropher Coli-Bakterien, führt aber dann zum Zelltod [1017]. Ein Einbau in die DNS wird diskutiert. Die Verbindung hat sich weiterhin als ein sehr gutes Anti-herpes-Mittel mit einer außerordentlich geringen Cytotoxizität erwiesen [263].

1.9. 5-Nitrouracil, -2'-desoxyribosid

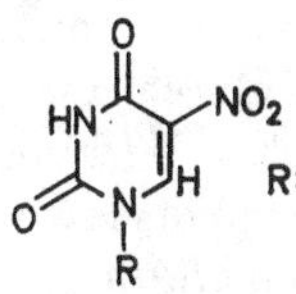

R: H oder Desoxyribose

5-Nitrouracil wurde (zusammen mit 5-Aminouracil und 5-Hydroxyuracil) als Hemmstoff der Bakterien-Vermehrung beschrieben [469]. Mit Hilfe einer Transdesoxyribosylase wurde enzymatisch auch das 2'-Desoxyribosid hergestellt, welches eine starke antivirale Aktivität aufweist [574].

1.10. 5-Hydroxyuracil, -ribosid

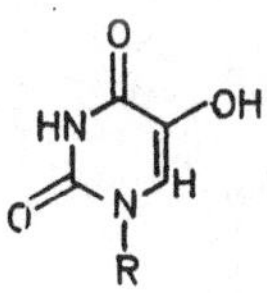

R: H oder Ribose

Das 5-Hydroxyuracil ähnelt in seinen Wirkungen dem 5-Aminouracil. Seine hemmende Wirkung auf die Bakterien-Vermehrung wurde ebenfalls bereits sehr früh beschrieben [469]. Später gelangte dann auch das Ribosid zur Anwendung [50]. Es hemmt nach seiner Phosphorylierung zum Triphosphat die RNS-Polymerase und wird selbst in die RNS eingebaut [853; 955]. In mit 5-Hydroxyuridin in vitro behandelten Ascites-Tumorzellen ist die Orotidin-5'-phosphat-Decarboxylase gehemmt [955]. Außerdem konnte in diesen Zellen 5-Hydroxyuridin-5'-diphosphat-Glucose nachgewiesen werden [955].

1.11. 5-Mercaptouracil

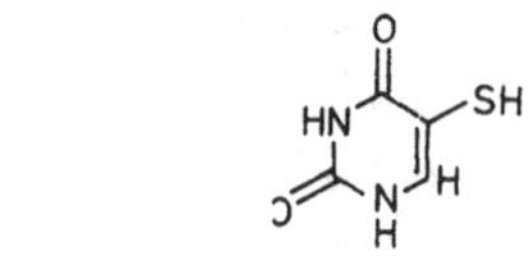

5-Mercaptouracil hemmt die Vermehrung von Bakterien [44] und hat eine schwache cancerostatische Wirkung [8; 45].

1.12. 5-Äthyluracil, -2′-desoxyribosid

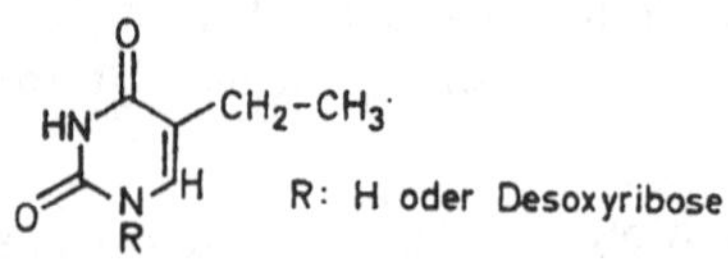

5-Äthyluracil wird von Thymin-auxotrophen Stämmen von *E. coli* in die DNS eingebaut [784]. Der Einbau führt zum Tod durch unreguliertes Wachstum. An autotrophen Stämmen ist diese Verbindung ohne Wirkung. Sie zeigt nur schlechte Substrat-Eigenschaften für die Thymidin-Phosphorylase aus *E. coli* [784]. 5-Äthyl-2′-desoxyuridin wird nach PIETRZYKOWSKA und SHUGAR [786] sehr gut in die DNS von T3-Phagen (gezüchtet auf Thymin-Mangelstämmen von *E. coli*) eingebaut. Dabei resultiert ein Ersatz des Thymins von 66%. Die Phagen weisen eine normale Infektiosität auf. Der T_m-Wert der DNS ist um 4,5° niedriger als der von normaler DNS.

1.13. 5-Allyl-2′-desoxyuridin

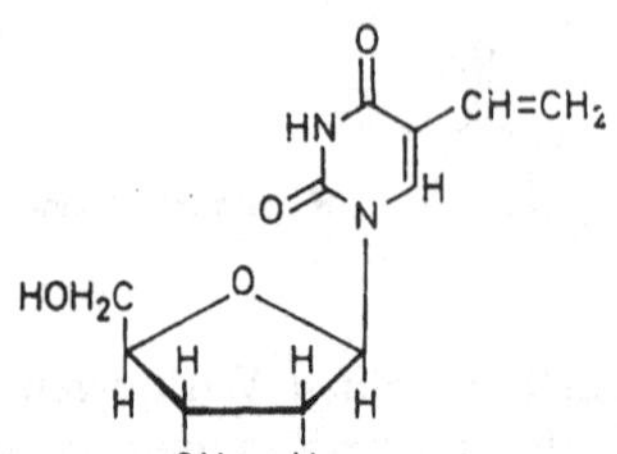

5-Allyl-2′-desoxyuridin zeigt an Pneumococcen-infizierten HeLa-Zellkulturen einen Thymidin und 5-Fluor-2′-desoxyuridin „sparing effect“ und weist sich dadurch als Hemmstoff der Nucleosid-Spaltung aus [703]. α- und β-Form sind gleich aktiv. Außerdem hemmt 5-Allyl-2′-desoxyuridin die Aufspaltung von 5-Fluor-2′-desoxyuridin durch Extrakte aus Ehrlich-Ascites-Tumorzellen [441] (s. auch S. 105).

1.14. Uracil-6-sulfonsäure

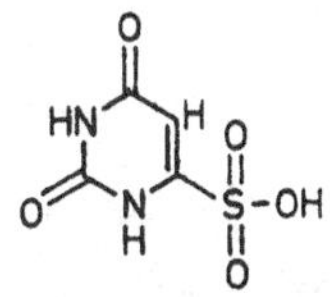

Uracil-6-sulfonsäure hemmt die Orotidin-5'-phosphat-Pyrophosphorylase [471]. Eine ähnliche Wirkung zeigen auch das 6-Uracilsulfonamid und das 6-Uracil-methylsulfon.

1.15. 6-Aminothymin

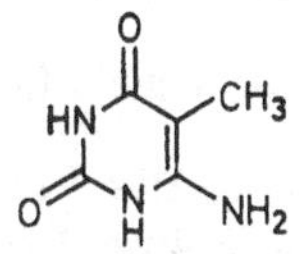

6-Aminothymin hemmt die Thymidin-Phosphorylase [607]. Grundlage der Wirkung ist offenbar eine Verstärkung der Produkt-Hemmung des Thymins durch die 6-Aminosubstitution. Die gleiche Wirkung haben auch die 6-Amino-Derivate der Thymin-Analoga 5-Bromuracil und 5-Joduracil.

1.16. N-Methyluridin

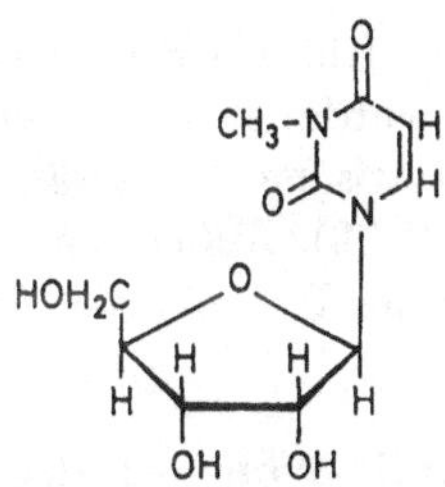

Das Diphosphat des N-Methyluridins ist ein Substrat für die Polynucleotid-Phosphorylase [986]. Das so erhaltene Polynucleotid ist resistent gegen Ribonuclease, wird aber durch Schlangengift-Diesterase gespalten. Es wirkt nicht als Templat für die RNS-Synthese [587] und besitzt keine codierenden Eigenschaften für die Protein-Synthese [1050], wird aber wie Polyuridylsäure an Ribosomen gebunden [984].

1.17. 4-N-Hydroxy-2'-desoxycytidin

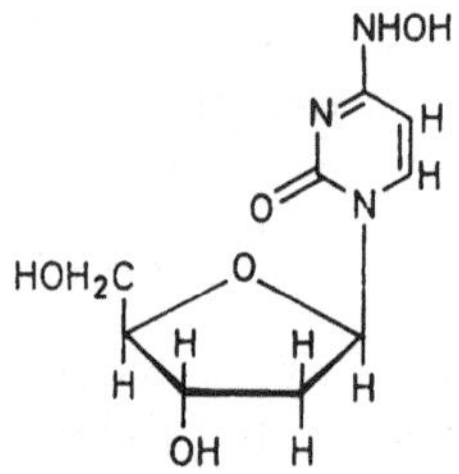

4-N-Hydroxy-2'-desoxycytidin hemmt die Vermehrung von Leukämie-Zellen in Gewebekultur [738]. Es wird dabei durch die Thymidin-Kinase in das Nucleotid überführt, welches die Thymidylat-Synthetase hemmt (kompetitiv mit 2'-Desoxyuridin-5'-phosphat, $\frac{K_m}{K_i} = 4$). Die Verbindung wird sowohl zu Cytosin wie auch Uracil abgebaut. In vivo hemmt sie die Vermehrung der gleichen Leukämie-Zellen nicht, da offenbar die Hemmwirksamkeit zu gering ist.

1.18. 2-Thiouracil

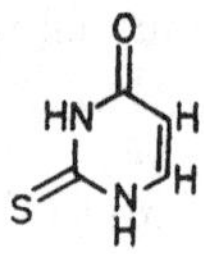

2-Thiouracil wurde bereits sehr früh als Hemmstoff der Bakterien-Vermehrung erkannt [976]. Bereits davor wurde es als Thyreostaticum beschrieben [19].
Die cytostatische und virostatische Aktivität des 2-Thiouracils beruht auf seinem Einbau in die RNS (s. S. 79). Außerdem bewirkt 2-Thiouracil aber auch eine Rückkopplungs-Hemmung der Pyrimidin-Synthese [117].

1.19. Pyrimidin-2-one, -2'-desoxyriboside

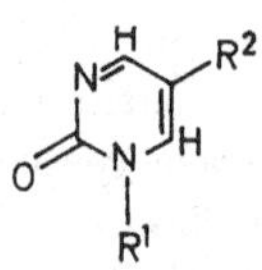

R^1 : H oder Desoxyribose
R^2 : CH_3 ; F

Bekannt sind das Pyrimidin-, das 5-Methylpyrimidin- und das 5-Fluorpyrimidin-2-on und ihre 2'-Desoxyriboside [231; 448; 602]. Sie sind Substrate für die Trans-N-Desoxyribosylase von *Lactobacillus acidophilus*, aber nicht für die Thymidin-Phosphorylase.

1.20. 6-Azauracil, -ribosid

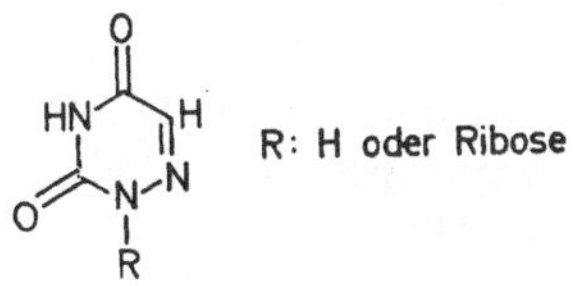

6-Azauridin wird heute in der Klinik zur Behandlung von Leukämien angewandt. Die cytostatischen Eigenschaften der freien Base 6-Azauracil wurden 1956 von Šorm und Mitarbeitern in der ČSSR und Welch und Mitarbeitern in den USA beschrieben [403; 427; 428; 947; 964; 966]. Später erfolgte dann durch die gleichen Arbeitsgruppen die Einführung des Ribosids, welches sowohl chemisch [422] als auch zur Gewinnung größerer Mengen für die praktische Anwendung microbiologisch [161; 942; 943] hergestellt werden kann. Das 6-Azauridin zeigt im Tierversuch eine 6mal höhere cancerostatische Wirkung und eine bessere Verträglichkeit als die freie Base [965]. In der Klinik ist die Anwendung des Nucleosids unumgänglich, da beim Menschen das 6-Azauracil stark neurotoxisch wirkt [174].

6-Azauracil wird in der Zelle durch Phosphorylase-Wirkung zunächst in das Nucleosid überführt, in Ausnahmefällen bei Mikroorganismen auch durch eine Uridin-5'-phosphat-Pyrophosphorylase direkt in das Nucleotid [688; 855]. Das intrazellulär gebildete oder direkt applizierte Nucleosid wird dann durch die Uridin-Kinase [539] zu dem eigentlich wirksamen Nucleotid phosphoryliert.

Die cytostatische Wirkung des 6-Azauridins beruht auf einer Hemmung der Orotidin-5'-phosphat-Decarboxylase durch das 6-Azauridin-5'-phosphat [423]. Die Affinität dieses Nucleotids zu dem Enzym ist nur 10mal höher als die des Substrates. Damit liegen für den Antimetaboliten bei der Konkurrenz mit dem Metaboliten um das Enzym keine besonders günstigen Bedingungen vor. Die Hemmung des Enzyms führt bei Mikroorganismen zur Abgabe von Orotsäure an das Medium [948] und bei Mensch und Tier zur Ausscheidung dieser Verbindung im Urin [76; 393].

6-Azauracil-Verbindungen hemmen außerdem verschiedene andere biochemische Reaktionen, ohne daß dieser Hemmung eine Bedeutung für die cytostatische Wirkung zukommt. So wird die Dihydroorotase durch 6-Azauridin über Rückkopplungs-Regulierung gehemmt [105]. In der gleichen Weise hemmt 6-Azauridin-5'-phosphat die Uridin-Kinase [10]. 6-Azauridin-5'-diphosphat hemmt die Polynucleotid-Phosphorylase [945] und 6-Azauridin-5'-triphosphat hemmt die RNS-Polymerase [356]. Das Triphosphat hemmt weiterhin die Bildung der terminalen Cytidylyl-Cytidylyl-Adenosin-Sequenz an der Transfer-RNS und damit in zellfreien Systemen den Einbau von Aminosäuren in Proteine [528].

6-Azauracil und sein Ribosid unterliegen keinem Abbau, sondern werden im Körper von Mensch und Tier unverändert aber schnell ausgeschieden (etwa vollständig innerhalb von 24 Stunden nach der Applikation [822]).

Resistenz gegen die 6-Azauracil-Verbindungen kann durch Verlust der letalen Synthese (s. S. 89, Tab. 7, Nr. 32), beim Menschen auch durch die Erhöhung der Kapazität der Leukämie-Zellen zur Orotidin-5'-phosphat Decarboxylierung [301 a] auftreten.

Wegen seiner besseren Aufnahme durch das Darmepithel wurde zur oralen Applikation das Triacetyl-6-Azauridin eingeführt, aus dem im Körper das Nucleosid freigesetzt wird [151; 154; 227].

Wie bereits erwähnt, hat sich 6-Azauracil in der Klinik als neurotoxisch erwiesen. 6-Azauridin zeigt diese Eigenschaft offenbar deshalb nicht, weil es die Blut-Liquor-Schranke nur schlecht passiert. Es wirkt ebenfalls neurotoxisch, wenn es direkt in die Hirn-Ventrikel injiziert wird [510].

Als Hemmstoff der deNovo Pyrimidin-Synthese wirkt 6-Azauridin beim Menschen auf leukämische Zellen besser ein als auf normale Leukozyten, da letztere ihren Bedarf an Pyrimidinen auch über den „salvage pathway" decken können (s. S. 112). Die hierauf beruhende partielle Selektivität der Wirkung des 6-Azauridins gegen Krebszellen hat zu seiner klinischen Anwendung in der Krebstherapie geführt [24; 227; 377; 1057]. Außerdem ist es gegen Psoriasis wirksam [154]. Zu einem geeigneten Zeitpunkt angewandt, unterbricht 6-Azauridin die Schwangerschaft (Versuche an der Maus [172; 825; 869]).

1.21. 5-Azauracil

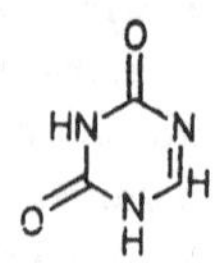

Im Gegensatz zu 6-Azauracil hat 5-Azauracil keine praktische Bedeutung erlangt. Es hemmt das Wachstum von *E. coli*, ist instabil und wird unter Ringspaltung zersetzt. Das dabei entstehende Formylbiuret ist ein Hemmstoff der Dihydroorotase [190] und daher offenbar die eigentlich wirksame Verbindung. Da 5-Azauracil in *E. coli* schnell ribosidiert und das so entstandene Nucleosid phosphoryliert wird, können hier auch 5-Azauridin, Ribosyl-N-Formyl-biuret und Ribosyl-biuret, sowie deren 5'-phosphorylierte Derivate nachgewiesen werden [191; 192; 193; 944].

1.22. 6-Azacytidin

Die Wirkung des 6-Azacytidin beruht offenbar auf seiner intrazellulären Desaminierung zu 6-Azauridin [107; 426; 509; 651]. Die Ausscheidung aus dem Körper erfolgt ebenso schnell wie beim 6-Azauridin [751]. Für die praktische An-

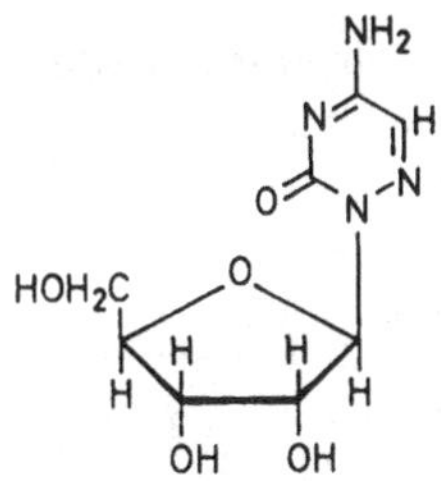

wendung bringt 6-Azacytidin keine Vorteile gegenüber 6-Azauridin (mit eventueller Ausnahme bestimmter Fälle von Resistenz gegen 6-Azauridin, s. S. 92). 6-Aza-2'-desoxycytidin-5'-phosphat aktiviert in regulativer Weise die 2'-Desoxycytidin-5'-phosphat-Desaminase (s. S. 46).

1.23. 5-Azacytidin

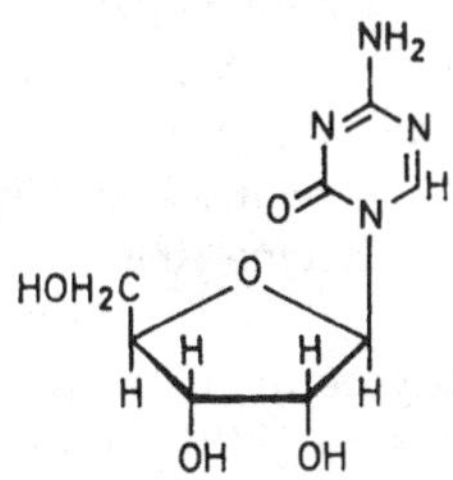

5-Azacytidin wird in die DNS und RNS eingebaut und bewirkt dann durch seinen spontanen Zerfall Störungen in der Funktion dieser Nucleinsäuren (s. S. 66 und 80). Der Einbau in die DNS weist darauf hin, daß die 5-Azacytosin-Nucleotide analog zu den Cytosin-Nucleotiden in der Zelle zu den 2'-Desoxyribonucleotiden reduziert werden können. 5-Aza-2'-desoxycytidin ist unwirksam, da es offenbar nicht phosphoryliert werden kann [341].

5-Azacytidin wird bei der Maus in den ersten 24 Stunden nach der Applikation zu etwa 60% ausgeschieden (also etwas langsamer als 6-Azauridin, welches in dieser Zeit fast völlig ausgeschieden wird). Daneben kommt es ähnlich wie bei der Applikation von 6-Azauridin zu einer Ausscheidung von Orotsäure im Urin, was auf eine Hemmung der Orotidin-5'-phosphat-Decarboxylase hinweist [822].

5-Azacytidin hemmt lymphoide Leukämien der Maus [967]. Die Tumorzellen können jedoch sehr schnell resistent gegen diese Verbindungen werden [1015], ohne daß bisher die genaue biochemische Ursache erkannt wurde, jedoch ist der Einbau in die RNS bei den resistenten Zellen geringer [198]. 5-Azacytidin unterbricht bei der Maus, ähnlich wie 6-Azauridin, zu einem bestimmten Zeitpunkt die Schwangerschaft ohne schädliche Begleiterscheinungen [983].

Da die Untersuchungen über 5-Azacytidin erst vor relativ kurzer Zeit begonnen haben, kann eine Bewertung des Nutzens dieser Verbindung noch nicht gegeben werden.

1.24. 6-Azathymin, -2′-desoxyribosid

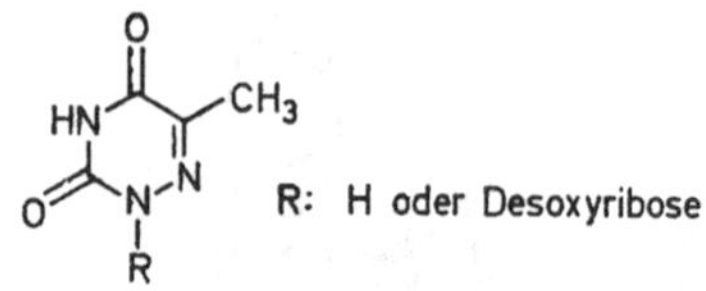

6-Azathymin wurde bereits sehr früh als Hemmstoff für das Bakterien-Wachstum entdeckt [280; 806; 807; 817]. Es kann anstelle von Thymin in die DNS eingebaut werden (s. S. 66). Dieser Einbau soll aber nicht die Ursache der wachstumshemmenden Wirkung sein [806; 807]. Die genauen biochemischen Grundlagen der Hemmung sind noch unbekannt. Bei Tumor- und Knochenmarkzellen in vitro hemmt 6-Azathymidin den Einbau verschiedener radioaktiver Precursoren in die DNS [406; 808; 816]. 6-Azathymin ist dagegen inaktiv (mangelnde letale Synthese). Am gleichen Objekt wurde gefunden [808], daß ein Antagonismus zwischen 6-Azathymidin und Thymidin besteht. Dabei ist das 6-Azathymidin in der Affinität zu bestimmten Enzymen dem Thymidin offenbar weit unterlegen, da es nur bei einem mehr als 1000fachen Überschuß über Thymidin hemmt. So hat 6-Azathymidin zur Thymidin-Kinase z. B. eine 100mal geringere Affinität als Thymidin [108].

An der Maus hemmt 6-Azathymin den Abbau von Uracil, welches in großen Mengen im Urin ausgeschieden wird [813]. Das gleiche gilt für den Abbau von 5-Fluoruracil [729]. 6-Azathymin kann in den Geweben der Maus zu 5-Hydroxymethyl-6-azauracil umgewandelt werden [346].

Wegen seiner geringen Affinität zu den Enzymen des Nucleinsäure-Stoffwechsels und den damit verbundenen geringen Hemmeigenschaften kommt dem 6-Azathymin oder 6-Azathymidin keine praktische Bedeutung zu.

1.25. 5-Azaorotat

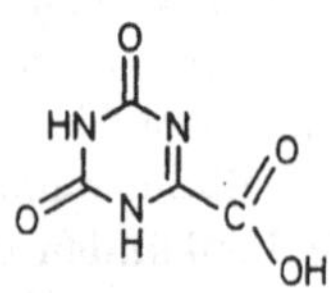

5-Azaorotat hemmt die Orotidin-5′-phosphat-Pyrophosphorylase [424]. Die Umwandlung von exogenem Orotat und ihre Hemmung findet hauptsächlich in der Leber statt [379]. Beim Hund führt die Anwendung von 5-Azaorotat zu Schäden in der Niere durch Kristallablagerung [379].

2. Unnatürliche Purin-Derivate

2.1. 6-Mercaptopurin

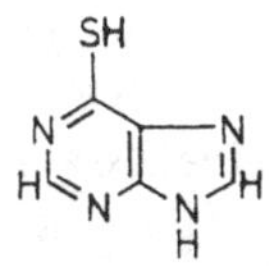

6-Mercaptopurin ist die einzige Purin-analoge Verbindung, die sich im großen Umfang als Cancerostaticum bewährt hat. Es wurde im Rahmen eines ausführlichen Programms [838] zur Gewinnung von Purin-Antagonisten von HITCHINGS und ELION hergestellt und gelangte 1951 zur ersten Testung (Beschreibung der Synthese [275]). Die ersten klinischen Befunde wurden 1953 mitgeteilt [145]. Über die frühen Untersuchungen mit 6-Mercaptopurin wurde auf einem Symposium in New York 1954 eine Übersicht gegeben [714].

6-Mercaptopurin ist im engeren Sinne ein Analoges des Hypoxanthins, kann aber in einigen Reaktionen auch als Analoges des Adenins wirken. Es wird durch die Inosin-5'-phosphat-Pyrophosphorylase in das wirksame Nucleotid überführt [167; 664; 770; 1035].

Der Hemmwirkung des 6-Mercaptopurin-Nucleotids liegen zwei verschiedene Mechanismen zugrunde: Eine Rückkopplungs-Hemmung des ersten Enzyms der Purin-Synthese (s. S. 43 und Tab. 2, Nr. 2) und die Hemmung der Umwandlung von Inosin-5'-phosphat in Adenosin-5'-phosphat oder Guanosin-5'-phosphat (s. S. 36, Tab. 1, Nr. 1 bis 3). Die Rückkopplungs-Hemmung ist nach Ansicht von BENNETT und Mitarbeitern [55] die „primary site" der 6-Mercaptopurin-Wirkung, nach Meinung von SALSER und BALIS [866] ist dagegen zumindest für die partielle Selektivität gegen Tumorgewebe die Hemmung der Umwandlung von Inosin-5'-phosphat in die beiden anderen Purin-Nucleotide wichtig (s. S. 43). Infolge der Einwirkung von 6-Mercaptopurin sinkt der Gehalt der Zelle an Adenin- und Guanin-Nucleotiden stark ab, so daß schließlich eine Hemmung der Nucleinsäure-Synthese resultiert [733].

Das Ribonucleosid des 6-Mercaptopurins zeigt keine größere Wirksamkeit als die freie Base. Da es keine Inosin-Kinase gibt [53], beruht die Wirksamkeit des Nucleosids auf seiner Spaltung und nachfolgender Reaktion des 6-Mercaptopurins mit 5-Phosphoribosylpyrophosphat zum Nucleotid.

6-Mercaptopurin wird nicht in die Nucleinsäuren eingebaut, kann aber intrazellulär in 6-Thioguanin umgewandelt und als solches in die DNS eingebaut werden [882].

6-Mercaptopurin zeigt eine Reihe weiterer biochemischer Wirkungen, die offenbar nicht für die cytostatische Wirkung verantwortlich sind. So hemmt es die Polynucleotid-Phosphorylase [162]. Es hemmt die Bildung von Nicotinsäureamid-Dinucleotid [22; 104; 158] und kann in dieses Molekül anstelle des Adenin eingebaut werden [21; 22]. Das dabei entstehende Produkt zeigt in zahlreichen Dehydrierungs-Reaktionen (z. B. bei der Alkohol-Dehydrogenase-Reaktion) eine fast normale Coenzym-Wirkung [22; 779]. 6-Mercaptopurin-ribosid-5'-triphosphat ist ein Substrat der Hexokinase [22]. 6-Mercaptopurin hemmt das Formiat-aktivierende Enzym [1010] und die Inosin-Phosphorylase [1004].

Der Abbau des 6-Mercaptopurins erfolgt durch Oxydation durch die Xanthin-Oxydase zu 6-Thioharnsäure [60; 924; 1008], welche im Harn ausgeschieden wird [274; 411]. Daneben erfolgt auch eine Desulfurierung [165; 274; 411] zu Hypoxanthin. Pyrazolo-hypoxanthin, ein Hemmstoff der Xanthin-Oxydase, potenziert die cancerostatische Wirkung des 6-Mercaptopurins (s. S. 101).

6-Mercaptopurin-ribosid-5'-phosphat kann intrazellulär mit Hilfe von S-Adenosyl-methionin in 6-Methylmercaptopurin-ribosid-5'-phosphat umgewandelt werden [7].

Die Resistenz gegen 6-Mercaptopurin beruht vorwiegend auf dem Verlust der Inosin-5'-phosphat-Pyrophosphorylase und dem damit verbundenen Ausfall der letalen Synthese (s. S. 88, Tab. 7, Nr. 1 bis 7). Auf die Möglichkeiten, diese Art von Resistenz durch Gabe von Bis-(Thioinosin)-5'-5''-phosphat [717] oder 6-Methylmercaptopurin-ribosid [53] zu umgehen, ist auf S. 91 ausführlicher hingewiesen.

Von Paterson [771; 772; 773; 774] wurde ein Stamm des Ehrlich-Ascites-Carcinoms isoliert, dessen Resistenz offenbar darauf beruht, daß 6-Mercaptopurin nicht in die Zelle penetrieren kann.

6-Mercaptopurin hat sich im Tierversuch als Cancerostaticum mit sehr gutem therapeutischen Index erwiesen [z. B. 199; 200; 276; 368; 369; 452; 616; 781; 885; 886; 932; 933; 937]. Auch in der Klinik wird es zur Chemotherapie des Krebses angewandt [z. B. 142; 143; 145; 155; 273; 289; 732; 980]. 6-Mercaptopurin ist ein starker Hemmstoff immunologischer Abwehrreaktionen (z. B. 59; 458; 556; 597; 735; 785; 900; 901; 902; 973].

Das 6-Mercaptopurin-Molekül ist vielfach chemisch variiert worden, ohne daß dabei entscheidende Verbesserungen in der Wirksamkeit erreicht wurden. So wurden Derivate hergestellt, in denen der Schwefel mit Valeriansäure [329] oder Buttersäure [514] verbunden ist. Derartige Verbindungen sind selbst ohne Wirkung, kommen aber als Depot-Formen in Frage, da das 6-Mercaptopurin aus ihnen freigesetzt werden kann. Durch Einführung von Alkyl-Resten am N-9 des 6-Mercaptopurins wurde angestrebt zu direkt wirksamen Verbindungen zu gelangen [431 ;432; 547]. Trotzdem in einigen Versuchen eine Wirksamkeit sogar gegen 6-Mercaptopurin-resistente Zellstämme gefunden wurde [547], scheinen diese Verbindungen im allgemeinen doch der Umwandlung in 6-Mercaptopurin zu bedürfen, ehe sie wirksam werden [432]. Dagegen zeigte das 9-(Tetrahydro-2-furyl)-Derivat des 6-Mercaptopurins im Tierversuch mit Transplantations-Tumoren einen besseren therapeutischen Index als das 6-Mercaptopurin selbst [490]. Enzymatisch wurde das 6-Mercaptopurin-2'-desoxyribonucleosid hergestellt, ohne daß Angaben über seine biologische Aktivität gemacht wurden [334]. 3-Deaza- und 4-Deaza-6-Mercaptopurin sind inaktiv [718]. 6-Selenopurin erwies sich als chemisch instabil und daher als ungeeignet für eine praktische Anwendung [506]. Auf das 6-Mercaptopurin-arabinosid wird auf S. 148 genauer eingegangen.

2.2. 6-Thioguanin

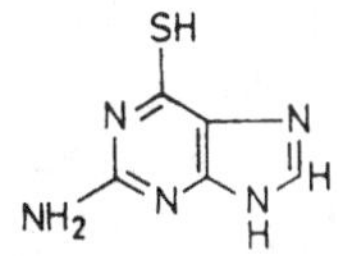

6-Thioguanin wurde zusammen mit dem 6-Mercaptopurin entwickelt [466] und zeigt eine ähnliche cancerostatische Wirkung. In der Praxis hat es nie eine wesentliche Bedeutung erlangt, wenn auch offenbar aus keinem anderen Grunde als daß es nicht besser ist als 6-Mercaptopurin [146; 304] und auf 6-Mercaptopurin-resistente Tumoren keine Wirkung hat [732].

6-Thioguanin wird in der Zelle durch Reaktion mit 5-Phosphoribosylpyrophosphat in das Nucleotid überführt. Neben der freien Base wird auch das Ribonucleosid und das 2'-Desoxyribonucleosid [73; 498] angewandt. Eine Besonderheit ist, daß hier auch dem α-Nucleosid eine Wirksamkeit zukommt [632; 634; 498] (s. S. 22).

Das Nucleotid des 6-Thioguanins hemmt wie das des 6-Mercaptopurins durch Rückkopplungs-Wirkung das erste Enzym der Purin-Synthese (s. S. 44, Tab. 2, Nr. 4 und S. 43). Nach Ansicht von LePage und Mitarbeitern beruht die cancerostatische Wirkung des 6-Thioguanins jedoch auf seinen Einbau in die DNS (s. S. 68).

6-Thioguanosin-5'-triphosphat vermag Guanosin-5'-triphosphat in seiner Funktion bei der Protein-Synthese zu ersetzen [852].

6-Thioguanin kann in der Zelle aus 6-Mercaptopurin gebildet werden [882].Der Abbau des 6-Thioguanins erfolgt umgekehrt über die Desaminierung und Oxydation zu 6-Thioharnsäure [684; 723].

Die Resistenz gegen 6-Thioguanin beruht vorwiegend auf dem Verlust der Guanosin-5'-phosphat-Pyrophosphorylase und dem damit verbundenen Ausfall der letalen Synthese (s. S. 88, Tab. 7, Nr. 8). Außerdem kommt als Ursache auch ein verstärkter Abbau vor [72; 879; 1010].

Wegen seines unterschiedlichen Stoffwechselschicksals in beiden Geweben [684] schädigt 6-Thioguanin das Knochenmark stärker als das Darmepithel [723; 780; 781] (Unterschied zu 6-Mercaptopurin).

2.3. 6-Chlorpurin

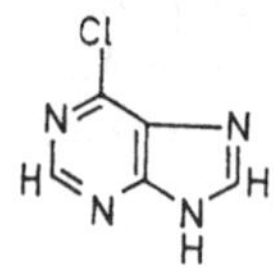

6-Chlorpurin wird intrazellulär durch Umsatz mit 5-Phosphoribosylpyrophosphat in das Nucleotid überführt [417]. Untersuchungen an Tumorzellen über den Einbau verschiedener radioaktiver Precursoren in die Purin-Nucleotide ergaben, daß 6-Chlorpurin den Einbau in die Guanin-Nucleotide, nicht aber in die Adenin-Nucleotide hemmt [873; 874; 928]. Der Einbau von exogenem Guanin in die Nucleinsäuren ist dabei kompensatorisch erhöht [873]. Die biochemische Grundlage dieser Befunde sowie der cytostatischen Wirkung des 6-Chlorpurins ist die Hemmung der Inosin-5'-phosphat-Dehydrogenase durch das 6-Chlorpurin-Nucleotid [415].

6-Chlorpurin wird durch die Adenosin-Desaminase zu Hypoxanthin dehalogeniert [219]. Es wird weiterhin durch die Xanthin-Oxydase zu 6-Chlorharnsäure oxydiert [257; 259]. 6-Chlorpurin wird von der Ratte innerhalb von 24 Stunden nach der Applikation zu etwa 50% im Urin ausgeschieden (z. T. unverändert, oder als 6-Chlorharnsäure und als ein dehalogeniertes Produkt) [258].

6-Chlorpurin hemmt im Tierexperiment das Wachstum verschiedener Transplantations-Tumoren [872; 874; 875]. Auch in der Klinik hat es sich in gewissem Umfang bewährt, wird aber — ähnlich wie das 6-Thioguanin — offenbar deswegen nicht häufiger angewandt, weil es gegenüber dem 6-Mercaptopurin keine Vorteile mit sich bringt [146; 287; 289; 304; 732].

2.4. 6-Methylpurin

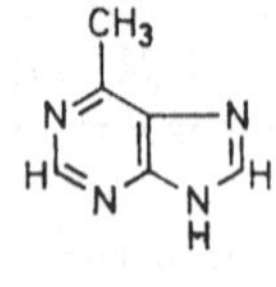

6-Methylpurin hemmt die Vermehrung von Mikroorganismen [245; 711]. Dabei greift es auch in Reaktionen ein, die nicht im Nucleinsäure-Stoffwechsel liegen [245]. Gemessen an der Aktivität im Tierversuch gegen das Carcinom 755 der Maus zeigt es keine cancerostatische Wirkung [885].

2.5. 6-N-Hydroxylaminopurin

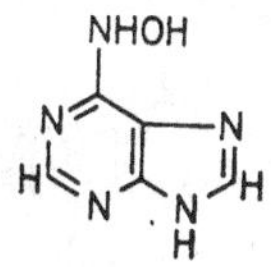

6-N-Hydroxylaminopurin hemmt an Sarcom 170-Asciteszellen den Einbau von Glycin, Hypoxanthin und Adenin in die Nucleinsäuren [871]. Es wird in das Nucleotid überführt. Das Ribosid hemmt im Tierversuch das Wachstum von Leukämien, nicht aber von soliden Tumoren [138; 353].

2.6. 2-Fluoradenin

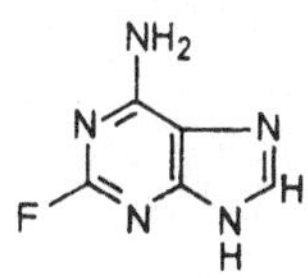

2-Fluoradenin wird in der Zelle durch Umsatz mit 5-Phosphoribosylpyrophosphat in das Nucleotid überführt [851], welches dann weiter zu den Di- und Triphosphaten phosphoryliert wird [915]. 2-Fluoradenosin-5'-triphosphat hemmt die RNS-Polymerase und wird eventuell selbst in die RNS eingebaut [915]. 2-Fluoradenosin bewirkt in Zellen vom Menschen in vitro eine Rückkopplungs-Hemmung der Purin-Synthese [54].

2.7. 2-Aminopurin

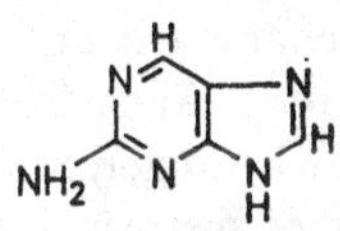

2-Aminopurin wird in die DNS eingebaut. Auf diesen Einbau und seine Folgen wird auf S. 67 genauer eingegangen. Das 2-Aminopurin-2'-desoxyribosid hemmt die DNS-Synthese [330] und ist ein starker Hemmstoff für die Adenosin-Desaminase [330].

2.8. 2,6-Diaminopurin

2,6-Diaminopurin war eine der ersten Purin-analogen Verbindungen, für die eine Hemmwirkung im Bakterien-Wachstumstest entdeckt wurde [468]. Um so erstaunlicher ist es, daß die biochemischen Grundlagen der Wirkung bis heute noch nicht genau bekannt sind.

2,6-Diaminopurin wird durch die Adenosin-5'-phosphat-Pyrophosphorylase in das Nucleotid überführt [1035]. Das Nucleotid kann dann weiter zu den Di-

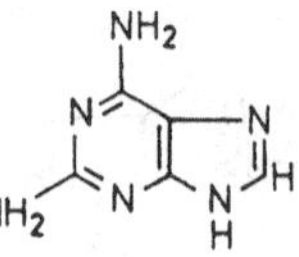

und Triphosphaten phosphoryliert werden [1034]. Die Hemmeigenschaften des 2,6-Diaminopurins beruhen wahrscheinlich auf der Konkurrenz der 2,6-Diamino-purin-Nucleotide mit den Adenin-Nucleotiden in bestimmten Reaktionen (so ist die Hemmung im allgemeinen durch Adenin aufhebbar [z. B. 77; 278; 730]).

Bei Bakterien wurde eine Rückkopplungs-Hemmung des 2,6-Diaminopurins auf die Purin-Synthese beobachtet [374]. 2,6-Diaminopurin kann das Adenin im Nicotinsäureamid-Adenin-Dinucleotid ersetzen [1051] und in das Vitamin B_{12} eingebaut werden [320].

2,6-Diaminopurin wird durch die Adenosin-Desaminase zu Guanin desaminiert und als solches in die Nucleinsäuren eingebaut [43; 51; 52; 56; 282; 549]. Es kann weiterhin durch die Xanthin-Oxydase zu 8-Hydroxy-2,6-diaminopurin oxydiert werden [1067]. Durch Enzyme aus *E. coli* wird 2,6-Diaminopurin zu 2-Methyl-amino-6-aminopurin methyliert [833].

Resistenz gegen 2,6-Diaminopurin kann durch Verlust der letalen Synthese infolge Ausfalls der Adenosin-5'-phosphat-Pyrophosphorylase auftreten (s. Tab. 7, S. 88, Nr. 17 bis 20 und S. 90).

2,6-Diaminopurin hemmt die Vermehrung von Polio-Virus [730]. An Gewebe-kulturen zeigt die Verbindung eine gewisse Selektivität der Wirkung auf Sarcom-Zellen im Vergleich zu embryonalen Zellen [77]. In Versuchen an Mäusen konnte bei lymphoiden Leukämien eine Verlängerung der Überlebenszeit durch 2,6-Diaminopurin erreicht werden [136; 140]. Die Verbindung zeigt jedoch schwere toxische Wirkungen auf das Knochenmark und das Darmepithel bei Ratten und Hunden [783] sowie Schweinen [158]. Auch in der Klinik hat sich 2,6-Diamino-purin wegen der toxischen Nebenwirkungen nicht bewährt und ist nach FARBER und Mitarbeitern [304] „now only of historical interest".

2.9. Pyrazolo [3.4-d]pyrimidine

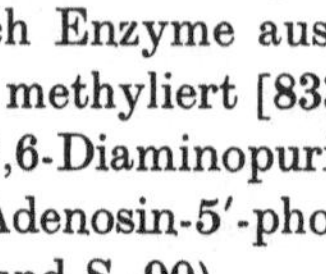

R: OH Pyrazolo-hypoxanthin
R: NH2 Pyrazolo-adenin

Die beiden Pyrazolo-Verbindungen von praktischer Bedeutung sind das Pyr-azolo-adenin und das Pyrazolo-hypoxanthin. Sie werden in der Zelle durch Umsatz mit 5-Phosphoribosylpyrophosphat in die Nucleotide überführt

[851; 1035], die weiter zu den Di- und Triphosphaten phosphoryliert werden können [1034].

Pyrazolo-adenin hemmt in Säugergeweben und Tumoren den Einbau verschiedener radioaktiver Precursoren in die Nucleinsäuren [57; 91; 454]. Es bewirkt eine Rückkopplungs-Hemmung des ersten Enzyms der Purin-Synthese [57; 91; 701]. Der cytostatischen Wirkung des Pyrazolo-adenins müssen jedoch auch noch andere, bisher unbekannte biochemische Wirkungen zugrunde liegen, da die Rückkopplungs-Hemmung auch durch Pyrazolo-hypoxanthin bewirkt wird [701], welches aber keine cytostatische Wirkung zeigt [6; 586].

Pyrazolo-adenin kann durch die Adenosin-Desaminase zum Hypoxanthin-Derivat desaminiert werden [309]. Beide Verbindungen sind Substrate und Hemmstoffe der Xanthin-Oxydase. Hierauf sowie auf die Anwendung von Pyrazolo-hypoxanthin zur Potenzierung der cancerostatischen Wirkung des 6-Mercaptopurins und des 6-Chlorpurins und zur Behandlung der Gicht wird auf S. 101 genauer eingegangen.

Pyrazolo-adenin wird bei der Maus innerhalb von 24 Stunden nach der Applikation zu etwa 50% im Urin ausgeschieden [453].

In Gewebekulturen zeigte das Pyrazolo-adenin auf HeLa-Zellen und Adenocarcinom-Zellen eine stärkere Hemmwirkung als auf Zellen aus Normalgeweben [483]. Im Tierexperiment hemmt es das Wachstum bestimmter Transplantations-Tumore [452; 934; 935]. Eine Bedeutung als Cancerostaticum in der Klinik hat das Pyrazolo-adenin — offenbar auf Grund seiner hohen Toxizität [553; 885] — nicht erlangt.

2.10. Tubercidin (7-Deazaadenosin)

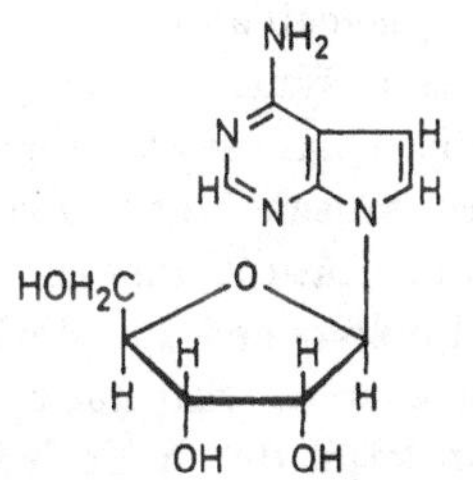

Tubercidin ist ein Antibioticum aus *Streptomyces tubercidicus*. Es wird intrazellulär in das Mono-, Di- und Triphosphat überführt [4] und in die DNS und RNS eingebaut (s. S. 80). Außerdem zeigt es an Zellen des Menschen in vitro eine Rückkopplungs-Hemmung der Purin-Synthese [54]. Bei *Streptococcus faecalis* soll Tubercidin nicht über eine Hemmung der Nucleinsäure-Synthese, sondern durch eine Störung des Energie-Stoffwechsels wirken [87].

2.11. 8-Azaguanin

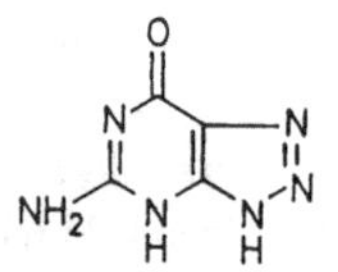

8-Azaguanin wurde bereits 1945 als Hemmstoff des Wachstums von *E. coli* erkannt [840]. Untersuchungen von Kidder und Mitarbeitern [549; 821] an *Tetrahymena gelii* und Skipper und Mitarbeitern [713] an Tumoren führten zu Ergebnissen, die auf den Einbau von 8-Azaguanin in die Nucleinsäuren hinwiesen. 8-Azaguanin war damit die erste unnatürliche Base, deren Einbau in die Nucleinsäuren beobachtet wurde.

8-Azaguanin wird durch die Guanosin-5'-phosphat-Pyrophosphorylase in das Nucleotid überführt, welches dann weiter zum Triphosphat phosphoryliert wird. 8-Azaguanosin-5'-triphosphat kann Guanosin-5'-phosphat im zellfreien RNS-Polymerase-System ersetzen [521]. Auf die Folgen des Einbaus von 8-Azaguanin in die RNS wird auf S. 77 genauer eingegangen. In die DNS wird 8-Azaguanin, wenn überhaupt, so nur in sehr geringen Mengen eingebaut (z. B. [957]). 8-Azaguanosin-5'-diphosphat ist ein Substrat für die Polynucleotid-Phosphorylase [637a].

8-Azaguanosin-5'-phosphat bewirkt eine Rückkopplungs-Hemmung des ersten Enzyms der Purin-Synthese [701; 702] (s. S. 44, Tab. 2, Nr. 7).

In verschiedenen biochemischen Reaktionen kann Guanosin-5'-triphosphat durch 8-Azaguanosin-5'-triphosphat bedingt oder vollwertig ersetzt werden. Dazu gehören die Bildung von Adenylsuccinat [204], Succinyl-Coenzym A [117] und Oxalacetat [117] sowie die Protein-Synthese [852].

8-Azaguanin wird durch die Guanase zu dem unwirksamen 8-Azaxanthin desaminiert, welches das Hauptauscheidungs-Produkt darstellt. Bei Tumoren entscheidet die Desaminase-Kapazität oft über die Wirksamkeit des 8-Azaguanins (s. S. 97). Auf den Abbau und Versuche, die Wirkung von 8-Azaguanin durch Hemmung des Abbaus zu potenzieren, wird auf S. 100 genauer eingegangen.

Resistenz gegen 8-Azaguanin kann durch Verlust der letalen Synthese infolge Ausfalls der Guanosin-5'-phosphat-Pyrophosphorylase auftreten (s. Tab. 7, S. 88, Nr. 9 bis 14).

8-Azaguanin ist ein starker Hemmstoff für immunologische Abwehrreaktionen [59; 266; 675; 735; 795].

8-Azaguanin hemmt die Vermehrung von Viren [692; 693; 694; 957], von Mikroorganismen [447; 523; 676; 844; 957; 971; 993] und von Zellen in Gewebekulturen [836; 844; 988; 991; 993; 1084]. Tierexperimentelle Untersuchungen über die Wirkung von 8-Azaguanin auf Tumoren (z. B. 350; 361; 369; 550; 579; 612; 720; 885; 910; 932; 936; 978] haben insbesondere wegen des geringen therapeutischen Index [885] keine günstigen Ergebnisse erbracht. Auch in den wenigen

Fällen einer Anwendung beim Menschen [209; 210; 304; 977] hat sich 8-Azaguanin nicht als zur Chemotherapie des Krebses geeignet erwiesen. Offenbar wird eine partielle Selektivität gegen Tumorzellen durch die mit dem Einbau in die RNS verbundene starke Einwirkung auf die Protein-Synthese verhindert.

2.12. 3-Isoadenosin (3-β-D-Ribofuranosyl-adenin)

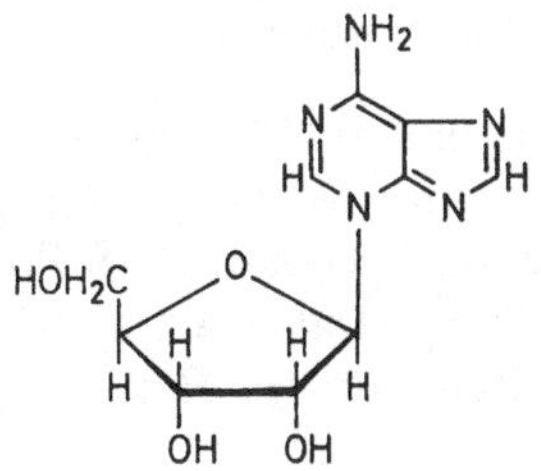

3-Isoadenin und seine Nucleotide sind vor allem auch in Hinsicht auf ihre Wirkung im Energie-Stoffwechsel untersucht worden. Das Triphosphat ist wirksam im Myokinase-, Hexokinase- und Luciferin-Luciferase-Test [625]. 3-Isoadenosin kann das Adenosin im Nicotinamid-Adenin-Dinucleotid ersetzen. Das so veränderte Coenzym zeigt in verschiedenen Dehydrogenase-Systemen von 6% bis 140% der Wirksamkeit des normalen Coenzyms [625]. 3-Isoadenosin-5'-diphosphat wird durch Polynucleotid-Phosphorylase zu Poly-3-Isoadenylsäure polymerisiert, welche in zellfreien Protein-Synthese-Systemen keine codierenden Eigenschaften aufweist [709]. 3-Isoadenosin wird durch die Adenosin-Desaminase desaminiert [1061]. 3-Isoadenosin hemmt die Vermehrung von Bakterien und Zellen in Gewebekultur [352].

2.13. Adenosin-5'-sulfato-pyrophosphat

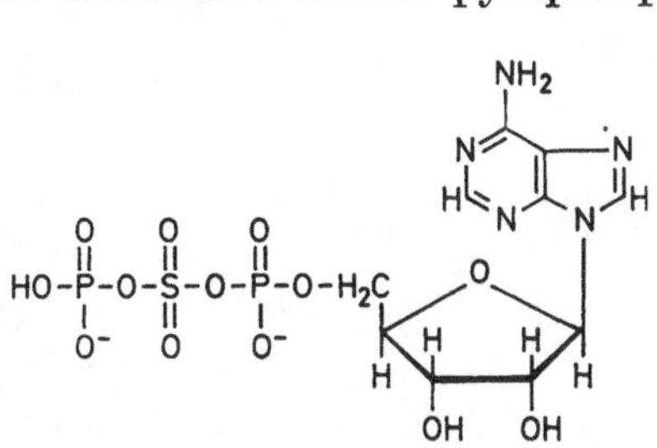

Adenosin-5'-sulfato-pyrophosphat ist ein Analoges zum Adenosin-5'-triphosphat. Es wird durch Schlangengift unter Bildung von Phosphosulfat gespalten, nicht aber durch alkalische Phosphatase [1073]. Unter bestimmten Bedingungen hemmt es die Adenosin-5'-triphosphat-Wirkung auf Myosin, Actomyosin und Muskelfasern [1074]. Wirkungen auf den Nucleinsäure-Stoffwechsel sind noch nicht beschrieben worden.

2.14. Adenosin- und Guanosin-5'-[methylendiphosphonyl]phosphat

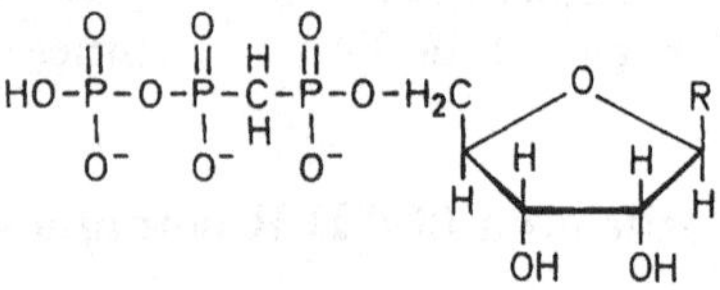

R: Adenin oder Guanin

Das Adenosin-Derivat hemmt die Polynucleotid-Phosphorylase [927]. Adenyl-5'-methylphosphonat ist ohne Wirkung. Adenosin-5'-[methylendiphosphonyl]phosphat kann weiterhin im isolierten RNS-Polymerase-System das Adenosin-5'-triphosphat ersetzen [928]. Das Guanosin-Derivat hemmt Guanosin-5'-triphosphat-abhängige Reaktionen bei der Protein-Synthese [459].

3. Purin- und Pyrimidin-Nucleoside mit unnatürlicher Zuckerkomponente

3.1. Arabinosyl-Nucleoside

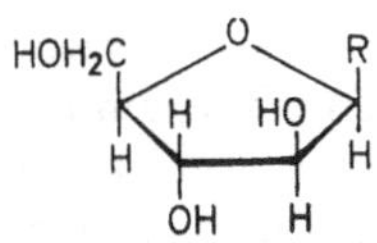

R: verschiedene
Purine und Pyrimidine

Die am meisten untersuchten Arabinosyl-Nucleoside sind das Adenin-arabinosid und insbesondere das Cytosin-arabinosid. Beide Verbindungen haben sich in einer Reihe von biologischen Systemen als cytostatisch erwiesen. In der Natur kommen Thymin-arabinosid und Uracil-arabinosid in einem Schwamm (*Cryptotethya crypto*) vor. Daher werden die Arabinosyl-Nucleoside auch als Spongo-Nucleoside bezeichnet.

Als Ursache der cytostatischen Wirkung der Arabinosyl-Nucleoside des Cytosins und Adenins kommt sowohl ein Einbau in die Nucleinsäuren (s. S. 67 und 81) in Frage als auch die Hemmung enzymatischer Reaktionen. So hemmen beide Verbindungen die Reduktion von Ribonucleotiden zu 2'-Desoxyribonucleotiden. Dabei wirkt das Cytosin-arabinosid (eventuell als Substrat-analoges zum Cytidin-5'-diphosphat) spezifisch auf die Bildung von 2'-Desoxyribonucleotiden des Cytosins ein. So kommt es zu einer selektiven Hemmung der DNS-Synthese, die an Gewebekulturen zur Erscheinung des Todes durch unreguliertes Wachstum führt [540; 553] (s. aber S. 67). Die Wirkung kann sowohl in vitro an Gewebekulturen [188] als auch in vivo bei Transplantations-Tumoren [297] und Knochenmark-Zellen [766] durch die Applikation von 2'-Desoxycytidin aufgehoben werden. Das Adenin-arabinosid bewirkt als Triphosphat in ähnlicher Weise wie das 2'-Desoxyadenosin-5'-triphosphat eine Rückkopplungs-Hemmung der Reduktion von Ribonucleotiden [107; 112; 113].

Beide Verbindungen hemmen in der Diphosphat-Form die Polynucleotid-Phosphorylase [163; 663]. Das Adenin-arabinosid-5'-triphosphat hemmt außerdem die DNS-Polymerase [1071].

Sowohl das Cytosin-arabinosid [156; 228; 767; 793] als auch das Adenin-arabinosid [110; 113; 484; 636; 1062] unterliegen einer raschen Desaminierung zu den inaktiven Uracil- oder Hypoxanthin-Derivaten. Dieser Abbau wirkt sich bei Tumoren mit hohem Desaminase-Gehalt oft als begrenzend für die cancerostatische Wirksamkeit der Verbindung aus. Einer Nucleosid-Spaltung unterliegen die Arabinosyl-Nucleoside dagegen nicht oder nur in geringem Umfang [113; 793; 923].

Die Arabinosyl-Nucleoside werden schnell aus dem Körper von Mensch und Tier im Urin ausgeschieden (in 24 Stunden nach der Applikation etwa vollständig) [112; 767; 797].

Resistenz gegen Cytosin-arabinosid konnte an Gewebekulturen als Folge des Verlustes des phosphorylierenden Enzyms (wahrscheinlich der 2'-Desoxycytidin-Kinase) erkannt werden [189].

Cytosin-arabinosid hemmt immunologische Abwehrreaktionen [316]. Sowohl Cytosin-arabinosid [298; 299; 570a; 571] als auch Adenin-arabinosid [110; 111; 113] hemmen im Tierexperiment das Wachstum bestimmter Transplantations-Tumoren. Es liegen auch einige Befunde über die Anwendung von Cytosin-arabinosid als Cancerostaticum in der Klinik vor [451; 659; 995]. Auf Grund seiner virusstatischen Wirkung wird Cytosin-arabinosid zur Behandlung der Herpes Keratitis angewandt. Zu den Vorzügen dieser Verbindung gehört dabei, daß sie auch gegen 5-Jod-2'-desoxyuridin-resistente Stämme wirksam ist (unterschiedliche Kinasen für die letale Synthese, für Cytosin-arabinosid die 2'-Desoxycytidin-Kinase, für 5-Jod-2'-desoxyuridin die Thymidin-Kinase) [544; 545; 1009]. Ein Nachteil ist jedoch die im Vergleich zum 5-Jod-2'-desoxyuridin höhere toxische Wirkung von Cytosin-arabinosid auf das Cornea-Epithel [544; 545].

Arabino-Nucleoside sind auch von anderen Basen hergestellt und auf ihre biologische Aktivität hin untersucht worden. So wirkt das 6-Mercaptopurin-Derivat im Tierexperiment cancerostatisch [555; 557], auch bei 6-Mercaptopurin-resistenten Tumor-Stämmen [555]. Es hemmt ebenfalls die Reduktion von Cytosin-Nucleotiden zu den 2'-Desoxyribonucleotiden [554; 555; 557]. Da keine Nucleotid-Bildung nachgewiesen wurde, ist offenbar auch schon das Nucleosid selbst aktiv. Auch das 6-Fluorcytosin-arabinosid wirkt im Tierversuch cancerostatisch und zwar — wie das Cytosin-arabinosid — auch bei 5-Fluoruracil-resistenten Tumoren [134; 323]. 5-Fluoruracil-arabinosid hemmt ebenfalls in Tierversuchen das Wachstum verschiedener Transplantations-Tumoren [323], obwohl das Nucleotid die Thymidylat-Synthetase nur geringfügig hemmt [436]. 5-Joduracil-arabinosid hemmt die Entwicklung von Herpes- und Vaccinia-Viren in Gewebekulturen [805]. Beschrieben wurde auch die Synthese des 6-Azacytosin-arabinosids [305], jedoch liegen noch keine Daten über die biologische Wirkung dieser Verbindung vor.

3.2. Xylosyl-Nucleoside

Adenin-xylosid wird in der Zelle zum Mono-, Di- und Triphosphat phosphoryliert [285]. Das Triphosphat hemmt als Substrat-Analoges die Bildung von 5-Phosphoribosylpyrophosphat aus Ribose-5-phosphat und Adenosin-5'-triphosphat [284]. Adenin-xylosid wird im Körper der Maus zum Hypoxanthin-Derivat desaminiert und als solches im Urin ausgeschieden (in 3 Stunden nach der Applikation zu 60%) [286]. Eine Nucleosid-Spaltung findet nicht statt. Adenin-xylosid hemmt im Tierversuch das Wachstum verschiedener Transplantations-Tumoren [285].

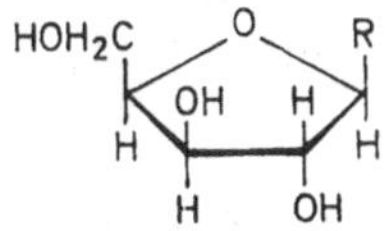

R: Adenin oder
6-Mercaptopurin

6-Mercaptopurin-xylosid hemmt im Tierversuch das Wachstum von Transplantations-Tumoren [880]. Es wurde keine Nucleotid-Bildung und keine Nucleosid-Spaltung nachgewiesen. Die Verbindung wird in der ersten Stunde nach der Applikation zu 35% im Urin ausgeschieden. Die biochemischen Grundlagen der Wirkung sind noch unklar.

3.3. 3'-Desoxyadenosin

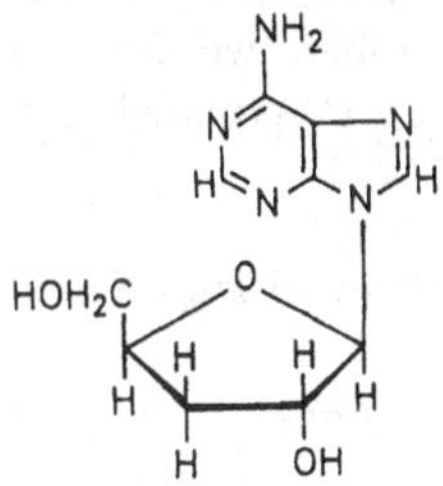

3'-Desoxyadenosin (Cordycepin) ist ein Antibioticum aus *Cordyceps militaris*. Es wird intrazellulär zu den Mono-, Di- und Triphosphaten phosphoryliert [567; 568; 914] und in die DNS [220] und RNS [913; 914] eingebaut. Die beobachtete Hemmung der RNS-Polymerase [916; 331; 569] kann durch den Einbau von 3'-Desoxyadenosin an den Ketten-Enden des RNS-Moleküls erklärt werden, der wegen des fehlenden 3'-Hydroxyls eine weitere Verlängerung der Kette nicht gestattet.

Weiterhin wurde an Zellen des Ehrlich-Ascites-Carcinoms beobachtet, daß 3'-Desoxyadenosin den Nucleotid-Pool senkt, was in der Folge zu einer Hemmung der DNS-Synthese [567; 568; 570] und der Synthese bestimmter RNS-Fraktionen [331] führt. 3'-Desoxyadenosin-5'-phosphat hemmt als Substrat-Analoges die Bildung von 5-Phosphoribosylpyrophosphat aus Ribose-5'-phosphat und Adenosin-5'-triphosphat [764].

3'-Desoxyadenosin wird durch die Adenosin-Desaminase zu 3'-Desoxyinosin desaminiert [1031; 1072]. Einer Nucleosid-Spaltung unterliegt 3'-Desoxyadenosin nicht [914].

An Gewebekulturen haben sich neben dem 3'-Desoxyadenosin auch das 3'-Desoxyguanosin und das 3'-Desoxyribosid des 2,6-Diaminopurins und des

6-Methylaminopurins als cytostatisch erwiesen [354]. Letzteres wird zu 3'-Desoxyadenosin demethyliert [917]. Das 3'-Desoxy-3'-amino-adenosin, ebenfalls ein Antibioticum aus *Cordyceps militaris*, hemmt die RNS-Polymerase und wird eventuell in die RNS eingebaut [914]. Es hemmt im Tierversuch das Wachstum verschiedener Transplantations-Tumoren [818].

3.4. 4'-Thioadenosin

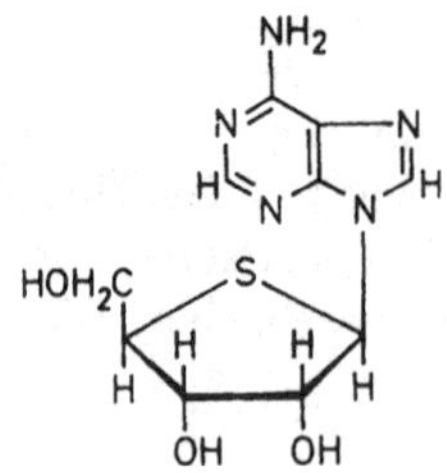

4'-Thioadenosin hemmt die Vermehrung von *S. faecalis*. Die Hemmung kann durch 2'-Desoxyriboside aufgehoben werden [84]. Das Nucleosid wird nicht gespalten, aber zum unwirksamen Hypoxanthin-Derivat desaminiert [84].

3.5. Homoribose-Nucleoside

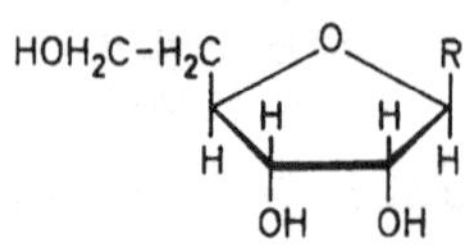

R: 6-Mercaptopurin
oder 2-Chloroadenin

Es wurden die Homoribose-Nucleoside des 6-Mercaptopurins und 2-Chloradenins hergestellt und auf ihre cytostatische Wirksamkeit hin getestet [719]. Dabei wurde eine Hemmung der Vermehrung von Zellen in Gewebekultur durch das 6-Mercaptopurin-Derivat beobachtet. Da die Verbindung gegen 6-Mercaptopurin-resistente Zellen inaktiv war, wird auf die Spaltung des Nucleosids unter Freisetzung von 6-Mercaptopurin als eigentlich wirksamer Komponente geschlossen. Das 2-Chloradenin-Derivat war inaktiv.

3.6. 2'-Desoxyglucopyranosyl-thymin, 2'-Desoxyxylopyranosyl-thymin

Die pyranoiden Thymin-Nucleoside der 2-Desoxyglucose und 2-Desoxyxylose hemmen die Uridin-Desoxyuridin-Phosphorylase (nicht aber die Thymidin-Phosphorylase) [296; 604; 1087]. Voraussetzung für die Wirksamkeit ist die

2'-Desoxy-Gruppierung, die pyranoide Form des Lactolringes und die L-Konfiguration der 3'-Hydroxyl-Gruppe. Glucopyranosyl-thymin, 2'-Desoxyxylofuranosyl-thymin und Pyranosyl-thymidin sind daher inaktiv [296]. Eine etwa gleiche Hemm-

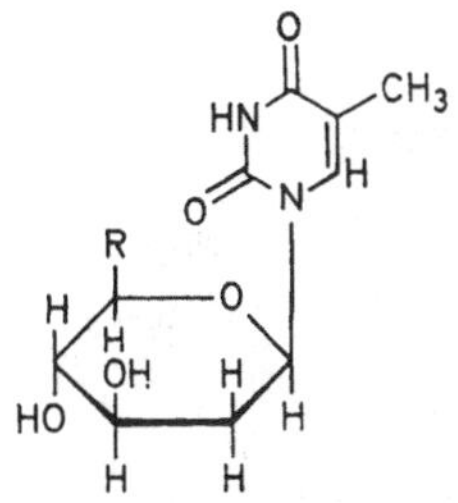

R: H oder CH_2OH

wirkung wie dem 2'-Desoxyglucopyranosyl-thymin kommt auch den entsprechenden Derivaten des 5-Bromuracils und 5-Joduracils zu [295]. In allen Fällen sind die α-Formen weniger wirksam als die β-Formen, aber nicht inaktiv. 2'-Desoxyglucopyranosyl-thymin hemmt auch in vivo den Abbau von 2'-Desoxyribosiden und fördert so den Einbau von 5-Jod-2'-desoxyuridin in die DNS [605; 606] (s. S. 104).

3.7. Psicofuranin (Angustmycin C)

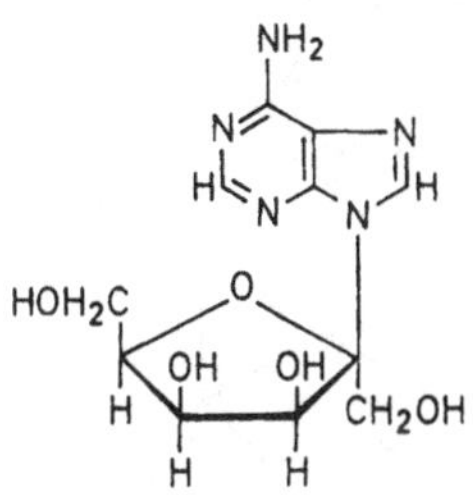

Psicofuranin ist ein Antibioticum aus *Streptomyces hygroscopicus* var. *angustmyceticus*. Es blockiert die Umwandlung von Inosin-5'-phosphat zu Guanosin-5'-phosphat durch Hemmung der Xanthosin-5'-phosphat-Aminase [429; 950; 951]. Psicofuranin wird dabei an einem regulativen Zentrum des Enzyms gebunden. Zur Bindung des Hemmstoffs an das Enzym sind Xanthosin-5'-phosphat und Pyrophosphat notwendig [342; 1007]. Dabei entsteht ein Komplex, der Xanthosin-5'-phosphat, Pyrophosphat und Psicofuranin in gleichen Mengen enthält. Die Bindung von Psicofuranin an das Enzym kann durch verschiedene Agenzien wie z. B. Harnstoff und Mercaptoäthanol gehemmt werden; sie führt zu einer Erhöhung der Zahl freier SH-Gruppen, was auf eine Konformations-Änderung des Enzyms hinweist [600]. Auch durch Mutationen kann die Bindungsart verändert werden [1007]. Die Xanthosin-5'-phosphat-Aminase-Reaktion verläuft offenbar in der Weise, daß zunächst Adenosin-5'-triphosphat und Xanthosin-5'-phosphat unter

Pyrophosphat-Abspaltung ein Intermediär-Produkt bilden. In Gegenwart von Ammonium-Ionen wird dieses Intermediär-Produkt in Guanosin-5'-phosphat umgewandelt. Psicofuranin hemmt sowohl die Bildung des Intermediär-Produktes als auch seine Aminolyse [907].

3.8. Decoyinin (Angustmycin A)

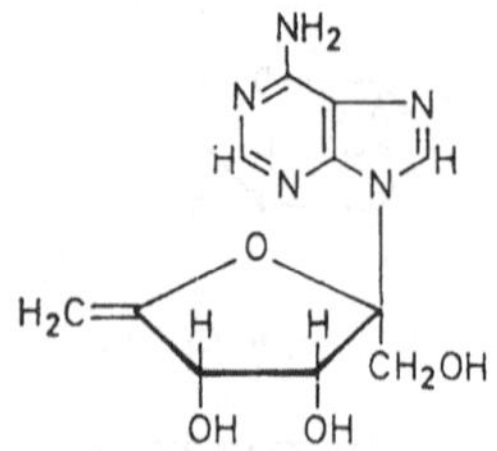

Decoyinin ist wie Psicofuranin ein Antibioticum aus *Streptomyces hygroscopicus* var. *angustmyceticus*. Es hemmt die Bildung von 5-Phosphoribosylpyrophosphat aus Ribose-5-phosphat und Adenosin-5'-triphosphat [88]. Außerdem hemmt es — in wesentlich schwächerem Ausmaß als Psicofuranin — die Xanthosin-5'-phosphat-Aminase.

3.9. Puromycin

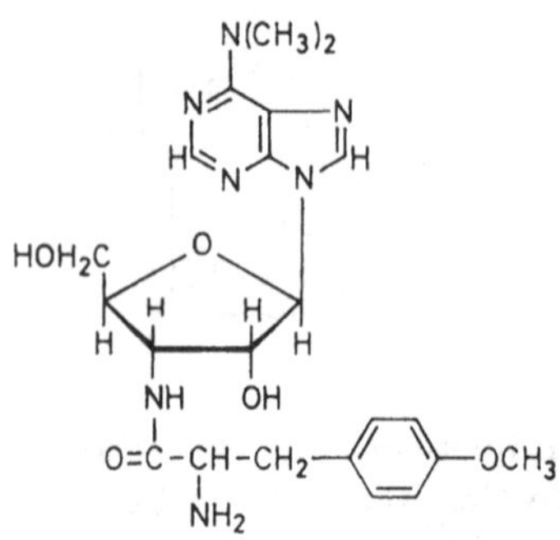

Puromycin und eine Reihe weiterer Nucleosid-Antibiotika (wie z. B. Homocitrullylaminoadenosin, Gougerotin und Blasticidin S) sind Struktur-Analoga des mit einer Aminosäure am C-3' veresterten Adenosin-Endes einer Transfer-RNS. Alle diese Antibiotika sind Hemmstoffe der Protein-Synthese und nicht der Nucleinsäure-Synthese und werden daher hier nur zum Vergleich mit erwähnt. Weitere Angaben hierzu können einem Übersichts-Artikel von Fox und Mitarbeitern [324] entnommen werden. Eine strukturelle Voraussetzung für die Wirkung des Puromycins ist das Vorhandensein einer an das C-3' des Aminonucleosids gebundenen Aminosäure [737]. Aromatische Aminosäuren ergeben die aktivsten Derivate, Glycin und Prolin dagegen inaktive. Der Mechanismus der Puromycin-

Wirkung besteht darin, daß der bereits fertige Anteil der Peptid-Kette auf das Puromycin (anstelle einer Aminosäure-beladenen Transfer-RNS) übertragen und so vom Ribosom abgelöst wird [736]. Das Aminosäure-freie Puromycin-Aminonucleosid hemmt nicht die Protein-Synthese, wohl aber — wie an *E. coli* gezeigt wurde [248] — die Purin-Synthese über eine Rückkopplungs-Regulierung. Puromycin und sein Aminonucleosid werden von Leber-Microsomen demethyliert [700]. Bei der Demethylierung entsteht aus dem Aminonucleosid des Puromycins das 3′-Amino-3′-desoxyadenosin [306], ein Hemmstoff der RNS-Synthese (s. S. 150).

4. Folsäure-Antagonisten (Aminopterin, Amethopterin)

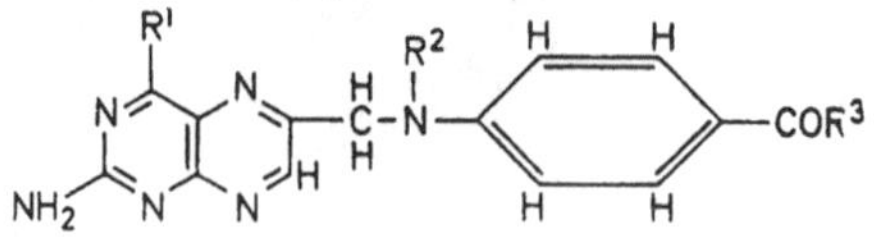

R^3: Glutaminsäure

Folsäure R^1: OH; R^2: H

Aminopterin R^1: NH_2; R^2: H

Amethopterin R^1: NH_2; R^2: CH_3

Die Folsäure-Antagonisten Aminopterin (4-Aminopteroylglutaminsäure) und Amethopterin (4-Amino-N-10-methylpteroylglutaminsäure) waren die ersten Antimetabolite, die erfolgreich zur Chemotherapie des Krebses eingesetzt wurden. Bereits 1948 berichteten Farber, Diamond, Merker, Sylvester und Wolff [303] über Erfolge mit Aminopterin bei Leukämien von Kindern. Die Entwicklung und Anwendung der Folsäure-Antagonisten war unter anderem von dem Befund mitbestimmt, daß Folsäure-Präparate bei Leukämien eine Akzeleration bewirken. Neben dem Aminopterin und dem Amethopterin wurden auch verschiedene andere, durch Substitutionen am Folsäure-Molekül erhaltene Verbindungen untersucht (z. B. die 4-Amino-9-methyl-pteroylglutaminsäure und die 4-Amino 9,10-dimethylpteroylglutaminsäure [140; 518] sowie die Pteroylasparaginsäure), jedoch hat keine davon eine vergleichbare Bedeutung erlangt.

Der cytostatischen Wirkung von Aminopterin und Amethopterin liegt die stöchiometrische und kompetitive Hemmung der Folsäure-Reduktase zugrunde [64; 66; 485; 760; 777; 1042; 1043; 1045; 1046; 1082]. Die Hemmung ist praktisch irreversibel, da die beiden Folsäure-Antagonisten zu diesem Enzym eine im Vergleich zur Folsäure 100000mal höhere Affinität aufweisen [1043]. Auf die aus dieser hohen Affinität resultierenden Besonderheiten der Hemmung ist auf S. 34 genauer eingegangen worden.

Die Hemmung der Folsäure-Reduktase hat eine Hemmung der Biosynthesen aller derjenigen Verbindungen zur Folge, für die die Tetrahydrofolsäure als C-1 Gruppen übertragendes Coenzym notwendig ist. Hierzu gehört die Biosynthese bestimmter Aminosäuren, wie Serin und Glycin und die der Purine und des Thymins. In Gegenwart dieser Verbindungen hemmen Folsäure-Antagonisten (z. B. bei Gewebekulturen [404])nicht mehr. Wird das Thymin weggelassen, so kommt es infolge der gehemmten DNS-Synthese bei ungehemmter RNS- und Protein-Synthese zum Tod durch „unbalanced growth“ [858]. Im Tierkörper kann die

Wirkung der Folsäure-Analoga durch den Citrovorum-Faktor (einem Folge-Produkt der Folsäure-Reduktase-Reaktion) aufgehoben werden und unter bestimmten Bedingungen auch durch Folsäure (s. S. 117).

Zahlreiche Berichte gibt es über die erworbene Resistenz gegen Folsäure-Antagonisten. In der überwiegenden Zahl der Fälle liegt dieser Resistenz eine erhöhte Bildungsrate für die Folsäure-Reduktase zugrunde (s. S. 93). Häufig ist aber auch eine verzögerte Penetration zumindest als zusätzliche Ursache der Resistenz gefunden worden [318; 744; 1044; 1046; 1048] (s. S. 96). In wenigen Fällen liegt auch eine verminderte Affinität zwischen Enzym und Hemmstoff vor (s. S. 92).

Bei Mensch und Tier werden Folsäure-Antagonisten zum größten Teil innerhalb von 24 Stunden nach der Applikation ausgeschieden [449; 450]. Ein bestimmter Teil bleibt jedoch — an das Enzym Folsäure-Reduktase gebunden — sehr lange im Körper (s. S. 35).

Aminopterin und Amethopterin werden durch die Aldehyd-Oxydase der Leber in einem bei verschiedenen Spezies unterschiedlichen Ausmaß durch Hydroxylierung am C-7 inaktiviert. Dieser Abbau ist die Ursache der natürlichen Resistenz von Kaninchen und Meerschweinchen gegen die Folsäure-Antagonisten (s. S. 105).

Aminopterin und Amethopterin haben sich im Tierexperiment als cancerostatisch wirksam erwiesen [z. B. 140; 144; 359; 361; 365; 366; 369; 612; 722; 782; 896; 936; 974] und werden auch in der Klinik zur Chemotherapie des Krebses angewandt [z. B. 61; 65; 67; 68; 141; 143; 146; 148; 155; 212; 213; 214; 302; 303; 304; 500; 705; 756; 897; 982; 1047].

Es ist vielfach versucht worden, die bewährten Antagonisten Aminopterin und Amethopterin durch weitere Abwandlungen in ihrer Wirkung zu verbessern bzw. durch andere Verbindungen zu ergänzen. In diesem Zusammenhang sind insbesondere Halogen-Derivate des Amethopterins (Methotrexat) zu erwähnen (z. B. 3′, 5′-Dichlormethotrexat, Mono- und Difluormethotrexat), die wegen ihrer geringeren Toxizität im Tierversuch eine dem Amethopterin überlegene cancerostatische Wirkung gezeigt haben [362; 1013; 1018]. Beim Menschen haben sie jedoch keine derartigen Vorteile erbracht [899], da sie offenbar zu schnell abgebaut werden [449].

Weitere als Folsäure-Antagonisten wirksame Verbindungen sind z. B. bestimmte 2,4-Diamino-5-arylazo-pyrimidine [412; 413]. Von Baker und Mitarbeitern liegt eine mittlerweile etwa 30 Arbeiten umfassende Publikations-Serie über „analogs of tetrahydrofolic acid“ vor (z. B. 27; 28; 29; 30; 32; 33; 34), in der interessante Struktur-Wirkungsbeziehungen für eine Reihe von Verbindungen beschrieben werden.

Von Goodman und Mitarbeitern [372] wurde die Dihydrohomofolsäure hergestellt und auf ihre Wirksamkeit hin untersucht. Diese Verbindung ist ein ebenso gutes Substrat für die Folsäure-Reduktase wie die Dihydrofolsäure, von der sie sich durch eine zusätzliche CH_2-Gruppe in der Verbindung zwischen Pterin- und p-Aminobenzoesäure-Anteil des Moleküls unterscheidet. Die bei der Reduction entstehende Tetrahydrohomofolsäure ist ein Antagonist der Tetrahydrofolsäure für die Thymidylat-Synthetase, jedoch nicht für andere Enzyme, die Tetrahydrofolsäure oder Derivate davon benötigen. Es sei darauf hingewiesen, daß die Dihydrohomofolsäure einem Verbindungs-Typ entspricht, wie er zur Überwindung der Resistenz gegen Folsäure-Antagonisten durch erhöhte Bildung an Folsäure-Reduktase vorgeschlagen wurde (s. S. 95). Dihydrohomofolsäure ist ein guter Hemmstoff für einige Bakterien-Stämme, über ihre cancerostatischen Eigenschaften liegen noch keine genaueren Angaben vor.

5. Glutamin-Antagonisten (Azaserin und 6-Diazo-5-oxo-L-Norleucin (DON))

$N{\equiv}\overset{+}{N}{-}CH_2{-}CO{-}CH_2{-}CH_2{-}\underset{\displaystyle NH_2}{\underset{|}{CH}}{-}COOH$. 6-Diazo-5-oxo-L-norleucin

$N{\equiv}\overset{+}{N}{-}CH_2{-}CO{-}O{-}CH_2{-}\underset{\displaystyle NH_2}{\underset{|}{CH}}{-}COOH$ Azaserin

Azaserin und DON wurden als tumorhemmende Verbindungen aus Extrakten einer *Streptomyces*-Spezies isoliert [250; 270; 273a; 343; 344; 975].

Als Glutamin-Antagonisten hemmen diese beiden Verbindungen eine Reihe von Reaktionen in der Biosynthese der Purin- und Pyrimidin-Nucleotide, bei denen Glutamin als Donator von Amino-Gruppen dient (s. Tab. 1, S. 36, Nr. 35 bis 38 und S. 40). Der für die Wirkung entscheidende Block ist die Hemmung der Umwandlung von Formylglycinamid-ribotid zu Formylglycinamidin-ribotid [637], da sich Formylglycinamid-ribotid in Azaserin gehemmten Zellen anstaut (s. S. 45). DON hemmt diese Reaktion etwa 50mal stärker als Azaserin. Die Aminierung von 5-Phosphoribosylpyrophosphat — die zweite Glutamin-abhängige Reaktion in der Biosynthese des Inosin-5'-phosphates [370] —wird vergleichsweise nur gering durch beide Verbindungen gehemmt [637]. Beide Verbindungen wirken auch in nicht zum Nucleinsäure-Stoffwechsel gehörigen Reaktionen als Glutamin-Antagonisten. So hemmen sie z. B. die Aminierung von Nicotinsäure-Adenin-Dinucleotid zum Nicotinsäureamid-Adenin-Dinucleotid [803] und die Bildung der p-Aminobenzoesäure [968].

Azaserin und DON werden aktiv in die Zelle transportiert [787; 502; 503]. Eine Verminderung der aktiven Aufnahme kommt als Ursache für die Resistenz in Frage [787]. In den meisten Fällen von Resistenz ist die Ursache aber noch ungeklärt [z. B. 12; 797; 877].

Azaserin unterliegt in der Zelle einem Abbau zu Pyruvat und NH_3.

Azaserin und DON wirken in Tierversuchen auf Transplantations-Tumoren cancerostatisch [137; 201; 343; 344; 369; 870; 872; 972; 979; 996]. Dabei ist DON im Vergleich zum Azaserin etwa 50mal wirksamer [201], allerdings auch 50mal toxischer [972]. Die stärkere Wirkung des DON ist sicher auf seine besseren Hemmeigenschaften und das Fehlen eines Abbaus für diese Verbindung zurückzuführen. In der Klinik haben sich beide Verbindungen nur in geringem Umfang bewährt [146; 288; 669; 752].

6. Sonstige Verbindungen

6.1. N-substituierte Biuret-Derivate

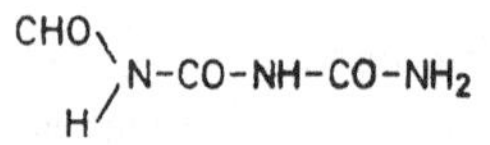

N-Formyl-biuret

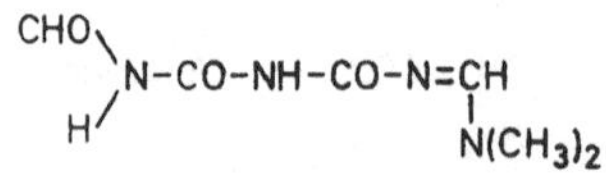

N-Formyl-N-dimethylaminomethylen-biuret

N-Formylbiuret und N-Formyl-N'-dimethylaminomethylen-biuret hemmen die Dihydroorotase [194]. Sie potenzieren unter bestimmten Bedingungen die cytostatische Wirksamkeit von 6-Azauracil.

6.2. Antagonisten des Carbamoylaspartats

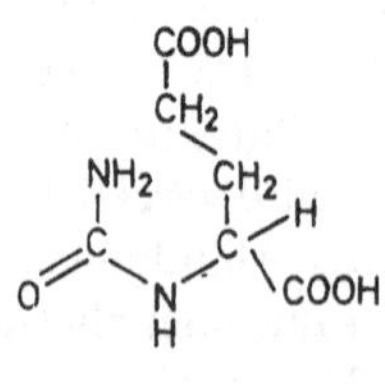

Carbamoylglutamat

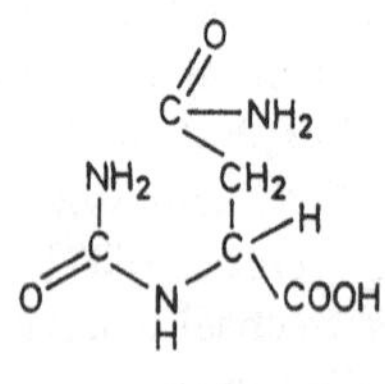

Carbamoylasparagin

Carbamoylglutaminsäure, -cysteinsäure, -cysteinsulfinsäure, -asparagin und α-Ureido-β-methyl-succinat hemmen die Cyclisierung von Carbamoyl-aspartat durch die Dihydroorotase [960].

6.3. Hadacidin

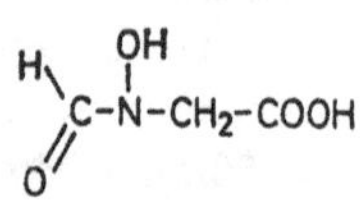

Hadacidin ist ein Antibioticum aus *Penicillium frequentans*. Es hemmt die Adenylosuccinat-Synthetase (kompetitiv zu Aspartat, $\frac{K_m}{K_i} = 35$ [71; 79]).

III

ANHANG

1. Schemata der Nucleotid-Synthese

A. Synthese von Inosin-5'-phosphat (S. 162)
(aus RAPOPORT „Medizinische Biochemie“, modifiziert)

Abkürzungen: A—R—P∼Ⓟ∼Ⓟ = Adenosin-5'-triphosphat
A—R—P∼Ⓟ = Adenosin-5'-diphosphat
CHO—FH_4 = Formyl-tetrahydrofolsäure

Hemmstoffe:

Reaktion 1

3'-Desoxyadenosin-5'-triphosphat
Adenin-xylosid-5'-triphosphat
Decoyinin

Reaktion 2

6-Mercaptopurin-ribosid-5'-phosphat
6-Thioguanosin-5'-phosphat
8-Azaguanosin-5'-phosphat
Pyrazolo-hypoxanthin-ribosid-5'-phosphat
Pyrazolo-adenin-ribosid-5'-phosphat
2-Fluoradenosin-5'-phosphat
2,6-Diaminopurin-ribosid-5'-phosphat

Reaktion 4

Folsäure-Antagonisten (indirekt durch Hemmung der Tetrahydrofolsäure-Bildung)

Reaktion 5

Glutamin-Antagonisten

Reaktion 10

Folsäure-Antagonisten (indirekt durch Hemmung der Tetrahydrofolsäure-Bildung)

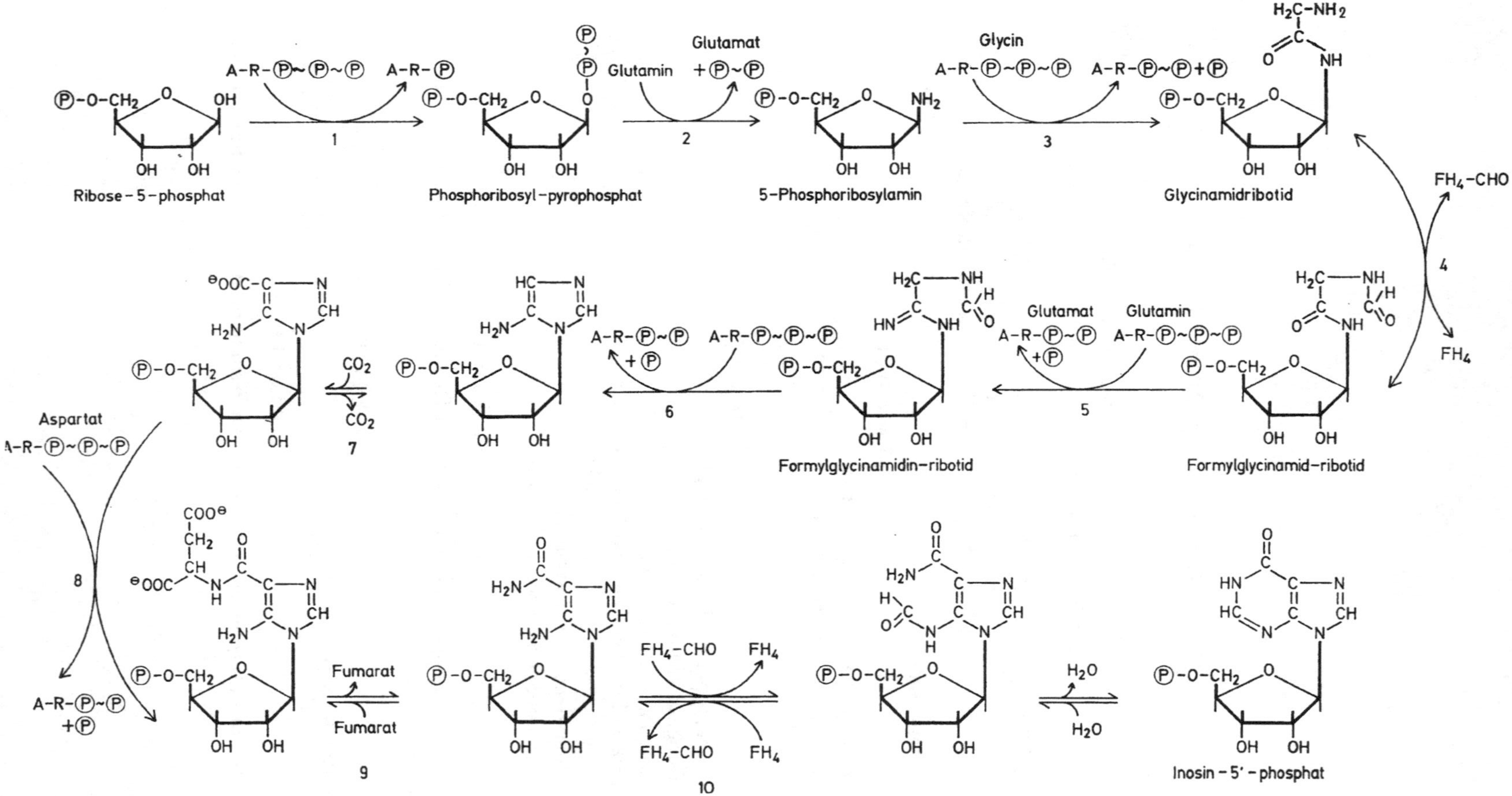

Ribose-5-phosphat
Phosphoribosyl-pyrophosphat
5-Phosphoribosylamin
Glycinamidribotid
Formylglycinamid-ribotid
Formylglycinamidin-ribotid
Inosin-5'-phosphat
Glutamin
Glutamat
Glycin
Aspartat
Fumarat
FH4-CHO
FH4
CO2
H2O
1
2
3
4
5
6
7
8
9
10

B. Synthese von Adenosin-5′-phosphat und Guanosin-5′-phosphat
(aus Rapoport „Medizinische Biochemie“, modifiziert)

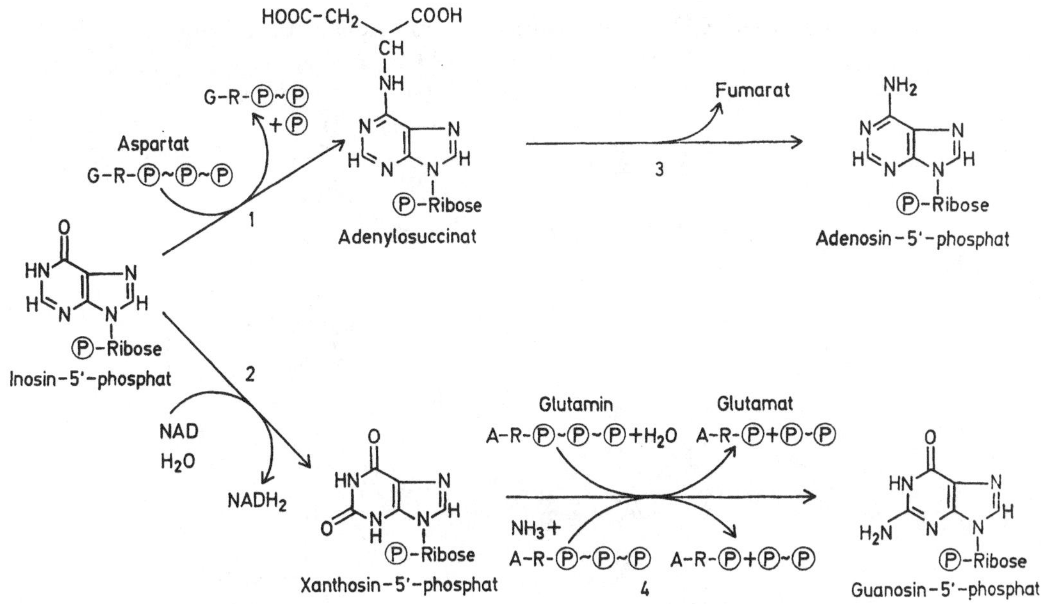

Abkürzungen:		
	NAD	= Nicotinsäureamid-Adenin-Dinucleotid
	$NADH_2$	= reduziertes NAD
	G—R—P~Ⓟ~Ⓟ	= Guanosin-5′-triphosphat
	G—R—P~Ⓟ	= Guanosin-5′-diphosphat

Hemmstoffe:

Reaktion 1

6-Mercaptopurin-ribosid-5′-phosphat
Hadacidin

Reaktion 2

6-Mercaptopurin-5′-phosphat
6-Thioguanosin-5′-phosphat
6-Chlorpurin-ribosid-5′-phosphat

Reaktion 3

6-Mercaptopurin-ribosid-5′-phosphat

Reaktion 4

Glutamin-Antagonisten
Psicofuranin

C. Synthese von Uridin-5'-phosphat

(aus RAPOPORT „Medizinische Biochemie“, modifiziert)

Abkürzungen: NAD = Nicotinsäureamid-Adenin-Dinucleotid
$NADH_2$ = reduziertes NAD

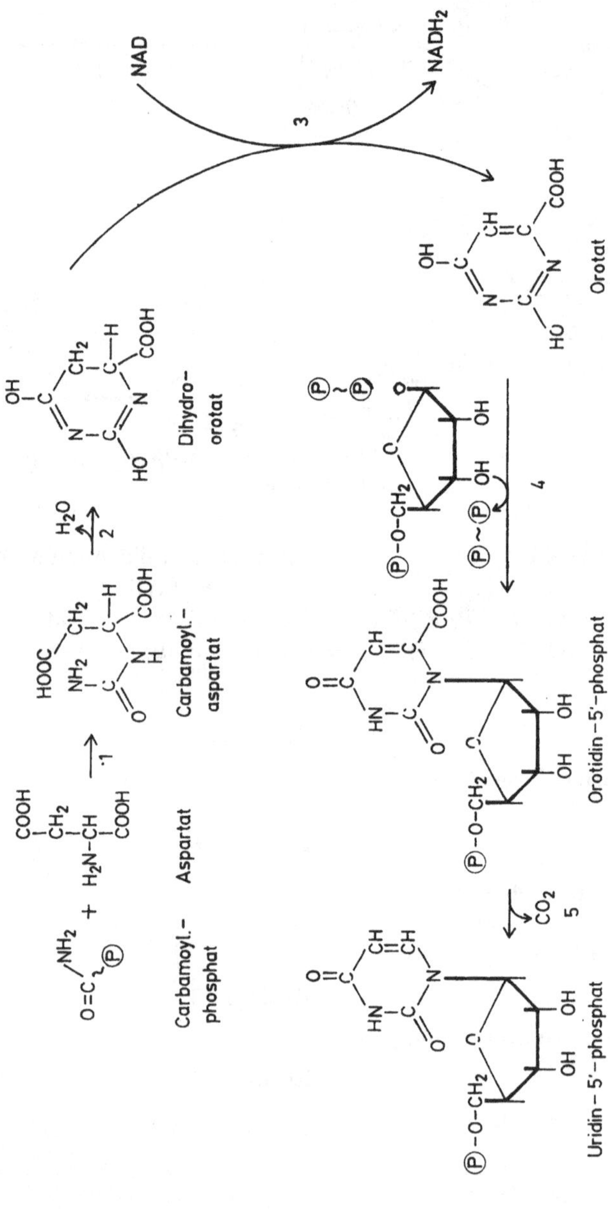

Hemmstoffe:

Reaktion 1

5-Fluororotsäure

Reaktion 2

5-Fluor-2'-desoxycytidin-5'-phosphat
5-Brom-2'-desoxycytidin-5'-phosphat
Formylbiuret
Carbamoylaspartat-Antagonisten

Reaktion 4

Uracil-6-sulfonsäure
5-Azaorotsäure

Reaktion 5

6-Azauridin-5'-phosphat
5-Aminouridin-5'-phosphat

D. Synthese von 2'-Desoxycytidin-5'-phosphat und Thymidin-5'-phosphat (Der Methylierungsschritt verläuft auf der Monophosphat-Ebene, die Reduktion dagegen auf der Diphosphat-Ebene).

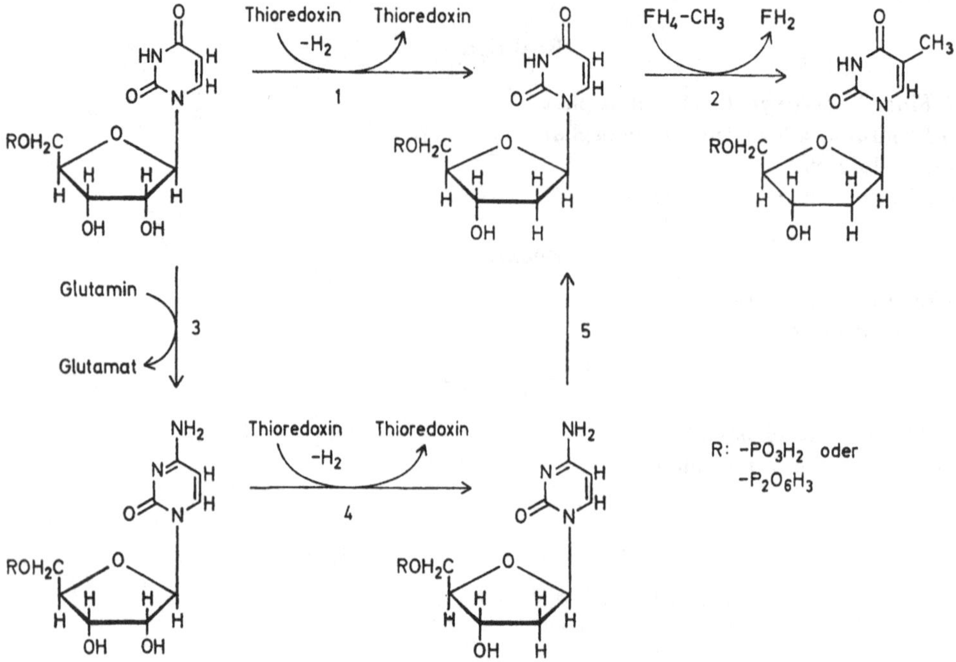

Abkürzungen: $FH_4{-}CH_3$ = Methylen-tetrahydrofolsäure
FH_2 = Dihydrofolsäure

Hemmstoffe:

Reaktion 1

Arabinosyl-Nucleoside (?)

Reaktion 2

5-Fluor-2'-desoxyuridin-5'-phosphat
Folsäure-Antagonisten (indirekt durch Hemmung der Tetrahydrofolsäure Bildung oder direkt durch Tetrahydrohomofolsäure)

Reaktion 3

Glutamin-Antagonisten

Reaktion 4

Arabinosyl-Nucleoside, besonders Cytosin-arabinosid

2. Enzym-Nummern entsprechend der Enzym-Nomenklatur der International Union of Biochemistry (I. U. B.)

Die Enzyme sind im allgemeinen mit den von der I. U. B. empfohlenen Trivial-Namen bezeichnet worden. Zur genauen Identifizierung sind im Folgenden die System-Nummern entsprechend der Enzym-Nomenklatur der I. U. B. für verschiedene Enzyme (alphabetische Reihenfolge) angegeben.

Adenosin-Desaminase 4.1.1.23
Adenosin-Kinase 2.7.1.20
Adenosin-5'-phosphat-Pyrophosphorylase 2.4.2.7
Adenylosuccinat-Lyase 4.3.2.2
Adenylosuccinat-Synthetase 6.3.4.4
Aspartat-Carbamoyltransferase 2.1.3.2
Cytidin-5'-triphosphat-Synthetase 6.3.4.2
2'-Desoxycytidin-5'-phosphat-Desaminase 3.5.4.12
Dihydroorotase 3.5.2.3
DNS-Polymerase 2.7.7.7
Folsäure-Reduktase 1.5.1.3
Fructose-1,6-Diphosphatase 3.1.3.11
β-Galactosidase 3.2.1.23
β-Glucuronidase 2.2.1.31
Glucose-6-Phosphatase 3.1.3.9
Guanase 3.5.4.3
Guanosin-5'-phosphat-Synthetase 6.3.5.2
Dihydropyrimidin-Dehydrogenase 1.3.1.2
Inosin-5'-phosphat-Dehydrogenase 1.2.1.14
Inosin-5'-phosphat-Pyrophosphorylase 2.4.2.8
Katalase 1.11.1.6
Orotidin-5'-phosphat-Decarboxylase 4.1.1.23
Orotidin-5'-phosphat-Pyrophosphorylase 2.4.2.10
Phosphoribosyl-formylglycinamidin-Synthetase 6.3.5.3
5-Phosphoribosylpyrophosphat-Amidotransferase 2.4.2.14
Polynucleotid-Phosphorylase 2.7.7.8
Ribosephosphat-Pyrophosphokinase 2.7.6.1
RNS-Polymerase 2.7.7.6
Serin-Desaminase 4.2.1.13
Thymidin-Kinase 2.7.1.21
Thymidin-Phosphorylase 2.4.2.4
Tryptophan-Pyrrolase 1.13.1.12
Uridin-Kinase 2.7.1.48
Uridin-2'-Desoxyuridin-Phosphorylase 2.4.2.3
Xanthin-Oxydase 1.2.3.2

IV

ZUSAMMENFASSUNG

SUMMARY

Allgemeiner Teil

1. Allgemeine Bemerkungen über die Eigenschaften von Antimetaboliten

Einleitend wird ein Antimetabolit als eine Verbindung definiert, die einem Metaboliten in der Struktur so ähnelt, daß sie seinen Platz am Enzym besetzen kann, ohne aber seine biochemische Funktion zu erfüllen. Dadurch wird die enzymatische Reaktion entweder blockiert oder verläuft anomal, weil nicht der Metabolit sondern der Antimetabolit umgesetzt wird.

Antimetabolite werden daher durch Abwandlungen in der molekularen Struktur von Metaboliten gewonnen. Bei den Antimetaboliten des Nucleinsäure-Stoffwechsels erstrecken sich diese Abänderungen im allgemeinen auf die Purin- oder Pyrimidin-Basen, in letzter Zeit aber auch zunehmend auf die Zuckerkomponente von Nucleosiden. Zu den bewährten Abänderungen gehören bei den Pyrimidinen: die Einführung verschiedener Substituenten (z. B. Halogene, $-NH_2$, $-NHOH$, $-NO_2$, $-SH$, -Äthyl) am C-Atom 5 von Uracil und Cytosin, Austausch einer OH-Gruppe gegen eine SH-Gruppe (2-Thiouracil) und Austausch eines Ring-C-Atoms gegen ein N-Atom (5-Aza- oder 6-Azauracil oder -cytosin-Verbindungen). Abänderungen bei Purinen sind: Austausch von OH-Gruppen gegen SH-Gruppen (6-Mercaptopurin; 6-Thioguanin) oder die NH_2-Gruppe (2-Aminopurin, 2,6-Diaminopurin), Einführung von Halogenen am C-Atom 2 oder 6 (2-Fluoradenin, 6-Chlorpurin), Austausch eines Ring-C-Atoms gegen ein N-Atom (8-Azaguanin) oder umgekehrt Austausch eines Ring-N-Atoms gegen ein C-Atom (7-Deazaadenosin) und Vertauschen der Plätze eines C- und N-Atoms im Ringsystem (Pyrazolo-[3,4-d] Pyrimidine). Zu den Abänderungen am Zucker-Anteil von Nucleosiden gehören insbesondere die Umkehr des Hydroxyls am C-2′ (Arabinosyl-Nucleoside) oder C-3′ (Xylosyl-Nucleoside) und die Umwandlung der Hydroxyl-Gruppe am C-3′ in eine Desoxy-Gruppe (3′-Desoxyadenosin). Obwohl Ausnahmen bekannt sind, muß bei Nucleosiden im allgemeinen eine β-glycosidische Bindung und eine furanoide Form der Pentose vorliegen.

Neben den beschriebenen Antimetaboliten des Nucleinsäure-Stoffwechsels im engeren Sinne greifen auch die Folsäure-Antagonisten Aminopterin und Amethopterin sowie die Glutamin-Antagonisten Azaserin und 6-Diazo-5-oxo-L-Norleucin stark hemmend in die Nucleinsäure-Synthese ein.

Da die Biosynthese der Purin- und Pyrimidin-Nucleotide vorwiegend über phosphorylierte Zwischenprodukte verläuft, erreichen die entsprechenden Antimetabolite auch nur in der Nucleotid-Form die für ihre Wirkung erforderliche Substrat-Ähnlichkeit. Weil Nucleotide nicht in die Zelle penetrieren, müssen geeignete Vorstufen appliziert werden, aus denen intrazellulär durch Enzyme, die dem sogenannten „salvage pathway“ angehören, die Nucleotide gebildet werden (letale Synthese). Für die Purin-Analoga sind die entscheidenden Enzyme die Purin-Nucleotid-Pyrophosphorylasen, die die freien Basen mit 5-Phosphoribosylpyrophosphat zu den Nucleotiden umsetzen. Für die Pyrimidin-Analoga fehlen derartige Enzyme. Auch die intrazelluläre Nucleosid-Bildung durch die Pyrimidin-Nucleosid-Phosphorylasen erfolgt hier wegen des vorwiegend abbauenden Charakters dieser Enzyme — bei den als 2'-Desoxyribotiden wirksam werdenden Verbindungen auch wegen Mangels an 2-Desoxyribose in der Zelle — nur in unzureichendem Ausmaß (Ausnahme 5-Fluoruracil). Pyrimidin-Analoga müssen daher im allgemeinen zumindest bei Säugern als Nucleoside appliziert werden. Diese werden dann durch die Nucleosid-Kinasen zu den Nucleotiden phosphoryliert.

2. Wirkungsweise

Die Wirkung von Antimetaboliten kann durch die Blockierung von Enzymreaktionen oder den Einbau des Antimetaboliten in zelleigene Verbindungen hervorgerufen werden.

2.1. Hemmung von Enzymreaktionen

Die Hemmung von Enzym-Reaktionen kann sowohl über die Blockierung des katalytisch aktiven Zentrums der Enzyme durch substratanaloge Antimetabolite als auch durch Blockierung des regulativen (allosterischen) Zentrums zustande kommen. Im letzteren Falle sind die Antimetabolite regulativ wirksamen Metaboliten analog.

Die Hemmung von Enzymreaktionen der Nucleinsäure-Synthese führt zur Hemmung der Zellteilung. Im Falle von Hemmstoffen, die weitgehend selektiv die DNS-Synthese hemmen (wie z. B. 5-Fluor-2'-desoxyuridin, Cytosin-arabinosid und — unter Zusatz bestimmter Metabolite — die Folsäure-Antagonisten) erfolgt der Zelltod durch unreguliertes Wachstum (Entstehung von Riesenzellen infolge ungehemmten Zellwachstums bei gehemmter Zellteilung).

Einige der kinetischen Grundlagen der Bindung von Substraten und Inhibitoren an das katalytisch aktive Zentrum werden unter Darlegung der Begriffe von kompetitiver, nicht kompetitiver und stöchiometrischer Hemmung beschrieben. Auf Grund der Ableitung der Michaelis-Konstante K_m wird ausgeführt, warum diese Größe nicht immer ein Maß für die Affinität eines Substrates zum Enzym sein muß, daß aber die Bestimmung des Verhältnisses von Michaelis-Konstante und Inhibitor-Konstante $\frac{K_m}{K_i}$ in den meisten Fällen aber doch ein ungefähres Maß für das Verhältnis der Affinität von Substrat und Hemmstoff zum Enzym und damit für die Wirksamkeit eines Antimetaboliten geben wird.

Der Wert von $\frac{K_m}{K_i}$ ist für verschiedene Antimetabolite sehr unterschiedlich. So ist z. B. die Affinität zum Enzym bei den Folsäure-Antagonisten Aminopterin und Amethopterin 100000mal höher, bei dem 5-Fluor-2'-desoxyuridin-5'-phosphat 1700mal höher, beim 6-Diazo-5-oxo-L-Norleucin bis zu 730mal höher als die des entsprechenden Substrates, beim 6-Azauridin-5'-phosphat dagegen nur 10mal höher.

Eine Zusammenstellung von als Substrat-Analoga wirkenden Antimetaboliten ist in Tab. 1, S. 36 wiedergegeben (s. auch Anhang, S. 161).

In bezug auf die Reaktion von Antimetaboliten mit dem regulativen Zentrum von Enzymen wird einleitend das Prinzip der Rückkopplungs-Regulierung von Enzymreaktionen erklärt. Tab. 2, S. 38 gibt eine Zusammenstellung von Antimetaboliten wieder, die als Rückkopplungs-Inhibitoren in der Biosynthese der Purin- und Pyrimidin-Nucleotide wirken können (s. auch Anhang, S. 161). Es wird betont, daß die Rückkopplungs-Hemmung in erster Linie für die Wirkung von Purin-Analoga (wie 6-Mercaptopurin und 6-Thioguanin) von Bedeutung ist, dagegen Pyrimidin-Analoga im allgemeinen über andere Mechanismen wirksam werden.

2.2. Wirkung durch Einbau in die Nucleinsäuren

Antimetabolite können sowohl in die RNS als auch in die DNS eingebaut werden. Dadurch entstehen unnatürliche Nucleinsäure-Moleküle, die Hemmungen und Fehler im genetischen Informations-Transfer verursachen. Antimetabolite, die in die DNS eingebaut werden, sind in der Tab. 3, S. 46 zusammengestellt, Antimetabolite, die in die RNS eingebaut werden, in der Tab. 5, S. 70 (jeweils zusammen mit den biologischen Objekten, an denen ein solcher Einbau beobachtet wurde, und dem Ausmaß des Ersatzes des natürlichen Nucleinsäure-Bausteines durch den unnatürlichen).

Der Einbau von Antimetaboliten (wie z. B. 5-Bromuracil, 5-Joduracil, 5-Trifluormethyluracil und 2-Aminopurin) in die DNS führt zu Hemmungen der DNS-Replikation und damit der Zellteilung sowie zu Mutationen. Letztere kommen durch falsche Basen-Paarung (infolge stärkerer Ionisation oder Verschiebungen im tautomeren Gleichgewicht bei den unnatürlichen Verbindungen im Vergleich zu den natürlichen) bei der Replikation zustande (Inkorporations- oder Replikations-Fehler, s. Abb. 13, S. 56). Bei Phagen und Viren wurde als Folge des Einbaus von 5-Brom- oder 5-Joduracil die Bildung inkompletter, nichtinfektiöser Partikel beobachtet, was eventuell die auch praktisch genutzte partielle Selektivität dieser Verbindungen gegen bestimmte DNS-Viren erklärt.

Eine weitere Folge des Einbaus der 5-halogenierten Thymin-Analoga 5-Brom- oder 5-Joduracil in die DNS von großer potentieller Bedeutung für die Therapie ist eine beträchtliche Sensibilisierung der betroffenen Zellen gegen Strahlen aller Art sowie gegen alkylierende Agenzien. Diese Sensibilisierung beruht offenbar im wesentlichen auf einer Störung der zellulären Reparatur-Mechanismen für Strahlenschäden nach dem Einbau der halogenierten Thymin-Analoga. In geringerem Maße trägt auch die im Vergleich zum Thymin höhere Strahlen-Sensibilität der Analoga zur Sensibilisierung bei. Beispiele für die Strahlensensibilisierung sind in Tab. 4, S. 58 wiedergegeben.

Der Einbau von Antimetaboliten (wie z. B. 5-Fluoruracil, 8-Azaguanin und 2-Thiouracil) in die RNS führt durch Fehler bei der Transkription und Translation zu Störungen im Zellstoffwechsel. Ausdruck dieser Störung sind u. a. die Hemmung der Protein-Synthese, die Synthese fehlerhafter, inaktiver Enzym-Proteine sowie von Proteinen mit veränderten immunologischen Eigenschaften. Im Falle von RNS-Viren kann es zu Mutationen kommen. Ursache dieser Störungen in der Übermittlung der genetischen Information ist zumindest in einigen Fällen eine falsche Basen-Paarung auf Grund des stärkeren Ionisationsgrades der unnatürlichen Basen. Der Einbau von 5-Fluoruracil und 8-Azaguanin in die ribosomale Vorstufen-RNS führt zur Bildung anomaler Partikel an Stelle von kompletten Ribosomen.

3. Biochemische Ursachen der erworbenen Resistenz

Wie gegen andere Cytostatica können Zellen auch gegen Antimetabolite resistent werden. Die Resistenz ist genetisch bedingt und daher erblich. Resistente Zellstämme entstehen durch Mutation und Selektion bei der Züchtung der Zellen in Gegenwart unterschwelliger Dosen des jeweiligen Antimetaboliten. Als mögliche Resistenz-Mechanismen gegen Antimetabolite des Nucleinsäure-Stoffwechsels wurden bisher bekannt: Ausfall der letalen Synthese, Veränderung der Affinität zwischen Enzym und Antimetabolit, kompensatorisch erhöhte Enzym-Bildung, verzögerte Penetration des Antimetaboliten in die Zelle, erhöhter Abbau des Antimetaboliten.

Der Ausfall der letalen Synthese ist die verbreitetste Ursache der Resistenz bei allen denjenigen Verbindungen, die zur Entfaltung ihrer Wirkung der Überführung in die Nucleotid-Form bedürfen (s. Tab. 7, S. 88). Hier kommt es infolge Mutation zum Verlust der die Synthese katalysierenden Enzyme. Da diese Enzyme dem „salvage pathway“ angehören und nicht lebenswichtig sind, sind die mutierten Zellen voll lebensfähig. In einigen Fällen führt die Mutation nur zu einem veränderten Enzym (und nicht zu seinem völligen Verlust). Es werden Versuche beschrieben, die Resistenz durch verwandte Verbindungen zu umgehen, bei denen andere Enzyme die letale Synthese durchführen (z. B. 6-Methylthiopurin-ribosid bei Resistenz gegen 6-Mercaptopurin).

Die biochemisch sehr interessante Veränderung der Affinität zwischen Enzym und Antimetabolit ist als Resistenz-Ursache nur in wenigen Fällen (5-Fluor-2'-desoxyuridin, Folsäure-Antagonisten) beobachtet worden.

Eine kompensatorisch erhöhte Enzym-Bildung als Resistenz-Ursache wurde insbesondere bei den Folsäure-Antagonisten nachgewiesen. Hier liegt eine Erhöhung des Gehaltes und der Synthese-Rate an Folsäure-Reduktase in den behandelten Zellen vor.

Die verzögerte Penetration von Antimetaboliten in die Zelle kommt als Resistenz-Ursache insbesondere bei Folsäure-Antagonisten vor, wurde aber auch vereinzelt bei Resistenz gegen Glutamin-Antagonisten gefunden. Beide Verbindungsarten werden aktiv in die Zelle transportiert. Auch für die Resistenz gegen 6-Mercaptopurin wurde eine verminderte Penetration als mögliche Ursache beschrieben.

Ein erhöhter Abbau kommt bei Antimetaboliten als Ursache für die erworbene Resistenz nur in Ausnahmefällen (z. B. 6-Thioguanin) vor.

4. Der Abbau der Antimetabolite

Die meisten Antimetabolite unterliegen in der Zelle einem raschen enzymatischen Abbau. Das gilt vor allem für die Purin- und Pyrimidin-Analoga und ihre Nucleoside, die über den üblichen Abbauweg der Purin- oder Pyrimidin-Verbindungen (s. Abb. 33, S. 99) inaktiviert werden.

Es werden die wichtigsten Enzyme des Abbaus beschrieben. Dazu gehört die Adenosin-Desaminase, die für die Inaktivierung verschiedener Adenin-Analoga (z. B. 6-Chlorpurin, 2,6-Diaminopurin, 3'-Desoxyadenosin, Pyrazolo-adenin und Adenin-arabinosid) verantwortlich ist und die Guanase, die 8-Azaguanin inaktiviert. Bei den Pyrimidin-Derivaten spielen desaminierende Enzyme insbesondere bei der Inaktivierung von Cytosin-arabinosid und bei der Überführung von 5-Brom- oder 5-Jod-2'-desoxycytidin in die eigentlich wirksamen Uracil-Derivate eine Rolle.

Der Abbau des Purin-Ringes erfolgt weitgehend durch die Xanthin-Oxydase, die auch Purin-Analoga wie 6-Mercaptopurin, 2,6-Diaminopurin und 6-Chlorpurin umsetzt. Als starker Hemmstoff für dieses Enzym wirkt Pyrazolo-hypoxanthin, dem daher zur Potenzierung der Wirkung von Purin-Analoga (Abbau-Hemmung) und zur Behandlung der Gicht (Herabsetzung der Harnsäure-Bildung) eine Bedeutung zukommt.

Der Abbau des Pyrimidin-Ringes beginnt mit der Hydrierung der 5,6-Doppelbindung. Die Dihydro-Derivate des 5-Brom- oder 6-Joduracils sind instabil, spalten spontan Jod- oder Bromwasserstoff ab, und der weitere Abbau erfolgt in normaler Weise mit den dehalogenierten Produkten. Im Gegensatz dazu verbleibt nach der Hydrierung von 5-Fluoruracil das Fluor im Molekül, und es entstehen beim Abbau die entsprechenden fluorierten Verbindungen. Auch beim 5-Jodcytosin kann die Dehalogenierung ausbleiben und es treten jodierte Abbauprodukte auf. Der Ring des 5-Trifluormethyluracils wird nicht abgebaut, sondern unverändert oder als 5-Carboxyluracil ausgeschieden. 5-Azacytosin ist chemisch instabil und zerfällt spontan unter Ringspaltung (auf diesen Zerfall nach Einbau in die Nucleinsäuren wird die cytostatische Aktivität dieser Verbindung zurückgeführt).

Eine Nucleosid-Spaltung spielt insbesondere bei dem raschen phosphorolytischen Abbau von 5-Brom- und 5-Jod-2'-desoxyuridin zu den meist inaktiven freien Basen sowie von 5-Fluor-2'-desoxyuridin zum toxischeren 5-Fluoruracil eine Rolle. Als Hemmstoffe für die die Spaltung katalysierenden Pyrimidin-Nucleosid-Phosphorylasen wurden insbesondere pyranoide Thymin-Nucleoside (wie 2'-Desoxyglucopyranosyl- und 2'-Desoxyxylopyranosyl-Thymin) sowie 6-Aminothymin beschrieben.

Die Folsäure-Antagonisten Aminopterin und Amethopterin werden durch die Aldehyd-Oxydase zu den entsprechenden 7-Hydroxy-Derivaten abgebaut, denen eine stark verringerte Wirksamkeit zukommt. Der mit der unterschiedlichen Spezifität dieses Enzyms bei verschiedenen Spezies verbundene mehr oder weniger starke Abbau der Analoga führt zu deutlichen Unterschieden in der Toxizität.

Azaserin wird zu Pyruvat, Ammoniak und Kohlendioxyd abgebaut.

5. Biochemische Probleme bei der Anwendung von Antimetaboliten des Nucleinsäure-Stoffwechsels zur Chemotherapie des Krebses

Einleitend wird darauf hingewiesen, daß heute die Krebsentstehung als ein Prozeß angesehen wird, bei dem die Malignität in fortschreitendem Maße zunimmt. Im Endstadium liegen dann Tumorzellen vor, die wie die meisten Transplantations-Tumoren, eine hohe Vermehrungsrate haben, in kurzer Zeit das Wirtstier töten und sich in einer Reihe von biochemischen Eigenschaften von den Zellen des Ausgangsgewebes unterscheiden. Die in der Klinik anzutreffenden Tumoren dürften aber häufig noch weitgehend dem Typ der „minimal deviation" Tumoren von Versuchstieren (Morris-Hepatom) entsprechen, die trotz Malignität in ihren biochemischen Eigenschaften dem Ausgangsgewebe völlig gleichen können. Außerdem verlieren Tumoren im Verlaufe der zunehmenden Malignisierung zwar Eigenschaften des Ausgangsgewebes, gleichen aber dann in dieser Hinsicht anderen Normalgeweben mit hoher Mitose-Rate. Es muß daher festgestellt werden, daß bis heute qualitative biochemische Unterschiede zwischen Normal- und Krebszellen, die zur Ausnutzung für einen selektiven chemotherapeutischen Angriff auf die Krebszelle geeignet sind, nicht bekannt sind. Daher können z. Z. auch noch keine Antimetabolite gewonnen werden, die absolut selektiv nur auf die Krebszelle wirken. Die bereits heute zur therapeutischen Anwendung führende partielle Selektivität vieler Cytostatica gegen Krebsgewebe beruht auf sehr komplexen quantitativen Unterschieden im biochemischen Verhalten von Normal- und Krebszelle. Diese Unterschiede betreffen das Ausmaß der letalen Synthese, das Verhältnis von deNovo-Synthese und Synthese über den „salvage pathway", die Intensität der gehemmten Reaktion und ihre Notwendigkeit für den Fortbestand der Zelle, Abbauprozesse, Penetrationsprozesse u. a.

Es wird vorgeschlagen, für die Neuentwicklung cancerostatischer Verbindungen daher z. Z. folgende Gesichtspunkte zu berücksichtigen: 1. Hemmung von Prozessen, die das Krebsgewebe mit möglichst wenigen Normalgeweben teilt, 2. spezifische Hemmung nur einer Reaktion, da dann das Vorliegen eines quantitativen Unterschiedes zwischen Normal- und Krebszelle wahrscheinlicher ist. Eine derartige spezifische Hemmung kann aber nur durch Antimetabolite rationell angestrebt werden. Um die Zahl der mitbetroffenen Normalgewebe möglichst zu begrenzen, erscheinen Antimetabolite des Nucleinsäure-Stoffwechsels als besonders geeignet, da sie besonders Gewebe mit hoher Mitose-Rate angreifen, doch sollte mehr Wert als bisher auf die Entwicklung spezifischer Hemmstoffe der DNS-Synthese gelegt werden. Zur Bestätigung dieser Ansicht wird darauf hingewiesen, daß praktisch alle klinisch angewandten Cancerostatica mit der Synthese der Nucleinsäuren interferieren (daß aber z. B. von der großen Zahl von Aminosäure-Analoga, die zeitlich noch vor der Mehrzahl der Purin- und Pyrimidin-Analoga entwickelt wurden, praktisch keine Verbindung in der Klinik gegen Krebs eingesetzt wird), und daß die Toxizität der 5-Fluoruracil-Verbindungen mit wachsender Selektivität in bezug auf die Hemmung der DNS-Synthese stark abnimmt.

Es wird darauf hingewiesen, daß der Verbesserung der Anwendung bereits bekannter Antimetabolite zur Krebstherapie besondere Aufmerksamkeit gewidmet werden sollte. Zu den hierfür beschriebenen Möglichkeiten gehören z. B. eine der diskontinuierlichen DNS-Synthese angepaßte Applikations-Form bei Verbindungen, die die DNS-Synthese hemmen oder in die DNS eingebaut werden, die Kombination mehrerer Antimetabolite und insbesondere der Schutz von Normalgeweben durch den entsprechenden Metaboliten (oder das Produkt des gehemmten Enzyms). Es wird darauf hingewiesen, daß gerade die letztgenannte Möglichkeit ein besonderer Vorzug bei der Anwendung von Antimetaboliten ist, der mehr als bisher beachtet werden sollte.

Spezieller Teil

Im Gegensatz zum allgemeinen Teil, in dem jeweils bestimmte Eigenschaften von Antimetaboliten zusammengefaßt und vergleichend beschrieben werden, ist der spezielle Teil nach Verbindungen geordnet. Die Reihenfolge der Verbindungen (insgesamt 54, s. Inhaltsverzeichnis) ist durch chemische Gesichtspunkte bestimmt. Es sind hier die Strukturformel und eine kurze Zusammenfassung der wesentlichen biochemischen Eigenschaften jeder Verbindung wiedergegeben.

Dabei richtet sich die Art der Aufführung einer Verbindung als Base oder Nucleosid nach der am meisten angewandten Verbindungsform soweit bekannt, sonst sind beide Formen nebeneinander angegeben. Die Bezeichnung entspricht im allgemeinen also nicht der eigentlichen Wirkform. Sind die Eigenschaften bereits im allgemeinen Teil ausführlich beschrieben worden, so wird auf die entsprechenden Seiten zurückverwiesen. Außerdem werden Literatur-Hinweise auf die biologische Aktivität, insbesondere auf die cancerostatischen Eigenschaften und eventuell auf die klinische Anwendung gegeben.

General Part

1. General Comments on the Properties of Antimetabolites

In the introduction, an antimetabolite is defined as a compound being so similar, by its structure to a metabolite that it can occupy the latter's site at an enzyme however, without performing its biochemical function. This will either block or render anomalous the enzymatic reaction, because it is the antimetabolite rather than the metabolite which is turned over.

Antimetabolites are obtained by modifying the molecular structure of metabolites. With the antimetabolites of the nucleic acid metabolism these modifications generally include the purine or pyrimidine bases, but in recent period they have increasingly been applied also to the sugar moiety of nucleosides. The established modifications of the pyrimidines include the introduction of different substituents (e. g. halogenes, $-NH_2$, $-NHOH$, $-NO_2$, $-SH$, -ethyl) to the C atom 5 of uracil and cytosine, exchange of an OH group for a SH group (2-thiouracil), and exchange of a ring C atom for an N atom (5-aza- or 6-azauracil or-cytosine compounds). Modifications of purines are exchange of OH groups for SH groups (6-mercapto-purine, 6-thioguanine) or for the NH_2 group (2-aminopurine, 2.6-diaminopurine), introduction of halogenes to the C atoms 2 or 6 (2-fluoroadenine, 6-chloropurine), exchange of a ring C atom for an N atom (8-azaguanine) or, vice versa, exchange of a ring N atom for a C atom (7-deazaadenosine) or exchange of positions between a C atom and an N atom within the ring system (pyrazolo [3.4-d] pyrimidine). Among the modifications of the sugar moiety of nucleosides are mainly that of hydroxyl at C-2′ (arabinosyl nucleosides) or at C-3′ (xylosyl nucleosides) and the conversion at C-3′ of the hydroxyl group to a deoxy group (3′-deoxyadenosine). Although exceptions are known, it is strongly assumed that with regard to nucleosides there must generally be a β-glycosidic bond and a furanoid form of pentose.

Nucleic acid synthesis is strongly inhibited not only by the antimetabolites of the nucleic acid metabolism described above, but also by aminopterin and amethopterin, the folic acid antagonists, as well as by azaserine and 6-diazo-5-oxo-L-norleucine, the glutamine antagonists.

Since the biosynthesis of purine and pyrimidine nucleotides takes place mainly via phosphorylated intermediates, the similarity to the substrate required for antimetabolite action will be acquired by the latter only in nucleotide form. Since nucleotides do not penetrate into the cell, suitable precursor compounds have to be applied which are converted intracellularly to the nucleotides by enzymes which belong to the socalled „salvage pathway“ (lethal synthesis). The decisive enzymes for the purine analogues are the purine nucleotide pyrophosphorylases which convert the free bases with 5-phosphoribosylpyrophosphate to nucleotides. Such enzymes are missing for the pyrimidine analogues. Due to the primarily degrading nature of the pyrimidine nucleoside phosphorylases, intracellular nucleoside formation by them is insufficient (with the exception of 5-fluorouracil), while in compounds acting as 2'-deoxyribotides this insufficiency is caused also by lack of 2-deoxyribose in the cell. Therefore, at least to mammals, pyrimidine analogues must generally be applied as nucleosides which are then phosphorylated to nucleotides by nucleoside kinases.

2. Mode of Action

Antimetabolite action may be evoked by blocking of enzyme reactions or by incorporation of the antimetabolite into cell-inherent compounds.

2.1. Inhibition of Enzyme Reactions

Inhibition of enzyme reactions may be effectuated by both blocking of the catalytically active enzyme centre by means of substrate-analogous antimetabolites and by blocking of the regulative (allosteric) centre. In the latter case, the antimetabolites are analogous to regulatively acting metabolites.

Inhibition of enzyme reactions of the nucleic acid synthesis will result in an inhibition of cell division. With inhibitors that have a strongly selective inhibition effect on the DNA synthesis (such as 5-fluoro-2'-deoxyuridine and cytosine arabinoside and — when certain metabolites are added — also the folic acid antagonists), cell death is caused by unbalanced growth (development of giant cells due to uninhibited cell growth at inhibited cell division).

Some of the kinetic fundamentals underlying the combination of substrates and inhibitors to the catalytically active centre are described together with a definition of competitive, noncompetitive, and stoichiometric inhibition. As explained by a derivation of the Michaelis constant (K_m), this variable must not necessarily be a measure of the affinity of a given substrate for the enzyme. Nevertheless, the determination of the ratio betweeen the Michaelis constant and the inhibitor constant (K_i) will in most cases give an approximate measure as to the correlation between the affinity of the substrate and that of the inhibitor for the enzyme and thus a measure of antimetabolite effectiveness.

The value of $\frac{K_m}{K_i}$ greatly differs for different antimetabolites. For example, the affinity for the enzyme of the folic acid antagonists aminopterin and amethopterin is 100,000 times higher, that of 5-fluoro-2'-deoxyuridine-5'-phosphate 1,700 times higher, and that of 6-diazo-5-oxo-L-norleucine up to 730 times higher than that of the corresponding substrates, whereas the enzyme affinity of 6-azauridine-5'-phosphate is higher only by the factor of 10.

A list of antimetabolites acting as substrate analogues is given in Table 1, p. 36 (see also Appendix, p. 161).

As to the reaction of antimetabolites with the regulative centre of enzymes, the principle of feedback regulation of enzyme reactions is described in the introduction. A list of antimetabolites that may act as feedback inhibitors in the biosynthesis of the purine and pyrimidine nucleotides is presented in Table 2, p. 38 (see also Appendix, p. 161). It is stressed that feedback inhibition is important mainly to the action of purine analogues (such as 6-mercaptopurine and 6-thioguanine), whereas the action of pyrimidine analogues will generally take place via mechanisms different from the above.

2.2. Action by Incorporation into the Nucleic Acids

Antimetabolites may be incorporated into both RNA and DNA, to cause unnatural nucleic acid molecules by which inhibitions and defects in the transfer of genetic information are likely to be caused. Antimetabolites incorporated into DNA are compiled in Table 3, p. 46, while antimetabolites incorporated into RNA are enlisted in Table 5, p. 70 (all together with the biological objects in which the respective incorporations were observed and together with the extents to which the natural nucleic acid component was found to be substituted by the unnatural component).

Inhibition in DNA replication and thus cell division as well as mutations will be the results of DNA incorporation of antimetabolites (such as 5-bromouracil, 5-iodouracil, 5-trifluoromethyluracil, and 2-aminopurine). The mutations are based on inadequate pairing of bases (as a result of stronger ionisation or displacements in the tautomeric equilibrium for the unnatural compounds in comparison to the natural compounds) in replication (incorporation or replication errors, see Fig. 13, p. 56). In phages and viruses, the formation of incomplete, non-infectious particles was observed as a result of the incorporation of 5-bromouracil or 5-iodouracil which might also explain the practically utilised partial selectivity of these compounds to certain DNA viruses.

Another consequence of the incorporation of the 5-halogenated thymine analogues 5-bromuracil or 5-ioduracil into DNA, of great potential importance to therapy, is a considerable sensibilisation of the cells concerned to all sorts of radiation and to alkylating agents. This sensibilisation is obviously based essentially on the fact that after the incorporation of the halogenated thymine analogues the cellular repair mechanisms for radiation damage are disturbed. A somewhat smaller contribution to the sensibilisation comes also from the radiation sensibility of the analogues being higher than that of thymine. Examples of such sensibilisation to radiation are given in Table 4, p. 58.

The incorporation of antimetabolites (such as 5-fluorouracil, 8-azaguanine, and 2-thiouracil) into RNA will result in interferences with cell metabolism due to defects in transcription and translation. Some expressions of such interference are an inhibition of protein synthesis as well as the synthesis of defect, inactive enzyme proteins and of proteins with changed immunological properties. In the case of RNA viruses, mutations may arise. In some cases at least, these disturbances in the transfer of genetic information will have to be attributed to deficient pairing of bases due to the stronger degree of ionisation of the unnatural bases. The incorporation of 5-fluorouracil and 8-azaguanine into the ribosomal precursor RNA results in the formation of abnormal particles instead of complete ribosomes.

3. Biochemical Causes of Acquired Resistance

Cells may assume resistance against antimetabolites just as against other cytostatics. Resistance is genetically produced and thus hereditable. Resistent cell strains are obtained by mutation and selection in cells cultured in the presence of subthreshold doses of the respective antimetabolite. The following possible resistance mechanisms against antimetabolites of the nucleic acid metabolism have so far become known: lack of lethal synthesis, change of affinity between enzyme and antimetabolite, compensatorily increased enzyme formation, delayed penetration of the antimetabolite into the cell, enhanced degradation of the antimetabolite.

The lack of the lethal synthesis is the most common cause of resistance with all compounds that need transfer to the nucleotide form to develop their own action (see Table 7, p. 88). Due to mutation, the enzymes catalysing the synthesis are lost. Since these enzymes belong to the „salvage pathway" and are not of vital importance, the mutated cells are fully viable. In certain cases, mutation will give only a changed enzyme (rather than causing its entire loss). Experiments are described conducted with the view of avoiding resistance by using related compounds in which lethal synthesis is effectuated by other enzymes (e. g. 6-methylthiopurine-riboside with resistance against 6-mercaptopurine).

The biochemically highly interesting change of affinity between enzyme and antimetabolite was observed as the cause of resistance only in few cases (5-fluoro-2'-deoxyuridine, folic acid antagonists).

Compensatorily increased enzyme formation as the cause of resistance was confirmed mainly for the folic acid antagonists where both the content and the synthesis rate of folic acid reductase were enhanced in the treated cells.

Delayed penetration of antimetabolites into the cell is found to be the cause of resistance mainly in connection with folic acid antagonists, but it was established, in some cases, also with regard to resistance against glutamine antagonists. The two types of compounds are actively transported into the cell. Reduced penetration as a possible cause was described also for resistance against 6-mercaptopurine.

For antimetabolites, enhanced degradation is very rarely found to be the cause of acquired resistance (e. g. 6 thioguanine).

4. Degradation of Antimetabolites

Most of the antimetabolites are intracellularly subject to rapid enzymatic degradation. This applies mainly to the purine and pyrimidine analogues and their nucleosides which are inactivated in the usual degradation pathway of purine or pyrimidine compounds (see Fig. 33, p. 99).

The major enzymes of degradation are described, among them adenosine deaminase, which is responsible for the inactivation of different adenine analogues (e. g. 6-chloropurine, 2.6-diaminopurine, 3'-deoxyadenosine, pyrazolo-adenine, and adenine-arabinosid), and guanase by wich 8-azaguanine will be inactivated.

With the pyrimidine derivates, a major role is played by deaminating enzymes mainly in the inactivation of cytosine-arabinosid and in the transfer of 5-bromo- or 5-iodo-2'-deoxycytidine to the actually active uracil derivates.

The purine ring is degraded mainly by xanthine oxydase by which also purine analogues, such as 6-mercaptopurine, 2.6-diaminopurine, and 6-chloropurine, are turned over. A strong inhibitor to this enzyme is pyrazolo-hypoxanthine which is, therefore, important in enhancing the effect of purine analogues (inhibition of degradation) and in treating gout (reduction of uric acid formation).

Degradation of the pyrimidine ring starts by hydrogenation of the 5.6-double bond. The dihydro-derivates of 5-bromouracil or 6-iodouracil are instable and will spontaneously separate hydrogen bromide or hydrogen iodide, with degradation being then continued in the normal way with the dehalogenated products. On the other hand, however, after hydrogenation of 5-fluorouracil the fluorine is retained in the molecule, and on degradation the corresponding fluorinated compounds are developed. Dehalogenation may fall off also in 5-iodocytosine, and iodinated degradates may occur. The ring of 5-trifluoromethyluracil is not degraded, but excreted either unchanged or as 5-carboxyuracil. 5-azacytosine is chemically instable and degraded spontaneously with cleavage of the ring (the cytostatic activity of this compound being attributed to this degradation following the incorporation into the nucleic acids).

Nucleoside cleavage plays a role mainly in the rapid phosporolytic degradation of 5-bromo- and 5-iodo-2'-deoxyuridine to the usually inactive free bases as well as in that of 5-fluoro-2'-deoxyuridine to the more toxic 5-fluorouracil. The substances described as inhibitors of the pyrimidine-nucleoside phosphorylases by which the cleavage is catalysed were pyranoid thymine nucleosides (such as 2'-deoxyglucopyranosyl- and 2'-deoxyxylopyranosyl-thymine) as well as 6-aminothymine.

The folic acid antagonists aminopterin and amethopterin are degraded by aldehyde oxydase to the corresponding 7-hydroxy derivates which are characterised by considerably reduced effectiveness. Marked differences in toxicity are the results from the more or less intensive degradation of the analogues associated with the different specificities of this enzyme to different species.

Azaserine is degraded to pyruvate, ammonia, and carbon dioxide.

5. Biochemical Problems in the Application of Antimetabolites of the Nucleic Acid Metabolism to the Chemotherapy of Cancer

It is pointed out in the introduction that today cancerogenesis is considered as a process in which malignity is progressively aggravating. In the final stage there will be tumor cells which, as in most transplantation tumors, have a high rate of proliferation, to kill the host species in short time, and differ from the cells of the original tissue by a number of biochemical properties. However, the tumors found in clinical practice will often correspond widely to the type of „minimal deviation" tumors of experimental animals (Morris hepatoma) which, whatever their malignancy, may be entirely equal to the original tissue in their biochemical properties In addition, tumors will lose, in the course of aggravating malignation, certain biochemical properties of the original tissue, but they will, in this respect, be equal to other normal tissue with high rate of mitosis. Therefore, one has to admit that up to now no qualitative biochemical differences between normal and cancer cells are known which might be used for a selective chemotherapeutic attack against the cancer cell. Hence, no antimetabolites can be achieved as yet which would act with absolute selectivity only on the cancer cell. The partial selectivity of many cytostatics to cancer tissue which are therapeutically used today is based on very complex quantitative differences between the biochemical behaviour of the normal cell and that of the cancer cell. These differences apply to the extent of lethal synthesis, the ratio between deNovo synthesis and synthesis via the „salvage pathway", the intensity of inhibited reaction and its importance to the survival of the cell, as well as to degradation, penetration, and other processes.

It is, therefore, suggested to consider, for the time being, the following aspects in the preparation of new cancerostatic compounds: 1. Inhibition of processes which the cancer tissue has in common with the smallest possible amount of normal tissue; 2. specific inhibition of only one reaction in which case the presence of a quantitative difference between normal and cancer cell will be more probable. After all, it is only the antimetabolite by which such specific inhibition can be attempted in a rational way. In order to most stringently limitate the number of normal tissues also affected, antimetabolites of the nucleic acid metabolism seem to be particularly suitable, since they would attack mainly tissue with a high rate of mitosis; yet more emphasis than before should be laid on the preparation of inhibitors with specific action on the DNA synthesis. In supporting this view, it is suggested that practically all clinically used cancerostatics interfere with the synthesis of the nucleic acids (that, on the other hand, among the great number of amino acid analogues, which were developed earlier than the majority of the purine and pyrimidine analogues, there is practically no single compound clinically used against cancer) and that the toxicity of the 5-fluorouracil compounds strongly declines with growing selectivity to inhibition of DNA synthesis.

It is proposed that particular attention should be paid to better application of the known antimetabolites to cancer therapy. The possibilities described in this respect include a form of applying compounds, inhibiting DNA synthesis or being incorporated into DNA, which is adapted to the discontinuous nature of DNA synthesis, the combination of several antimetabolites, and, last but not least, the protection of normal tissue by means of the corresponding metabolite (or the product of the inhibited enzyme). It is stressed that mainly the latter possibility is a special advantage in the application of antimetabolites which should be more carefully considered.

Special Part

The special part differs from the general part, where certain properties of antimetabolites are summarised and comparatively described, in that it is organised by compounds. The sequence of the compounds (i.e. a total of 54; see Table of Contents) is based on chemical aspects. If the most frequently used form of the given compound is known, the latter is enlisted accordingly, i.e. as base or nucleoside. Otherwise the two forms are given. Hence, in general, the definition used is not identical with the proper form of action. The structural formula and a brief summary of the essential biochemical properties are given for each of the enlisted compounds. If such properties were treated in detail in the general part, reference is made to the respective pages. In addition, literature references are given on biological activity, mainly on cancerostatic properties, and to some extent on clinical applications.

Literatur

[1] R. Abrams and M. Bentley, Arch. Biochem. Biophysics **79**, 91 (1959)
[2] W. W. Ackermann and V. R. Potter, Proc. Soc. exptl. Biol. Med. **72**, 1 (1949)
[3] S. Acki and R. P. Boyce, Nature **209**, 686 (1966)
[4] G. Acs, E. Reich and M. Mori, Proc. Natl. Acad. Sci. **52**, 493 (1964)
[5] A. M. Albrecht, J. L. Palmer and D. J. Hutchison, J. Biol. Chem. **241**, 1043 (1966)
[6] J. A. Alexander, P. Wheeler, D. H. Hill and H. P. Morris, Biochem. Pharmac. **15**, 881 (1966)
[7] P. W. Allan, H. P. Schnebli and L. L. Bennett, Biochim. Biophys. Acta **114**, 647 (1966)
[8] J. L. Ambrus and A. Segaloff, Proc. Am. Ass. Cancer Res. **3**, 2 (1959)
[9] H. Amos and E. Vollmayer, Virology 6, **337** (1955)
[10] E. P. Anderson and R. W. Brockman, Biochim. Biophys. Acta **91**, 380 (1964)
[11] E. P. Anderson, J. E. Ciardi, R. W. Brockman and L. W. Law, Fed. Proc. **21**, 384 (1962)
[12] E. P. Anderson and J. A. Jacquez, Cancer Res. **22**, 27 (1962)
[13] E. P. Anderson, B. Levenberg and L. W. Law, Fed. Proc. **16**, 145 (1957)
[14] T. Andoh and E. Chargaff, Proc. Natl. Acad. Sci. **54**, 1181 (1965)
[15] F. J. Ansfield, Proc. Am. Ass. Cancer Res. **3**, 205 (1961)
[16] F. J. Ansfield, J. M. Schroeder and A. R. Curreri, Cancer Chemoth. Rep. **16**, 389 (1962)
[17] J. Arnold and T. D. Price, Fed. Proc. **22**, 292 (1963)
[18] A. J. Aronson, Biochim. Biophys. Acta **49**, 98 (1961)
[19] E. B. Astwood, A. Bissell and A. M. Hughes, Endocrinology **37**, 456 (1945)
[20] M. R. Atkinson, G. Eckermann and J. Stephenson, Biochim. Biophys. Acta **108**, 320 (1965)
[21] M. R. Atkinson, J. F. Jackson and R. K. Morton, Nature **192**, 946 (1961)
[22] M. R. Atkinson, J. F. Jackson, R. K. Morton and A. W. Murray, Nature **196**, 35 (1962)
[23] M. R. Atkinson, R. K. Morton and A. W. Murray, Biochem. J. **89**, 167 (1963)
[24] M. R. Atkinson, R. K. Morton and A. W. Murray, Biochem. J. **92**, 398 (1964)
[25] M. R. Atkinson and A. W. Murray, Biochem. J. **94**, 64 (1965)
[26] B. R. Baker, Biochem. Pharmac. **2**, 161 (1959)
[27] B. R. Baker and B. T. Ho, J. Heterocyclic Chem. **2**, 72 (1965)
[28] B. R. Baker and B. T. Ho, J. Heterocyclic Chem. **2**, 335 (1965)
[29] B. R. Baker and B. T. Ho, J. Heterocyclic Chem. **2**, 341 (1965)
[30] B. R. Baker, B. T. Ho and D. V. Santi, J. Pharmaceut. Sci. **54**, 1415 (1965)
[31] B. R. Baker, G. D. F. Jackson and G. B. Chheda, J. Pharmaceut. Sci **54**, 1617 (1965)
[32] B. R. Baker and J. H. Jordaan, J. Heterocyclic Chem. **2**, 162 (1965)
[33] B. R. Baker and J. H. Jordaan, J. Pharmaceut. Sci. **54**, 1740 (1965)

[34] B. R. Baker and G. J. Laurens, J. Heterocyclic Chem. **2**, 344 (1965)
[35] B. R. Baker and H. S. Sachdev, J. Pharmaceut. Sci. **52**, 933 (1963)
[36] B. R. Baker and P. M. Tanna, J. Pharmaceut. Sci. **54**, 1609 (1965)
[37] B. R. Baker and P. M. Tanna, J. Pharmaceut. Sci. **54**, 1774 (1965)
[38] B. R. Baker, P. M. Tanna and G. D. F. Jackson, J. Pharmaceut. Sci. **54**, 987 (1965)
[39] J. Bakés, N. Befort, J. H. Weil and J. P. Ebel, Biochem. Biophys. Res. Comm. **19**, 84 (1965)
[40] Y. S. Bakhle, W. A. Creasy, A. C. Sartorelli and W. H. Prusoff, Biochem. Pharmac. **13**, 1249 (1964)
[41] R. L. Baldwin and E. M. Shooter, J. Mol. Biol. **7**, 511 (1963)
[42] M. E. Balis, V. Hylin, M. K. Coultas and D. J. Hutchison, Cancer Res. **18**, 440 (1958)
[43] M. E. Balis, D. H. Levin, G. B. Brown, G. B. Elion, H. Vanderwerff and G. H. Hitchings, J. Biol. Chem. **199**, 227 (1952)
[44] T. J. Bardos, R. R. Herr and T. Enkoiji, J. Am. Chem. Soc. **77**, 960 (1955)
[45] T. J. Bardos, A. Segaloff and J. L. Ambrus, Nature **183**, 612 (1959)
[46] W. E. Barnett and H. E. Brockman, Biochem. Biophys. Res. Comm. **7**, 199 (1962)
[47] H. W. Barrett, S. N. Munavalli and P. Newmark, Biochim. Biophys. Acta **91**, 199 (1964)
[48] H. W. Barrett, and R. A. West, J. Am. Chem. Soc. **78**, 1612 (1956)
[49] J. Bauerová, K. Šebesta, F. Šorm and Z. Šormova, Coll. Czech. Chem. Comm. **25**, 2906 (1960)
[50] R. E. Beltz and D. W. Visser, J. Am. Chem. Soc. **77**, 736 (1955)
[51] A. Bendich and G. B. Brown, J. Biol. Chem. **176**, 1471 (1948)
[52] A. Bendich, S. S. Furst and G. B. Brown, J. Biol. Chem. **185**, 423 (1950)
[53] L. L. Bennett, R. W. Brockmann, H. P. Schnebli, S. Chumley, G. J. Dixon, F. M. Schabel, E. A. Dulmadge, H. E. Skipper, J. A. Montgomery and H. J. Thomas, Nature **205**, 1276 (1965)
[54] L. L. Bennett and D. Smithers, Biochem. Pharmac. **13**, 1331 (1964)
[55] L. L. Bennett, L. Simpson, J. Golden and T. L. Barker, Cancer Res. **23**, 1574 (1963)
[56] L. L. Bennett and H. E. Skipper, Cancer Res. **17**, 370 (1957)
[57] L. L. Bennett, D. Smithers, C. Teague, H. T. Baker and P. Stutts, Biochem. Pharmac. **11**, 81 (1962)
[58] S. Benzer and E. Freese, Proc. Natl. Acad. Sci. **44**, 112 (1958)
[59] M. C. Berenblum, Nature **185**, 167 (1963)
[60] F. Bergmann, H. Burger and M. Tamari, Biochem. Biophys. Res. Comm. **12**, 284 (1963)
[61] L. Berman, A. R. Axelrod, E. C. Heide and E. A. Sharp, Am. J. Clin. Path. **19**, 127 (1949)
[62] R. J. Berry and J. R. Andrews, Nature **196**, 185 (1962)
[63] R. J. Beery and J. R. Andrews, Radiat. Res. **16**, 82 (1962)
[64] J. R. Bertino, Cancer Res. **23**, 1286 (1963)
[65] J. R. Bertino, Cancer Res. **25**, 1614 (1965)
[66] J. R. Bertino, B. A. Booth, A. L. Bieber, A. Cashmore and A. C. Sartorelli, J. Biol. Chem. **239**, 479 (1964)
[67] J. R. Bertino, D. R. Donohue, B. W. Gabrio, R. Silber, A. Alenty, M. Meyer and F. M. Huennekens, Nature **193**, 140 (1962)
[68] J. R. Bertino, D. M. Donohue, B. Simmons, B. W. Gabrio, R. Silber and F. M. Huennekens, J. Clin. Invest. **42**, 466 (1963)

[69] J. R. BERTINO, B. SIMMONS and D. M. DONOHUE, Biochem. Pharmac. **13**, 225 (1964)
[70] M. J. BESSMAN, J. R. LEHMAN, J. ADLER, S. B. ZIMMERMAN, E. S. SIMMS and A. KORNBERG, Proc. Natl. Acad. Sci. **44**, 633 (1958)
[71] R. BEUKERTS and W. BERENDS, Biochim. Biophys. Acta **49**, 181 (1961)
[72] A. L. BIEBER and A. C. SARTORELLI, Cancer Res. **24**, 1210 (1964)
[73] A. L. BIEBER and A. C. SARTORELLI, Nature **201**, 624 (1964)
[74] S. BIEBER, L. S. DIETRICH, G. B. ELION, G. H. HITCHINGS and D. S. MARTIN, Cancer Res. **21**, 228 (1961)
[75] J. L. BIEDLER, A. M. ALBRECHT and D. J. HUTCHISON, Cancer Res. **25**, 246 (1965)
[76] J. L. BIEDLER, A. W. SCHRECKER and D. J. HUTCHISON, J. Natl. Cancer Inst. **31**, 575 (1963)
[77] J. J. BIESELE, R. E. BURGER, A. Y. WILSON, G. H. HITCHINGS and G. B. ELION, Cancer Res. **4**, 186 (1951)
[78] G. D. BIRNIE, H. KROEGER and C. HEIDELBERGER, Biochemistry **2**, 567 (1963)
[79] G. M. BLACKBURN and R. J. H. DAVIES, Biochem. Biophys. Res. Comm. **22**, 704 (1966)
[80] D. G. R. BLAIR and D. J. RAINNIE, Can. J. Biochem. **45**, 347 (1967)
[81] D. G. R. BLAIR, J. E. STONE and V. R. POTTER, J. Biol. Chem. **235**, 2379 (1960)
[82] R. L. BLAKLEY, J. Biol. Chem. **238**, 2113 (1963)
[83] R. L. BLAKLEY and B. M. MCDOUGALL, J. Biol. Chem. **236**, 1163 (1961)
[84] A. BLOCH, Proc. Am. Ass. Cancer Res. **6**, 6 (1965)
[85] A. BLOCH, M. H. FLEYSHER, R. THEDFORD, R. J. MAUE and R. H. HALL, J. Med. Chem. **9**, 886 (1966)
[86] A. BLOCH and D. J. HUTCHISON, Cancer Res. **24**, 433 (1964)
[87] A. BLOCH, R. J. LEONHARD and C. A. NICHOL, Biochem. Biophys. Acta **138**, 10 (1967)
[88] A. BLOCH and C. A. NICHOL, Biochem. Biophys. Res. Comm. **16**, 400 (1964)
[89] N. G. BLOKHINA, Vestnik Akademii Medicinskich Nauk SSSR **19**, 62 (1964)
[89a] N. G. BLOKHINA and N. N. BLOKHIN, Cancer 20, 668 (1967)
[90] W. BOLLAG, Schweizer Med. Wochschr. **87**, 817 (1957)
[91] B. A. BOOTH and A. C. SARTORELLI, J. Biol. Chem. **236**, 203 (1961)
[92] E. BORENFREUND, M. KRIM and A. BENDICH, J. Natl. Cancer Inst. **32**, 667 (1964)
[93] L. BOSCH, E. HARBERS and C. HEIDELBERGER, Cancer Res. **18**, 335 (1958)
[94] W. A. BOWLES, F. H. SCHNEIDER, L. R. LEWIS and R. K. ROBINS, J. Med. Chem. **6**, 471 (1963)
[95] R. P. BOYCE, Nature **209**, 688 (1966)
[96] R. P. BOYCE and P. HOWARD-FLANDERS, Proc. Natl. Acad. Sci. **51**, 293 (1964)
[97] R. P. BOYCE and R. SETLOW, Biochim. Biophys. Acta **68**, 446 (1963)
[98] M. J. BRENNAN, R. W. TALLEY, E. H. DRAKE, V. K. VAITKEVICIUS, A. K. POZNANSKI and B. E. BRUSH, Ann. Surgery **158**, 405 (1963)
[99] M. J. BRENNAN, V. K. VAITKEVICIUS and J. W. REBUCK, Blood **16**, 1535 (1960)
[100] E. BRESNICK, Cancer Res. **22**, 1246 (1962)
[101] E. BRESNICK, Biochim. Biophys. Acta **67**, 425 (1963)
[102] E. BRESNICK, Fed. Proc. **22**, 533 (1963)
[103] E. BRESNICK and K. BLATCHFORD, Biochim. Biophys. Acta **81**, 150 (1964)
[104] E. BRESNICK and G. H. HITCHINGS, Proc. Am. Ass. Cancer Res. **3**, 212 (1961)
[105] E. BRESNICK and G. H. HITCHINGS, Cancer Res. **21**, 105 (1961)
[106] E. BRESNICK and R. J. KARJALA, Cancer Res. **24**, 841 (1964)
[107] E. BRESNICK, S. SINGER and G. H. HITCHINGS, Biochim. Biophys. Acta **37**, 251 (1960)
[108] E. BRESNICK and U. B. THOMPSON, J. Biol. Chem. **240**, 3967 (1965)

[109] W. A. Bridger and L. H. Cohen, Biochim. Biophys. Acta **73**, 514 (1963)
[110] J. J. Brink and G. A. LePage, Fed. Proc. **22**, 184 (1963)
[111] J. J. Brink and G. A. LePage, Cancer Res. **24**, 312 (1964)
[112] J. J. Brink and G. A. LePage, Cancer Res. **24**, 1042 (1964)
[113] J. J. Brink and G. A. LePage, Can. J. Biochem. **43**, 1 (1965)
[114] T. D. Brock, Fed. Proc. **23**, 965 (1964)
[115] R. W. Brockman, Cancer Res. **20**, 643 (1960)
[116] R. W. Brockman, Cancer Res. **25**, 1596 (1965)
[117] R. W. Brockman and E. P. Anderson, Ann. Rev. Biochem. **32**, 463 (1963)
[118] R. W. Brockman, L. L. Bennett, M. S. Simpson, A. R. Wilson, J. R. Thomson and H. E. Skipper, Cancer Res. **19**, 856 (1959)
[119] R. W. Brockman, L. L. Bennett and H. E. Skipper, Proc. Am. Ass. Cancer Res. **2**, 191 (1957)
[120] R. W. Brockman and S. Chumley, Biochim. Biophys. Acta **95**, 365 (1965)
[121] R. W. Brockman, J. M. Davis and P. Stutts, Biochim. Biophys. Acta **40**, 22 (1960)
[122] R. W. Brockman, C. S. Debavadi, P. Stutts and D. J. Hutchison, J. Biol. Chem. **236**, 1471 (1961)
[123] R. W. Brockman, R. A. Roosa, L. Law and P. Stutts, J. Cell. Physiol. **60**, 65 (1962)
[124] R. W. Brockman, M. C. Sparks and M. S. Simpson, Biochim. Biophys. Acta **26**, 671 (1957)
[125] R. W. Brockman, M. C. Sparks, M. S. Simpson and H. E. Skipper, Biochem. Pharmac **2**, 77 (1959)
[126] R. W. Brockman and P. Stutts, Fed. Proc. **19**, 313 (1960)
[127] R. W. Brockman, G. G. Kelly, P. Stutts and V. Copeland, Nature **191**, 469 (1961)
[128] P. Brookes and P. D. Lawley, Biochem. J. **77**, 478 (1960)
[129] P. Brookes and P. D. Lawley, Biochem. J. **80**, 496 (1961)
[130] P. Brookes and P. D. Lawley, Biochem. J. **89**, 138 (1963)
[131] H. P. Broquist, A. R. Kohler, D. J. Hutchison and J. H. Burchenal, J. Biol. Chem. **202**, 59 (1953)
[132] G. M. Brown, J. Biol. Chem. 237, 536 (1962)
[133] H. Bujard and C. Heidelberger, Biochemistry **5**, 3339 (1966)
[134] J. H. Burchenal, H. H. Adams, N. S. Newell and F. F. Fox, Cancer Res. **26**, 370 (1966)
[135] J. H. Burchenal, and G. Babcock, Proc. Soc. Exptl. Biol. Med. **76**, 382 (1951)
[136] J. H. Burchenal, A. Bendich, G. B. Brown, G. B. Elion, G. H. Hitchings, C. P. Rhoads and C. C. Stock, Cancer **2**, 119 (1949)
[137] J. H. Burchenal and M. K. Dagg, Proc. Am. Ass. Cancer Res. **2**, 97 (1956)
[138] J. H. Burchenal, M. Dollinger, J. Butterbough, D. Stoll and A. Giner-Sorolla, Biochem. Pharmac. **16**, 423 (1967)
[139] J. H. Burchenal, E. A. D. Holmberg, J. J. Fox, S. C. Hemphil and J. A. Reppert, Cancer Res. **19**, 494 (1959)
[140] J. H. Burchenal, S. F. Johnston, J. R. Burchenal, M. N. Kushida, E. Robinson and C. C. Stock, Proc. Soc. Exptl. Biol. Med. **71**, 381 (1949)
[141] J. H. Burchenal, D. A. Karnofsky, E. M. Kingsley-Pillers, C. M. Southam, W. P. L. Myers, G. C. Fischer, L. F. Cramer, H. W. Dargeon and C. P. Rhoads, Cancer **4**, 549 (1951)
[142] J. H. Burchenal, D. A. Karnofsky, L. Murphy, R. R. Ellison and C. P. Rhoads, Proc. Am. Ass. Cancer Res. **1**, 7 (1953)

[143] J. H. Burchenal, D. A. Karnofsky, M. L. Murphy, R. R. Ellison, M. P. Sykes, C. T. C. Tan, A. C. Mermann, M. Yuceoglu and C. P. Rhoads, Am. J. Med. Sci. **228**, 371 (1954)
[144] J. H. Burchenal, M. N. Kushida, S. F. Johnston and M. A. Cremer, Proc. Soc. Exptl. Biol. Med. **71**, 559 (1949)
[145] J. H. Burchenal, M. L. Murphy, R. R. Ellison, M. P. Sykes, C. T. C. Tan, L. A. Leone, D. A. Karnofsky, L. F. Cramer, H. W. Dargeon and C. P. Rhoads, Blood **8**, 965 (1953)
[146] J. H. Burchenal, M. L. Murphy and C. T. C. Tan, Pediatrics **18**, 643 (1956)
[147] J. H. Burchenal, H. F. Oettgen, J. A. Reppert and V. Coley, Cancer Chemoth. Rep. **6**, 1 (1960)
[148] J. H. Burchenal, J. R. Purple, V. Coley and R. Kaufman, Proc. Am. Ass. Cancer Res. **3**, 213 (1961)
[149] A. Bussard, S. Naono, F. Gros et J. Monod, Compt. Rend. **250**, 4049 (1960)
[150] P. Calabresi, J. Clin. Invest. **41**, 1484 (1962)
[151] P. Calabresi, Cancer Res. **23**, 1260 (1963)
[152] P. Calabresi, S. S. Cardoso, S. C. Finch, M. M. Kligerman, C. F. von Essen, M. Y. Chu and A. D. Welch, Cancer Res. **21**, 551 (1963)
[153] P. Calabresi, W. A. Creasy, W. H. Prusoff and A. D. Welch, Cancer Res. **23**, 583 (1963)
[154] P. Calabresi and R. W. Turner, Ann. Int. Med. **64**, 352 (1966)
[155] P. Calabresi and A. D. Welch, Ann. Rev. Med. **13**, 147 (1962)
[156] G. W. Camiener and C. G. Smith, Biochem. Pharmac. **14**, 1405 (1965)
[157] K. V. Cammack, Am. J. Surg. **108**, 673 (1964)
[158] E. S. Canellakis, J. Biol. Chem. **227**, 329 (1957)
[159] E. S. Canellakis, J. Biol. Chem. **227**, 701 (1957)
[160] E. S. Canellakis, J. J. Jaffe, R. Mantsavinos and J. S. Krakow, J. Biol. Chem. **234**, 2096 (1959)
[161] A. Čapek, E. Svátek and M. Tadra, Folia Microbiol. **8**, 304 (1963)
[162] J. A. Carbon, Biochem. Biophys. Res. Comm. **7**, 366 (1962)
[163] P. T. Cardeilhac and S. S. Cohen, Cancer Res. **24**, 1595 (1964)
[164] S. S. Cardoso, P. Calabresi and R. E. Handschumacher, Cancer Res. **21**, 1551 (1961)
[165] N. H. Carey and H. G. Mandel, Fed. Proc. **18**, 200 (1959)
[166] P. E. Carló and H. G. Mandel, Cancer Res. **14**, 459 (1954)
[167] C. E. Carter, Biochem. Pharmac. **2**, 105 (1959)
[168] G. E. Cartwright, J. G. Palmer, G. H. Hitchings, G. B. Elion, F. D. Gunn and M. M. Wintrobe, J. Lab. Clin. Med. **35**, 518 (1950)
[169] J. E. Casida, J. L. Engel and Y. Nishizawa, Biochem. Pharmac. **15**, 627 (1966)
[170] C. T. Caskey, D. M. Ashton and J. B. Wyngaarden, J. Biol. Chem. **239**, 2570 (1964)
[171] Y. Centifano and H. E. Kaufman, Proc. Soc. Exptl. Biol. Med. **120**, 23 (1965)
[172] K. Čerey, J. Elis and H. Rašková, Biochem. Pharmac. **14**, 1549 (1965)
[173] J. Černa, I. Rychlik, D. Grünberger and F. Šorm, Coll. Czech. Chem. Comm. **28**, 1215 (1963)
[174] V. Černy, L. Šándor, V. Ujházy and A. Winkler, Neoplasma **6**, 175 (1959)
[175] S. P. Champe and S. Benzer, Proc. Natl. Acad. Sci. **48**, 532 (1962)
[176] B. Chance, J. Biol. Chem. **151**, 553 (1943)
[177] N. K. Chandhuri, B. J. Montag and C. Heidelberger, Cancer Res. **18**, 318 (1958)
[178] N. K. Chandhuri, K. L. Mukherjee and C. Heidelberger, Biochem. Pharmac. **1**, 328 (1958)

[179] H. CHANTRENNE, Biochem. Pharmac. **1**, 233 (1958)
[180] H. CHANTRENNE and S. DEVREUX, Nature **181**, **1737** (1958)
[181] H. CHANTRENNE and S. DEVREUX, Exptl. Cell Res. **6**, 152 (1958)
[182] H. CHANTRENNE and S. DEVREUX, Biochim. Biophys. Acta **39**, 486 (1960)
[183] S. CHARACHE, P. T. CONDIT and S. R. HUMPHREYS, Cancer **13**, 236 (1960)
[184] L. CHEONG, M. A. RICH and M. L. EIDINOFF, Cancer Res. **20**, 1602 (1960)
[185] L. CHEONG, M. A. RICH and M. L. EIDINOFF, J. Biol. Chem. **235**, 1441 (1960)
[186] D. S. CHILDS, C. G. MOERTEL, and M. A. HOLBROOK, Radiology **84**, 843 (1965)
[187] E. H. Y. CHU, Genetics **52**, 1279 (1965)
[188] M. Y. CHU and G. A. FISCHER, Biochem. Pharmac. **11**, 423 (1962)
[189] M. Y. CHU and G. A. FISCHER, Biochem. Pharmac. **14**, 333 (1965)
[190] A. ČIHÁK, J. ŠKODA and F. ŠORM, Biochim. Biophys. Acta **72**, 125 (1963)
[191] A. ČIHÁK, J. ŠKODA and F. ŠORM, Coll. Czech. Chem. Comm. **28**, 3297 (1963)
[192] A. ČIHÁK, J. ŠKODA and F. ŠORM, Coll. Czech. Chem. Comm. **29**, 300 (1964)
[193] A. ČIHÁK, J. ŠKODA and F. ŠORM, Coll. Czech. Chem. Comm. **29**, 814 (1964)
[194] A. ČIHÁK, J. ŠKODA and F. ŠORM, Coll. Czech. Chem. Comm, **29**, 1322 (1964)
[195] A. ČIHÁK and F. ŠORM, Coll. Czech. Chem. Comm. **30**, 2091 (1965)
[196] A. ČIHÁK and F. ŠORM, Coll. Czech. Chem. Comm. **30**, 2137 (1965)
[197] A. ČIHÁK, R. TYKVA and F. ŠORM, Coll. Czech. Chem. Comm. **31**, 3015 (1966)
[198] A. ČIHÁK, J. VESELÝ and F. ŠORM, Biochim. Biophys. Acta **108**, 516 (1965)
[199] D. A. CLARKE, F. S. PHILIPS, S. S. STERNBERG and C. C. STOCK, Ann. N. Y. Acad. Sci. **60**, 235 (1954)
[200] D. A. CLARKE, F. S. PHILIPS, S. S. STERNBERG, C. C. STOCK, G. B. ELION and G. H. HITCHINGS, Cancer Res. **13**, 593 (1953)
[201] D. A. CLARKE, H. C. REILLY and C. C. STOCK, Antibiotics and Chemoth. **7**, 653 (1957)
[202] K. H. CLIFTON, W. SZYBALSKI, C. HEIDELBERGER, F. F. GOLLIN, F. J. ANSFIELD and C. H. VERMUND, Cancer Res. **23**, 1715 (1963)
[203] F. A. L. CLOWES, J. Exptl. Botany **16**, 581 (1965)
[204] L. H. COHEN and R. E. PARKS, Can. J. Biochem. Physiol. **41**, 1495 (1963)
[205] S. S. COHEN, Progress in Nucleic Acid Res. **5**, 2 (1966)
[206] S. S. COHEN and H. D. BARNER, Proc. Natl. Acad. Sci **40**, 885 (1954)
[207] S. S. COHEN and H. D. BARNER, J. Bacteriol. **71**, 588 (1956)
[208] S. S. COHEN, J. G. FLAKS, H. D. BARNER. M. R. LOEB and J. LICHTENSTEIN, Proc. Natl. Acad. Sci. **44**, 1004 (1958)
[209] J. COLSKY, E. M. GREENSPAN and E. B. SCHOENBACH, Cancer **5**, 1221 (1952)
[210] J. COLSKY, L. E. MEISELAS, S. J. ROSEN and I. SCHULMAN, Blood **10**, 482 (1955)
[211] B. COMMONER and F. L. MERCER, Arch. Biochem. Biophys. **35**, 278 (1952)
[212] P. T. CONDIT, Cancer **13**, 223 (1960)
[213] P. T. CONDIT, Cancer **13**, 229 (1960)
[214] II. Conferenz on Folic acid antagonists in the treatment of Leukemia, Blood **7**, 97 (1952)
[215] C. C. CONGDON, D. UPHOFF and E. LORENZ, J. Natl. Cancer Inst. **13**, 73 (1952)
[216] C. COURTOIS et H. CHANTRENNE, Arch. Intern. de Physiol. **61**, 559 (1953)
[217] P. D. COOPER, Virology **22**, 186 (1964)
[218] J. G. CORY and R. J. SUHADOLNIK, Biochemistry **4**, 1729 (1965)
[219] J. G. CORY and R. J. SUHADOLNIK, Biochemistry **4**, 1733 (1965)
[220] J. G. CORY, R. J. SUHADOLNIK, B. RESNICK and M. A. RICH, Biochim. Biophys. Acta **103**, 646 (1965)

[221] J. W. Cramer and N. R. Morris, Mol. Pharmac. **2**, 363 (1966)
[222] J. W. Cramer, W. H. Prusoff and A. D. Welch, Biochem. Pharmac. **8**, 331 (1961)
[223] I. Crawford, A. Kornberg and E. S. Simms, J. Biol. Chem. **226**, 1093 (1957)
[224] E. H. Creaser, Nature **175**, 899 (1955)
[225] E. H. Creaser, Nature **176**, 556 (1955)
[226] E. H. Creaser, Biochem. J. **64**, 539 (1956)
[227] W. A. Creasy, M. E. Fink, R. E. Handschumacher and P. Calabresi, Cancer Res. **23**, 444 (1963)
[228] W. A. Creasy, R. J. Papac, M. E. Markiw, P. Calabresi and A. D. Welch, Biochem. Pharmac. **15**, 1417 (1966)
[229] J. T. P. Cudmore and H. P. Groesbeck, Cancer **17**, 230 (1964)
[230] A. R. Curreri and F. J. Ansfield, Cancer Chemoth. Rep. **16**, 387 (1962)
[231] T. B. Cyen, L. Helgeland and S. Laland, Biochem. J. **92**, 27p (1964)
[232] C. P. Dagg and A. D. Karnofsky, Fed. Proc. **15**, 328 (1956)
[233] J. L. Dahl, J. L. Way and R. E. Parks, J. Biol. Chem. **234**, 2998 (1959)
[234] C. I. Davern, Austral. J. Biolog. Sci. **17**, 726 (1964)
[235] J. D. Davidson, Proc. Am. Ass. Cancer Res. **2**, 290 (1955)
[236] J. D. Davidson, Cancer Res. **20**, 225 (1960)
[237] J. D. Davidson, T. R. Bradley, R. A. Roosa and L. W. Law, J. Natl. Cancer Inst. **20**, 789 (1962)
[238] J. D. Davidson and T. S. Winter, Cancer Res. **24**, 261 (1964)
[239] B. D. Davies and W. K. Maas, Proc. Natl. Acad. Sci. **38**, 775 (1952)
[240] C. J. Dean, P. Feldschreiber and J. T. Lett, Nature **209**, 49 (1966)
[241] H. Dellweg and A. Wacker, Z. Naturforsch. **19b**, 305 (1964)
[242] M. Demerec, J. Bacteriol. **56**, 63 (1948)
[243] M. Demerec, Proc. Natl. Acad. Sci, **46**, 1075 (1960)
[244] D. T. Denhardt and R. L. Sinsheimer, J. Mol. Biol. **12**, 674 (1965)
[245] V. C. Dewey, M. R. Heinrich, D. G. Markees and G. W. Kidder, Biochem. Pharmac. **3**, 173 (1960)
[246] W. C. Dewey and R. M. Humphrey, Radiat. Res. **26**, 538 (1965)
[247] W. C. Dewey, B. A. Sedita and R. M. Humphrey, Science **152**, 519 (1966)
[248] N. Dickie, C. S. Alexander and H. T. Nagasawa, Biochim. Biophys. Acta **95**, 156 (1965)
[249] C. J. Dillaha, G. T. Jansen, W. M. Honeycult and A. C. Bradford, Arch. Dermatol. **88**, 247 (1963)
[250] H. W. Dion, S. A. Fusari, Z. I. Jakubowski, J. G. Zora and Q. R. Bartz, J. Am. Chem. Soc. **78**, 3075 (1956)
[251] K. Dittmer, Ann. N. Y. Acad. Sci. **52**, 1274 (1950)
[252] B. Djordevic and W. Szybalski, J. Exptl. Med. **112**, 509 (1960)
[253] R. J. Dorfman, Steroids **2**, 555 (1963)
[254] R. M. Drew, Nature **179**, 1251 (1957)
[255] D. R. Dubbs and S. Kit, Virology **22**, 214 (1964)
[256] D. R. Dubbs and S. Kit, Exptl. Cell Res. **33**, 19 (1964)
[257] D. E. Duggan and E. Titus, J. Biol. Chem. **234**, 2100 (1959)
[258] D. E. Duggan and E. Titus, J. Pharmac. **130**, 375 (1960)
[259] D. E. Duggan, M. G. Weigert and E. O. Titus, Cancer Res. **21**, 1047 (1961)
[260] D. B. Dunn, Trans. Faraday Soc. **53**, 259 (1957)
[261] D. B. Dunn and J. D. Smith, Nature **174**, 305 (1954)

[262] D. B. Dunn and J. D. Smith, Biochem. J. **67**, 494 (1957)
[263] R. Duschinsky, J. J. Fox, L. Kaplan, O. Keller, E. Pleven, J. Malbica and M. Hoffer, Fed. Proc. **21**, 383 (1962)
[264] R. Duschinsky, T. Gabriel, M. Hoffer, J. Beyer, E. Titsworth, E. Grunberg, J. H. Burchenal and J. J. Fox, J. Med. Chem. **9**, 566 (1966)
[265] R. Duschinsky, T. Gabriel ,W. Tantz, A. Nussbaum, M. Hoffer, E. Grunberg, J. H. Burchenal and J. J. Fox, J. Med. Chem. **10**, 47 (1967)
[266] R. W. Dutton, A. H. Dutton and M. George, Nature **182**, 1377 (1958)
[267] K. B. Easterbrook and C. I. Davern, Virology **19**, 509 (1963)
[268] J. P. Ebel, B. Rether et J. H. Weil, Bull. Soc. Chim. Biol. **47**, 1599 (1965)
[269] A. Ehrenburg, L. Ehrenburg and G. Lötroth, Nature **200**, 376 (1963)
[270] J. Ehrlich, G. L. Coffey, M. W. Fischer, A. B. Hillegas, D. L. Kohberger, H. E. Machauer, W. A. Rightsel and F. R. Roegner, Antibiotics and Chemoth. **6**, 487 (1956)
[271] M. L. Eidinoff and M. A. Rich, Cancer Res. **19**, 521 (1959)
[272] M. L. Eidinoff, M. A. Rich and A. G. Perez, Cancer Res. **19**, 238 (1959)
[273] M. Einhorn and I. Davidsohn, J. Am. Med. Ass. **188**, 802 (1964)
[273a] C. C. Elder, R. P. Frohardt, S. A. Fusari, T. H. Haskell, D. W. Johannessen and A. Ryder, Nature **173**, 72 (1954)
[274] G. B. Elion, S. Bieber and G. H. Hitchings, Ann. N. Y. Acad. Sci. **60**, 297 (1954/55)
[275] G. B. Elion, E. Burgi and G. H. Hitchings, J. Am. Chem. Soc. **74**, 411 (1952)
[276] G. B. Elion, S. Callahan, H. Nathan, S. Bieber, R. W. Rundles and G. H. Hitchings, Biochem. Pharmac. **12**, 85 (1963)
[277] G. B. Elion, S. Callahan, R. W. Rundles and G. H. Hitchings, Cancer Res. **23**, 1207 (1963)
[278] G. B. Elion and G. H. Hitchings, J. Biol. Chem. **187**, 511 (1950)
[279] G. B. Elion, G. H. Hitchings and H. Vanderwerff, J. Biol. Chem. **192**, 505 (1951)
[280] G. B. Elion, S. Singer and G. H. Hitchings, J. Biol. Chem. **208**, 477 (1954)
[281] G. B. Elion, S. Singer, G. H. Hitchings, M. E. Balis and G. B. Brown, J. Biol. Chem. **202**, 647 (1953)
[282] G. B. Elion, H. Vanderwerff and G. H. Hitchings, J. Biol. Chem. **196**, 729 (1952)
[283] D. B. Ellis and G. A. LePage, Cancer Res. **23**, 436 (1963)
[284] D. B. Ellis and G. A. LePage, Can. J. Biochem. **43**, 617 (1965)
[285] D. B. Ellis and G. A. LePage, Mol. Pharmac. **1**, 231 (1965)
[286] D. B. Ellis and G. A. LePage, Cancer Res. **26**, 893 (1966)
[287] R. R. Ellison, D. A. Karnofsky and J. H. Burchenal, Blood **13**, 705 (1958)
[288] R. R. Ellison, D. A. Karnofsky, S. S. Sternberg, M. L. Murphy and J. H. Burchenal, Cancer **7**, 801 (1954)
[289] R. R. Ellison, R. T. Silver and R. L. Engle, Ann. Intern. Med. **51**, 322 (1959)
[290] H. L. Ennis and M. Lubin, Biochim. Biophys. Acta **68**, 78 (1963)
[291] E. Ephrati-Elizur and S. Zamenhof, Nature **184**, 472 (1959)
[292] R. L. Erikson and W. Szybalski, Biochem. Biophys. Res. Comm. **4**, 258 (1961)
[293] R. L. Erikson and W. Szybalski, Cancer Res. **23**, 122 (1963)
[294] R. L. Erikson and W. Szybalski, Radiat. Res. **20**, 252 (1963)
[295] G. Etzold und P. Langen, Chem. Ber. **98**, 1988 (1965)
[296] G. Etzold, B. Preussel und P. Langen, Mol. Pharmac. **4**, 20 (1968)
[297] J. S. Evans and G. D. Mengel, Biochem. Pharmac. **13**, 989 (1964)

[298] J. S. EVANS, E. A. MUSSER, L. BOSTWICK and G. D. MENGEL, Cancer Res. **24**, 1285 (1964)

[299] J. S. EVANS, E. A. MUSSER, G. D. MENGEL, K. S. FORSBLAD and J. H. HUNTER, Proc. Soc. Exptl. Biol. Med. **106**, 350 (1963)

[300] L. S. EVSEYENKO, V. V. DISVETOVA, D. B. KORMAN, E. I. LEVITIN and O. K. SHIYATAYA, Voprosy onkologii **12**, 92 (1966)

[301] A. FALASCHI and A. KORNBERG., Fed. Proc. **23**, 940 (1964)

[301a] H. J. FALLON, E. FREI and E. J. FREIREICH, Am. J. Med. **33**, 526 (1962)

[302] S. FARBER, Blood **4**, 160 (1949)

[303] S. FARBER, L. K. DIAMOND, R. D. MERKER, R. F. SYLVESTER and J. A. WOLFF, New England J. Med. **238**, 787 (1948)

[304] S. FARBER, R. TOCH, E. M. SEARS and D. PINKEL, Adv. Cancer Res. **4**, 1 (1956)

[305] J. FARKAŠ, J. Beranek and F. ŠORM Coll. Czech. Chem. Comm. **31**, 4002 (1966)

[306] A. E. FARNHAM and D. T. DUBIN, Biochim. Biophys. Acta **138**, 35 (1967)

[307] P. FEIGELSON and J. D. DAVIDSON, J. Biol. Chem. **223**, 65 (1956)

[308] P. FEIGELSON and J. DAVIDSON, Cancer Res. **16**, 352 (1956)

[309] P. FEIGELSON and J. D. DAVIDSON, Cancer Res. **18**, 226 (1958)

[310] P. FEIGELSON, J. D. DAVIDSON and R. K. ROBINS, J. Biol. Chem. **226**, 993 (1957)

[311] L. E. FEINENDEGEN, V. P. BOND and W. L. HUGHES, Exptl. Cell. Res. **43**, 107 (1966)

[312] E. O. FIELD, J. P. KRISS and L. A. TUNG, Cancer Res. **21**, 2 (1961)

[313] P. FILDES and M. B. CAMB, Lancet **1**, 955 (1940)

[314] D. S. FISCHER, F. L. BLACK, E. P. CASSIDY and A. D. WELCH, Ann. N. Y. Acad. Sci. **130**, 213 (1965)

[315] D. S. FISCHER, F. L. BLACK and A. D. WELCH, Nature **206**, 839 (1965)

[316] D. S. FISCHEE, E. P. CASSIDY and A. D. WELCH. Biochem. Pharmac. **15**, 1013 (1966)

[317] G. A. FISCHER, Biochem. Pharmac. **7**, 75 (1961)

[318] G. A. FISCHER, Biochem. Pharmac. **11**, 1233 (1962)

[319] M. FOCOSI, G. LEPRI, D. ADREANI and F. PARDUCCI, Ophthalmologia **146**, 199 (1963)

[320] J. E. FORD, E. S. HOLDSWORTH and S. K. KON, Biochem. J. **59**, 86 (1955)

[321] J. R. FOUNTAIN, D. J. HUTCHISON, G. B. WARING and J. H. BURCHENAL, Proc. Soc. Exptl. Biol. Med. **83**, 369 (1953)

[322] B. W. FOX and W. H. PRUSOFF, Cancer Res. **25**, 234 (1965)

[323] J. J. FOX, N. MILLER and I. WEMPEN, J. Med. Chem. **9**, 101 (1966)

[324] J. J. FOX, K. A. WATANABE and A. BLOCH, Progress in Nucleic Acid Res. **5**, 251 (1966)

[325] R. I. B. FRANCKI, Virology **10**, 374 (1960)

[326] R. I. B. FRANCKI, Virology **17**, 9 (1962)

[327] R. I. B. FRANCKI, and R. E. F. MATTHEWS, Biochim. Biophys. Acta **34**, 570 (1959)

[328] R. I. B. FRANCKI and R. E. F. MATTHEWS, Virology **17**, 22 (1962)

[329] V. FRANCOVÁ, Z. FRANC and V. JELÍNEK, Neoplasma **10**, 193 (1963)

[330] S. FREDERIKSEN, Biochem. Pharmac. **14**, 651 (1965)

[331] S. FREDERIKSEN and H. KLENOW, Biochem. Biophys. Res. Comm. **17**, 165 (1964)

[332] E. FREESE, Proc. Natl. Acad. Sci. **45**, 622 (1959)

[333] E. FREESE, J. Mol. Biol. **1**, 87 (1959)

[334] M. FRIEDKIN, Biochim. Biophys. Acta **18**, 447 (1955)

[335] M. FRIEDKIN in „The Kinetics of Cellular Proliferation“, Grune and Stratton, New York 1959

[336] M. FRIEDKIN and A. GOLDIN, Cancer Res. **22**, 607 (1962)

[337] M. FRIEDKIN and D. W. ROBERTS, J. Biol. Chem. **207**, 245 (1954)

[338] M. Friedkin and D. W. Roberts, J. Biol. Chem. **207**, 257 (1954)

[339] M. Friedland and D. W. Visser, Biochim. Biophys. Acta **51**, 148 (1961)

[340] V. Fučik, S. Zadražil and Z. Šormova, Folia Microbiol. **11**, 271 (1966)

[341] V. Fučik, S. Zadražil, Z. Šormova and F. Šorm, Coll. Czech. Chem. Comm. **30**, 2883 (1965)

[342] T. T. Fukuyama and H. S. Moyed, Biochemistry **3**, 1488 (1964)

[343] S. A. Fusari, R. P. Frohardt, A. Ryder, T. H. Haskell, D. W. Johannessen, C. C. Elder and Q. R. Bartz, J. Am. Chem. Soc. **76**, 2878 (1954)

[344] S. A. Fusari, T. H. Haskell, R. P. Frohardt and Q. R. Bartz, J. Am. Chem. Soc. **76**, 2881 (1954)

[345] S. Gaetani and M. A. Spadoni, Nature **191**, 1296 (1961)

[346] R. A. Gaito and W. H. Prusoff, Biochem. Pharmac. **11**, 323 (1962)

[347] A. Garen and O. Siddiqi, Proc. Natl. Acad. Sci. **48**, 1121 (1962)

[348] H. G. Gassen and H. Witzel, Biochim. Biophys. Acta **95**, 244 (1965)

[349] A. Gellhorn, Cancer **6**, 1030 (1953)

[350] A. Gellhorn, M. Engelmann, D. Shapiro, S. Graff and H. Gillespie, Cancer Res. **10**, 170 (1950)

[351] J. C. Gerhard and A. B. Pardee, J. Biol. Chem. **237**, 891 (1962)

[352] K. Gerzon, I. S. Johnson, G. B. Boder, J. C. Cline, P. J. Simpson, C. Speth, N. J. Leonard and R. A. Laursen, Biochim. Biophys. Acta **119**, 445 (1966)

[353] A. Giner-Sorolla, L. Medrek and A. Bendich, J. Med. Chem. **9**, 143 (1966)

[354] C. O. Gitterman, R. W. Burg, G. E. Boxer, D. Meltz and J. Hitt, J. Med. Chem. **8**, 664 (1965)

[355] J. A. Gold, R. C. Stewart and J. McKee, Ann. N. Y. Acad. Sci. **130**, 209 (1965)

[356] I. H. Goldberg and M. Rabinowitz, Biochim. Biophys. Acta **72**, 116 (1963)

[357] I. H. Goldberg and E. Reich, Fed. Proc. **23**, 958 (1964)

[358] A. Goldé and P. Vigier, Virology **20**, 420 (1963)

[359] A. Goldin, Adv. Cancer Res. **4**, 113 (1956)

[360] A. Goldin, B. Goldberg, L. G. Ortega and E. B. Schoenbach, Cancer 2, 857 (1949)

[361] A. Goldin, E. M. Greenspan and E. B. Schoenbach, Cancer **5**, 153 (1952)

[362] A. Goldin, S. R. Humphreys, J. M. Venditti and N. Mantel, J. Natl. Cancer Inst. **22**, 811 (1952)

[363] A. Goldin, E. M. Greenspan, J. M. Venditti and E. B. Schoenbach, J. Natl. Cancer Inst. **12**, 987 (1951/52)

[364] A. Goldin and N. Mantel, Cancer Res. **17**, 635 (1957)

[365] A. Goldin, N. Mantel, S. W. Greenhouse, J. M. Venditti and S. R. Humphreys, Cancer Res. **13**, 843 (1953)

[366] A. Goldin, N. Mantel, S. W. Greenhouse, J. M. Venditti and S. R. Humphreys, Cancer Res. **14**, 43 (1954)

[367] A. Goldin, N. Mantel, J. M. Venditti and S. W. Greenhouse, J. Natl. Cancer Inst. **13**, 1463 (1953)

[368] A. Goldin, J. M. Venditti, S. R. Humphreys, D. Dennis, N. Mantel and S. W. Greenhouse, Ann. N. Y. Acad. Sci. **60**, 251 (1954)

[369] A. Goldin, J. M. Venditti, S. R. Humphreys and N. Mantel, J. Natl. Cancer Inst. **21**, 495 (1958)

[370] D. A. Goldthwait, J. Biol. Chem. **222**, 1051 (1956)

[371] F. Goodman, Virology **21**, 249 (1963)

[372] L. Goodman et al., J. Am. Chem. Soc. **86**, 308 (1964)

[373] M. P. Gordon and M. Staehelin, J. Am. Chem. Soc. **80**, 2340 (1958)

[374] J. S. Gots and E. G. Gollub, Proc. Soc. Exptl. Biol. Med. **101**, 641 (1959)

[375] H. Gottschling and E. Freese, Z. Naturforsch. **16b**, 515 (1961)

[376] H. Gottschling and C. Heidelberger, J. Mol. Biol. **7**, 541 (1963)

[377] J. Grafnetterová, J. Beránek, J. König, O. Smahel and F. Šorm, Neoplasma **13**, 241 (1966)

[378] A. F. Graham and C. Kirk, J. Bacteriol. **90**, 928 (1965)

[379] P. Granat, W. A. Creasy and R. E. Handschumacher, Clin. Pharmac. Therapeut. **6**, 436 (1965)

[380] E. M. Greenspan, A. Goldin and E. B. Schoenbach, Cancer **3**, 856 (1950)

[381] J. P. Greenstein, Cancer Res. **16**, 641 (1956)

[382] S. Greer, J. Gen. Microbiol. **22**, 618 (1960)

[383] S. Grisola and S. S. Cardoso, Biochim. Biophys. Acta **25**, 430 (1957)

[384] F. Gros and S. Naono, in „Protein Biosynthesis", Academic Press, New York a. London, 1961

[385] D. Grünberger and H. G. Mandel, Mol. Pharmac. **1**, 157 (1965)

[386] D. Grünberger, R. N. Maslova and F. Šorm, Coll. Czech. Chem. Comm. **29**, 152 (1964)

[387] D. Grünberger, L. Meissner, A. Holý and F. Šorm, Biochim. Biophys. Acta **119**, 432 (1966)

[388] D. Grünberger, C. O'Neal and M. Nirenberg, Biochim. Biophys. Acta **119**, 581 (1966)

[389] D. Grünberger and F. Šorm, Coll. Czech. Chem. Comm. **28**, 1044 (1963)

[390] M. Grunberg-Manago and A. M. Michelson, Biochim. Biophys. Acta **80**, 431 (1964)

[391] M. Grunberg-Manago and A. M. Michelson, Biochim. Biophys. Acta **87**, 593 (1964)

[392] H. L. Günther and W. H. Prusoff, Biochim. Biophys. Acta **55**, 778 (1962)

[393] V. Habermann and F. Šorm, Coll. Czech. Chem. Comm. **23**, 2201 (1958)

[394] P. Hackett and P. Hanawalt, Biochim. Biophys. Acta **123**, 356 (1966)

[395] A. Häggmark, Cancer Res. **22**, 568 (1962)

[396] U. Hagen, Strahlentherapie **124**, 428 (1964)

[397] U. Hagen, K. Keck, H. Kröger, F. Zimmermann and T. Lücking, Biochim. Biophys. Acta **95**, 418 (1965)

[398] U. Hagen und H. Wellstein, Strahlentherapie **128**, 565 (1965)

[399] U. Hagen und R. Wild, Strahlentherapie **124**, 275 (1964)

[400] M. T. Hakala, J. Biol. Chem. **234**, 3072 (1959)

[401] M. T. Hakala, Fed. Proc. **21**, 236 (1962)

[402] M. T. Hakala, Biochim. Biophys. Acta **61**, 815 (1962)

[403] M. T. Hakala, L. W. Law and A. D. Welch, Proc. Am. Ass. Cancer Res. **2**, 113 (1956)

[404] M. T. Hakala and E. Taylor, J. Biol. Chem. **234**, 126 (1959)

[405] M. T. Hakala, S. F. Zakrzewski and C. A. Nichol, J. Biol. Chem. **236**, 952 (1961)

[406] R. H. Hall and R. Haselkorn, Am. Chem. Soc. Meeting **132**, 21 c (1957)

[407] T. C. Hall, J. A. Cavins, C. L. Khung, C. T. Griffiths, M. M. Dederick and W. J. Yount, Cancer **19**, 1008 (1966)

[408] R. Hamers, Biochim. Biophys. Acta **21**, 170 (1956)

[409] R. Hamers and C. Hamers-Casterman, Biochim. Biophys. Acta **33**, 269 (1959)

[410] R. Hamers and C. Hamers-Casterman, J. Mol. Biol. **3**, 166 (1961)

[411] L. Hamilton and G. B. Elion, Ann. N. Y. Acad. Sci. **60**, 304 (1954/55)

[412] J. Hampshire, P. Hebborn, A. M. Triggle and D. J. Triggle, J. Pharmaceut. Sci. **55**, 453 (1966)

[413] J. Hampshire, P. Hebborn, A. M. Triggle, D. J. Triggle and S. Vickers, J. Med. Chem. 8, 745 (1965)

[414] A. Hampton, J. Biol. Chem. **237**, 529 (1962)

[415] A. Hampton, J. Biol. Chem. **238**, 3068 (1963)

[416] A. Hampton and A. Nomura, Biochemistry **6**, 679 (1967)

[417] A. Hampton and A. R. P. Paterson, Biochim. Biophys. Acta **114**, 185 (1966)

[418] E. G. Hampton and M. L. Eidinoff, Cancer Res. **21**, 345 (1961)

[419] E. G. Hampton, M. A. Rich and M. L. Eidinoff, J. Biol. Chem. **235**, 3562 (1960)

[420] P. C. Hanawalt and D. S. Ray, Proc. Natl. Acad. Sci. **52**, 125 (1964)

[421] R. E. Handschumacher, Biochim. Biophys. Acta **23**, 428 (1957)

[422] R. E. Handschumacher, J. Biol. Chem. **235**, 764 (1960)

[423] R. E. Handschumacher, J. Biol. Chem. **235**, 2917 (1960)

[424] R. E. Handschumacher, Cancer Res. **23**, 634 (1963)

[425] R. E. Handschumacher, Cancer Res. **25**, 154 (1965)

[426] R. E. Handschumacher, J. Škoda and F. Šorm, Coll. Czech. Chem. Comm. **28**, 2983 (1963)

[427] R. E. Handschumacher and A. D. Welch, Fed. Proc. **15**, 267 (1956)

[428] R. E. Handschumacher and A. D. Welch, Cancer Res. **16**, 965 (1956)

[429] L. J. Hanka, J. Bacteriol. **80**, 30 (1960)

[430] C. Hanna, Exptl. Eye Res. **5**, 164 (1966)

[431] H. J. Hansen, W. G. Giles and S. B. Nadler, Proc. Soc. Exptl. Biol. Med. **113**, 163 (1963)

[432] H. J. Hansen, J. P. Vandevoorde, W. G. Giles and S. B. Nadler, Proc. Soc. Exptl. Biol. Med. **115**, 713 (1964)

[433] E. Harbers, N. K. Chandhuri and C. Heidelberger, J. Biol. Chem. **234**, 1255 (1959)

[434] H. Harrington, Proc. Natl. Acad. Sci. **51**, 59 (1964)

[435] R. C. Hartenstein and I. Fridovich, J. Biol. Chem. **242**, 740 (1967)

[436] K. U. Hartmann and C. Heidelberger, J. Biol. Chem. **236**, 3006 (1961)

[437] C. Heidelberger, Progress Nucleic Acid Res. **4**, 1 (1965)

[438] C. Heidelberger and S. W. Anderson, Cancer Res. **24**, 1979 (1964)

[439] C. Heidelberger and F. J. Ansfield, Cancer Res. **23**, 1226 (1963)

[440] C. Heidelberger, C. D. Birnie, J. Boohar and D. Wentland, Biochim. Biophys. Acta **76**, 315 (1963)

[441] C. Heidelberger and J. Boohar, Biochim. Biophys. Acta **91**, 639 (1964)

[442] C. Heidelberger, J. Boohar and B. Kampschroer, Cancer Res. **25**, 377 (1965)

[443] C. Heidelberger, L. Griesbach, O. Cruz, R. J. Schnitzer and E. Grunberg Proc. Soc. Eptl. Biol. Med. **97**, 470 (1958)

[444] C. Heidelberger, L. Griesbach, B. J. Montag, D. Mooren and O. Cruz, Cancer Res. **18**, 305 (1958)

[445] C. Heidelberger, G. Kaldor, K. L. Mukherjee and P. B. Danneberg, Cancer Res. **20**, 903 (1960)

[445a] C. Heidelberger, K. C. Leibman, E. Harbers and P. M. Bhargava, Cancer Res. **17**, 399 (1957)

[446] C. Heidelberger and P. Reyes, Science **146**, 427 (1964)

[447] M. R. Heinrich, V. C. Dewey, R. E. Parks and G. W. Kidder, J. Biol. Chem. **197**, 199 (1952)

[448] L. Helgeland and S. Laland, Biochim. Biophys. Acta **87**, 353 (1964)

[449] E. S. HENDERSON, R. H. ADAMSON, C. DENHAM and V. T. OLIVIERO, Cancer Res. **25**, 1008 (1965)
[450] E. S. HENDERSON, R. H. ADAMSON and V. T. OLIVIERO, Cancer Res. **25**, 1018 (1965)
[451] E. S. HENDERSON and P. J. BURKE, Proc. Am. Ass. Cancer. Res. **6**, 26 (1965)
[452] J. F. HENDERSON and J. G. JUNGA, Cancer Res. **20**, 1618 (1960)
[453] J. F. HENDERSON and J. G. JUNGA, Cancer Res. **21**, 118 (1961)
[454] J. F. HENDERSON and J. G. JUNGA, Cancer Res. **21**, 173 (1961)
[455] J. F. HENDERSON and M. K. Y. KHOO, J. Biol. Chem. **240**, 3104 (1965)
[456] V. HENRI, Compt. Rend. **135**, 916 (1902)
[457] D. HENSON, R. D. SMITH und J. GEHRKE, Arch. Ges. Virusforsch. **18**, 433 (1966)
[458] E. M. HERSH, P. P. CARBONE, V. G. WONG and E. J. FREIREICH, Cancer Res. **25**, 997 (1965)
[459] J. W. B. HERSHY and R. E. MONRO, J. Mol. Biol. **18**, 68 (1966)
[460] R. C. HIGNETT, Biochim. Biophys. Acta **91**, 584 (1964)
[461] R. C. HIGNETT, Biochim. Biophys. Acta **114**, 559 (1966)
[462] D. C. HILLS and J. HOROWITZ, Biochemistry **5**, 1646 (1966)
[463] E. HIRSCHBERG, J. KREAM and A. GELLHORN, Cancer Res. **12**, 525 (1952)
[464] E. HIRSCHBERG, M. R. MURRAY, E. R. PETERSON, J. KREAM, R. SAFRANEK and Y. L. POOL, Cancer Res. **13**, 153 (1953)
[465] B. HIRT, Proc. Natl. Acad. Sci. **55**, 997 (1966)
[466] G. H. HITCHINGS and G. B. ELION, Ann. N. Y. Acad. Sci. **60**, 195 (1954)
[467] G. H. HITCHINGS, G. B. ELION, E. A. FALCO, P. B. RUSSEL and H. VANDERWERFF, Ann. N. Y. Acad. Sci. **52**, 1318 (1950)
[468] G. H. HITCHINGS, G. B. ELION, H. V. WERFF and E. A. FALCO, J. Biol. Chem. **174**, 765 (1948)
[469] G. H. HITCHINGS, E. A. FALCO and M. B. SHERWOOD, Science **102**, 252 (1945)
[470] J. HOFFMAN and J. POST, Cancer Res. **26**, 1313 (1966)
[471] W. L. HOLMES, J. Biol. Chem. **223**, 677 (1956)
[472] W. L. HOLMES and W. H. PRUSOFF, J. Biol. Chem. **209**, 503 (1954)
[473] A. HOLMGREN, P. REICHARD and L. THELANDER Proc. Natl. Acad. Sci. **54**, 830 (1965)
[474] V. HOLOUBEK, J. Mol. Biol. **6**, 164 (1963)
[475] J. HOROWITZ and E. CHARGAFF, Nature **184**, 1213 (1959)
[476] J. HOROWITZ, J. J. SAUKKONEN and E. CHARGAFF, Biochim. Biophys. Acta **29**, 222 (1958)
[477] J. HOROWITZ, J. J. SAUKKONEN and E. CHARGAFF, J. Biol. Chem. **235**, 3266 (1960)
[478] A. HOSHINO, A. M. ALBRECHT, J. L. BIEDLER and D. J. HUTCHISON, Cancer Res. **26**, 1397 (1966)
[479] A. HOSHINO, A. M. ALBRECHT and D. J. HUTCHISON, Cancer Res. **26**, 974 (1966)
[479a] J. B. HOUPT, Arthritis und Rheumatism **8**, 899 (1965)
[480] P. HOWARD-FLANDERS, R. P. BOYCE and L. THERIOT, Nature **195**, 51 (1962)
[481] P. HOWARD-FLANDERS, R. P. BOYCE and L. THERIOT, Genetics **53**, 1119 (1966)
[482] P. HOWARD-FLANDERS and L. THERIOT, Genetics **53**, 1137 (1966)
[483] T. C. HSU, R. K. ROBINS and C. C. CHENG, Science **123**, 848 (1956)
[484] M. HUBERT-HABART and S. S. COHEN, Biochim. Biophys. Acta **59**, 468 (1962)
[485] F. M. HUENNEKENS, J. R. BERTINO, R. SILBER and B. W. GABRIO, Exptl. Cell Res. Suppl. **9**, 441 (1963)
[486] W. L. HUGHES, S. L. COMMERFORD, D. GITLIN, R. C. KRUEGER, B. SCHULZE, V. SHAH and P. REILLY, Fed. Proc. **23**, 640 (1964)

[487] R. M. Humphrey and W. C. Dewey, Exptl. Cell Res. **39**, 483 (1965)

[488] R. M. Humphrey, W. C. Dewey and A. Cork, Nature **198**, 268 (1963)

[498] R. B. Hurlbert and H. O. Kammen, J. Biol. Chem. **235**, 443 (1960)

[490] B. I. Hutchings, J. H. Monat, J. J. Oleson, E. I. R. Stokstad, J. H. Boothe, C. W. Waller, R. B. Angier, J. Semb and Y. Subbarow, J. Biol. Chem. 170, 323 (1947)

[491] D. J. Hutchison, Adv. Cancer Res. **7**, 236 (1963)

[492] D. J. Hutchison, Cancer Res. **25**, 1581 (1965)

[493] H. Ishihara and S. Y. Wang, Biochemistry **5**, 2302 (1966)

[494] H. Ishihara and S. Y. Wang, Biochemistry **5**, 2307 (1966)

[495] H. Ishihara and S. Y. Wang, Nature **210**, 1222 (1966)

[496] D. H. Ives, P. A. Morse and V. R. Potter, J. Biol. Chem. **238**, 1467 (1963)

[497] M. Iwabuchi, E. Otaka, M. Kono and S. Osawa, Biochim. Biophys. Acta **114**, 83 (1966).

[498] R. H. Iwamoto, E. M. Acton and L. Goodman, J. Med. Chem. **6**, 684 (1963)

[499] S. B. Jacobs, J. A. Moorman and R. W. Brockman, Bacteriol. Proc. 1961, S. 190

[500] W. Jacobson and I. A. B. Cathie, Biochem. Pharmac. **5**, 130 (1960)

[501] W. Jacobson and I. A. B. Cathie, Biochem. Pharmac. **5**, 143 (1960)

[502] J. A. Jacquez, Cancer Res. **17**, 890 (1957)

[503] J. A. Jacquez, Proc. Soc. Exptl. Biol. Med. **99**, 611 (1958)

[504] J. A. Jacquez, Biochim. Biophys. Acta **61**, 265 (1962)

[505] J. A. Jacquez and J. H. Sherman, Cancer Res. **22**, 56 (1962)

[506] J. J. Jaffe and H. G. Mautner, Cancer Res. **20**, 381 (1961)

[507] J. J. Jaffe and W. H. Prusoff, Cancer Res. **20**, 1383 (1960)

[508] K. M. Jakob and J. E. Trosko, Exptl. Cell Res. **40**, 56 (1965)

[509] I. Jankú, M Kršiak, J. Novotný, L. Volicer and R. Čapek, Biochem. Pharmac. **14**, 1545 (1965)

[510] I. Jankú, M. Kršiak, L. Volicer, R. Čapek, R. Smetana and J. Novotný, Biochem Pharmac. **14**, 1525 (1965)

[511] R. Jeener, Biochim. Biophys. Acta **13**, 148 (1954)

[512] R. Jeener, Biochim. Biophys. Acta **23**, 351 (1957)

[512a] R. Jeener,Virology **26**, 10 (1965)

[513] R. Jeener and J. Rosseels, Biochim. Biophys. Acta **11**, 438 (1953)

[514] V. Jelinek, M. Semonsky, V. Francová and A. Černy, Neoplasma **12**, 469 [(1965)

[515] D. G. Johns, A. T. Ianotti, A. C. Sartorelli and J. R. Bertino, Biochem. Pharmac. **15**, 555 (1966)

[516] D. G. Johns, A. T. Ianotti, A. C. Sartorelli, B. A. Booth and J. R. Bertino, Biochim. Biophys. Acta **105**, 380 (1965)

[517] R. G. W. Jones and J. F. Richards, Cancer Res. **26**, 882 (1966)

[518] T. H. Jukes, A. L. Franklin and E. L. R. Stokstad, Ann. N. Y. Acad. Sci. **52**, 1336 (1950)

[519] M. Jurovčik, K. Raška, Z. Šormova and F. Šorm, Coll. Czech. Chem. Comm. **30**, 3370 (1965)

[520] S. Kabat and D. W. Visser, Biochim. Biophys. Acta **80**, 680 (1964)

[521] F. M. Kahan and J. Hurwitz, J. Biol. Chem. **237**, 3778 (1962)

[522] H. Kahler and W. V. B. Robertson, J. Natl. Cancer Inst. **3**, 495 (1942/43)

[523] V. Kahn and J. J. Blum, J. Biol. Chem. **240**, 4435 (1965)

[524] G. P. Kalle and J. S. Gots, Biochim. Biophys. Acta **51**, 130 (1961)

[525] G. P. KALLE and J. S. GOTS, Biochim. Biophys. Acta **53**, 166 (1961)
[526] G. P. KALLE and J. S. GOTS, Science **142**, 680 (1963)
[527] F. KALOUSEK, K. RAŠKA, M. JUROVČIK and F. ŠORM, Coll. Czech. Chem. Comm. **31**, 1421 (1966)
[528] F. KALOUSEK, I. RYCHLIK and F. ŠORM, Biochim. Biophys. Acta **61**, 368 (1962)
[529] H. S. KAPLAN, Proc. Natl. Acad. Sci. **55**, 1442 (1966)
[530] A. S. KAPLAN and T. BEN-PORAT, J. Mol. Biol. **19**, 320 (1966)
[531] A. S. KAPLAN, T. BEN-PORAT and T. KAMIYA, Ann. N. Y. Acad. Sci. **130**, 226 (1965)
[532] H. S. KAPLAN, J. D. EARLY and F. L. HOWSDEN, in „Symposium on Molecular Action of Mutagenic and Carcinogenic Agents" (Gatlinburg, April 1964), Oak Ridge National Laboratory, S. 69
[533] H. S. KAPLAN, K. C. SMITH and P. A. TOMLIN, Nature **190**, 794 (1961)
[534] H. S. KAPLAN, K. C. SMITH and P. A. TOMLIN, Radiat. Res. **16**, 98 (1962)
[535] H. S. KAPLAN, R. ZAVARINE and J. EARLE, Nature **194**, 662 (1962)
[536] N. O. KAPLAN, A. GOLDIN, S. R. HUMPHREYS, M. M. CIOTTI and F. E. STOLZENBACH, J. Biol. Chem. **219**, 287 (1956)
[537] J. KÁRA, Biochem. Biophys. Res. Comm. **17**, 377 (1964)
[538] J. KÁRA and F. ŠORM, Biochim. Biophys. Acta **80**, 154 (1964)
[539] J. KÁRA, F. ŠORM and A. WINKLER, Neoplasma **10**, 3 (1963).
[540] M. KARON, P. HENRY, S. WEISSMAN and C. MEYER, Cancer Res. **26**, 166 (1966)
[541] D. K. KASBEKEV and D. M. GREENBERG, Cancer Res. **23**, 818 (1963)
[542] L. KATZ, K. TOMITA and A. RICH, J. Mol. Biol. **13**, 340 (1965)
[543] H. E. KAUFMAN, Proc. Soc. Exptl. Biol. Med. **109**, 252 (1962)
[544] H. E. KAUFMAN, Ann. N. Y. Acad. Sci. **130**, 168 (1965)
[545] H. E. KAUFMAN, J. A. CAPELLA, E. D. MALONEY, J. R. ROBBINS, G. M. COOPER and M. H. KOTILA, Arch. Opthalmol. **72**, 535 (1964)
[546] H. E. KAUFMAN and C. HEIDELBERGER, Science **145**, 585 (1964)
[547] G. G. KELLY, G. P. WHEELER and J. A. MONTGOMERY, Cancer Res. **22**, 329 (1962)
[548] E. S. KEMPER and J. H. MILLER, Biochim. Biophys. Acta **76**, 341 (1963)
[548a] D. KESSEL, T. C. HALL and I. WODINSKY, Science **156**, 1240 (1967)
[549] G. W. KIDDER and V. C. DEWEY, J. Biol. Chem. **179**, 181 (1949)
[550] G. W. KIDDER, V. C. DEWEY and R. E. PARKS, Science **109**, 511 (1949)
[551] B. A. KIHLMAN, Hereditas **49**, 353 (1963)
[552] W. W. KILGORE and R. R. PAINTER, J. Economic Entomol. **59**, 746 (1966)
[553] J. H. KIM and M. L. EIDINOFF, Cancer Res. **25**, 698 (1965)
[554] A. P. KIMBALL, B. BOWMAN, P. S. BUSH, J. HERRIOT and G. A. LEPAGE, Cancer Res. **26**, 1337 (1966)
[555] A. P. KIMBALL, G. A. LEPAGE and B. BOWMAN, Can. J. Biochem. **42**, 1753 (1964)
[556] A. P. KIMBALL, G. A. LEPAGE, B. BOWMAN and S. J. HERRIOT, Proc. Soc. Exptl. Biol. Med. **119**, 248 (1965)
[557] A. P. KIMBALL, G. A. LEPAGE and P. S. ALLISON, Cancer Res. **27**, 106 (1967)
[558] G. KIMURA and R. MORI, Life Sci. **5**, 1707 (1966)
[559] P. KISSEL, A. DUPREZ et M. BESSOT, Compt. Rend. **262**, 2558 (1966)
[560] S. KIT and D. R. DUBBS, Virology **26**, 16 (1965)
[561] S. KIT, D. R. DUBBS and P. M. FREARSON, J. Biol. Chem. **240**, 2565 (1965)
[562] S. KIT, D. R. DUBBS and P. M. FREARSON, Internat. J. Cancer **1**, 19 (1966)
[563] S. KIT and T. C. HSU, Biochem. Biophys. Res. Comm. **5**, 120 (1961)

[564] L. Kjellén, H. G. Perreira, R. C. Valentine and J. A. Armstrong, Nature **199**, 1210 (1963)
[565] E. Klein, H. L. Stoll, H. Milgrom, H. L. Traenkle, S. Graham and F. Helm, J. Invest. Derm. **47**, 22 (1966)
[566] G. Klein, Canadian Cancer Conference **3**, 215 (1959)
[567] H. Klenow, Biochem. Biophys. Res. Comm. **5**, 156 (1961)
[568] H. Klenow, Acta Chem. Scand. **17**, 893 (1963)
[569] H. Klenow and S. Frederiksen, Biochim. Biophys. Acta **87**, 495 (1964)
[570] H. Klenow, K. Overgaard-Hansen, Biochim. Biophys. Acta **80**, 500 (1964)
[570a] I. Kline, J. M. Venditti, D. D. Tyer and A. Goldin, Cancer Res. **26**, 853 (1966)
[571] I. Kline, J. M. Venditti, D. D. Tyer, N. Mantel and A. Goldin, Cancer Res. **26**, 1930 (1966)
[572] J. R. Klinenburg, Arthritis and Rheumatism 8, 891 (1965)
[573] S. R. de Kloet and P. J. Strijkert, Biochem. Biophys. Res. Comm. **23**, 49 (1966)
[574] D. Klueppel, Y. K. S. Murthy and G. Sartori, Il Farmaco Ed. Scient. **20**, 757 (1965)
[575] B. A. Koechlin, F. Rubio, S. Palmer, T. Gabriel and R. Duschinsky, Biochem. Pharmac. **15**, 435 (1966)
[576] W. Köhnlein, Strahlentherapie **122**, 437 (1963)
[577] W. Köhnlein, G. Thorsett and F. Hutchison, Biochim. Biophys. Acta **119**, 195 (1966)
[578] K. W. Kohn, N. H. Steigbigel and C. L. Spears, Proc. Natl. Acad. Sci. **53**, 1154 (1965)
[579] T. Kondo and T. Maruyama, Gann **46**, 503 (1955)
[580] M. Kono and S. Osawa, Biochim. Biophys. Acta **87**, 326 (1964)
[581] M. Kono, E. Otaka and S. Osawa, Biochim. Biophys. Acta **91**, 612 (1964)
[582] A. Kornberg and W. E. Pricer, J. Biol. Chem. **193**, 481 (1951)
[583] G. Kowollik und P. Langen, Chem. Ber. **99**, 2725 (1966)
[584] A. W. Kozinsky and W. Szybalski, Virology **9**, 260 (1959)
[585] I. H. Krakoff, Arthritis and Rheumatism 8, 897 (1965)
[586] I. H. Krakoff and R. L. Meyer, J. Pharmac. Exptl. Therapeut. **149**, 417 (1965)
[587] J. S. Krakow and S. Ochoa, Proc. Natl. Acad. Sci. **49**, 88 (1963)
[588] G. Kramer, H. G. Wittmann und H. Schuster, Z. Naturforsch. **19**b, 46 (1964)
[589] T. A. Krenitsky, M. Barclay and J. A. Jacquez, J. Biol. Chem. **239**, 809 (1964)
[590] T. A. Krenitsky, J. W. Mellors and R. K. Barclay, J. Biol. Chem. **240**, 1281 (1965)
[591] D. R. Krieg, Progress Nucleic Acid Res. 2, 125 (1963)
[592] J. P. Kriss and L. Révész, Cancer Res. **21**, 1141 (1961)
[593] J. P. Kriss and L. Révész, Cancer Res. **22**, 254 (1962)
[594] J. P. Kriss, L. Tung and S. Bond, Cancer Res. **22**, 1257 (1962)
[595] J. P. Kriss, L. Tung, L. Révész and S. Egloff, Proc. Am. Ass. Cancer Res. **3**, 242 (1961)
[596] H. Kröger und G. Greuer, Biochem. Z. **341**, 190 (1965)
[597] H. Kröger und H. Werchau, Zbl. Bakteriol. Parasitenkunde und Hyg. **194**, 122 (1964)
[597a] R. C. Krueger, D. Gitlin, S. L. Commerford, J. Stein and W. L. Hughes, Fed. Proc. **19**, 307 (1960)
[598] S. S. Kung, N. D. Goldberg, J. L. Dahl, R. E. Parks and B. E. Kline, Science **141**, 627 (1963)
[599] H. Kuramitsu and H. S. Moyed, Biochim. Biophys. Acta **85**, 504 (1964)
[600] H. Kuramitsu and H. S. Moyed, J. Biol. Chem. **241**, 1596 (1966)
[601] D. C. Kvam and R. E. Parks, J. Biol. Chem. **235**, 2893 (1960)

[602] S. G. LALAND and G. SERK-HANSSEN, Biochem. J. **90**, 76 (1964)
[603] J. M. LAMPKIN-HIBBARD, K. L. MUKHERJEE and C. HEIDELBERGER, Cancer Res. **23**, 468 (1963)
[604] P. LANGEN und G. ETZOLD, Biochem. Z. **339**, 190 (1963)
[605] P. LANGEN and G. ETZOLD, Mol. Pharmac. **2**, 89 (1966)
[606] P. LANGEN und G. ETZOLD, Acta Biol. Med. Germ. **17**, K1 (1966)
[607] P. LANGEN, G. ETZOLD, D. BÄRWOLFF and B. PREUSSEL, Biochem. Pharmac. **16**, 1833 (1967)
[608] P. LANGEN und E. LISS, Biochem. Z. **335**, 187 (1961)
[609] P. LANGEN und E. LISS, Biochem. Z. **336**, 139 (1962)
[610] P. LANGEN und P. VENKER, Acta Biol. Med. Germ. **11**, 799 (1963)
[611] L. LANGER and H. KLENOW, Biochim. Biophys. Acta **37**, 33 (1960)
[612] L. W. LAW, Cancer Res. **12**, 871 (1952)
[613] L. W. LAW, Nature **169**, 628 (1952)
[614] L. W. LAW, Proc. Natl. Acad. Sci. **84**, 409 (1953)
[615] L. W. LAW, Ann. N. Y. Acad. Sci. **71**, 976 (1957)
[616] L. W. LAW, V. TAORMINA and P. J. BOYLE, Ann. N. Y. Acad. Sci. **60**, 244 (1954)
[617] P. D. LAWLEY, Progress Nucleic Acid Res. **5**, 89 (1966)
[618] P. D. LAWLEY and P. BROOKES, J. Mol. Biol. **4**, 216 (1962)
[619] P. D. LAWLEY and P. BROOKES, Biochem. J. **89**, 127 (1963)
[620] P. D. LAWLEY and P. BROOKES, Exptl. Cell Res. Suppl. **9**, 512 (1963)
[621] F. R. LEACH, D. D. WILSON, N. S. ERWIN and T. S. MATNEY, Biochem. Biophys. Res. Comm. **13**, 303 (1963)
[622] K. C. LEIBMAN and C. HEIDELBERGER, Cancer Res. **216**, 823 (1955)
[623] H. M. LEMMON, P. J. MODZEN, R. MIRCHANDANI, D. A. FARMER and J. ATHANS, J. Am. Med. Ass. **185**, 1012 (1963)
[624] P. LENGYEL and R. W. CHAMBERS, J. Am. Chem. Soc. **82**, 752 (1960)
[625] J. N. LEONARD, Biochemistry **4**, 365 (1965)
[626] I. H. LEOPOLD, Ann. N. Y. Acad. Sci. **130**, 181 (1965)
[627] G. A. LEPAGE, Cancer Res. **20**, 403 (1960)
[628] G. A. LEPAGE, Cancer Res. **23**, 1202 (1963)
[629] G. A. LEPAGE and M. JONES, Cancer Res. **21**, 642 (1961)
[630] G. A. LEPAGE and M. JONES, Cancer Res. **21**, 1590 (1961)
[631] G. A. LEPAGE and I. G. JUNGA, Cancer Res. **23**, 739 (1963)
[632] G. A. LEPAGE and I. G. JUNGA, Cancer Res. **25**, 46 (1965)
[633] G. A. LEPAGE and I. G. JUNGA, Mol. Pharmac. **3**, 37 (1967)
[634] G. A. LEPAGE, I. G. JUNGA and B. BOWMAN, Cancer Res. **24**, 835 (1964)
[635] J. T. LETT, G. PARKINS, P. ALEXANDER and M. G. ORMEROD, Nature **203**, 593 (1964)
[636] H. B. LEUNG, A. M. DOERING and S. S. COHEN, J. Bacteriol. **92**, 558 (1966)
[637] B. LEVENBERG, I. MELNICK and J. M. BUCHANAN, J. Biol. Chem. **225**, 163 (1957)
[637a] D. H. LEVIN, Biochim. Biophys. Acta **61**, 75 (1962)
[638] D. H. LEVIN, J. Biol. Chem. **238**, 1098 (1963)
[639] D. H. LEVIN, Biochem. Biophys. Res. Comm. **19**, 654 (1965)
[640] D. H. LEVIN, Biochemistry **5**, 1618 (1966)
[641] I. LIEBERMAN, A. KORNBERG and E. S. SIMMS, J. Biol. Chem. **215**, 403 (1955)
[642] I. LIEBERMAN and P. OVE, J. Biol. Chem. **235**, 1765 (1960)
[643] I. LIEBERMAN and E. S. SIMMS, J. Biol. Chem. **215**, 417 (1955)
[644] M. E. LIEBLING, S. R. HUMPHREYS and G. GOLDIN, Cancer Res. **19**, 116 (1959)

[645] J. LINDEMANN, Pharmaceut. Acta Helv. **38**, 780 (1963)

[646] A. LINDNER, Cancer Res. **19**, 189 (1959)

[647] A. LINDNER, T. KUTKAM, K. SANKAVANAVAYANAN, K. RUCKER and J. ARRADONDO, Exptl. Cell Res. Suppl. **9**, 485 (1963)

[648] H. LINEWEAVER and D. BURK, J. Am. Chem. Soc. **56**, 658 (1934)

[649] M. N. LIPSETT and A. WEISSBACH, Biochemistry **4**, 206 (1965)

[650] E. LISS und G. PALME, Mitteilungsdienst Ges. zur Bekämpfung des Krebses **3**, 457 (1964)

[651] V. LISÝ and J. ŠKODA, Coll. Czech. Chem. Comm. **31**, 3020 (1966)

[652] R. M. LITMAN and A. B. PARDEE, Nature **178**, 529 (1956)

[653] R. M. LITMAN and A. B. PARDEE, Biochim. Biophys. Acta **42**, 117 (1960)

[654] R. M. LITMAN and A. B. PARDEE, Biochim. Biophys. Acta **42**, 131 (1960)

[655] J. W. LITTLEFIELD, Proc. Natl. Acad. Sci **50**, 568 (1963)

[656] J. W. LITTLEFIELD, Biochim. Biophys. Acta **95**, 14 (1965)

[657] J. W. LITTLEFIELD and E. A. GOULD, J. Biol. Chem. **235**, 1129 (1960)

[658] E. R. LOCHMAN, Naturwiss. **15**, 520 (1963)

[659] R. V. LOO, M. J. BRENNAN and R. W. TALLEY, Proc. Am. Ass. Cancer Res. **6**, 41 (1965)

[660] Z. LORKIEWICZ, Nature **197**, 314 (1963)

[661] Z. LORKIEWICZ and W. SZYBALSKI, Biochem. Biophys. Res. Comm. **2**, 413 (1960)

[662] H. A. LOZERON and M. P. GORDON, Biochemistry **3**, 507 (1964).

[663] J. M. LUCAS-LENARD and S. S. COHEN, Biochim. Biophys. Acta **123**, 471 (1966)

[664] L. N. LUKENS and K. A. HERRINGTON, Biochim. Biophys. Acta **24**, 432 (1957)

[665] H. LUTZINGER und M. BERGER, Gynaecologia **161**, 164 (1966)

[666] A. LUYCK and J. L. VAN LANCKER, Lab. Invest. **15**, 1301 (1966)

[667] G. MAASS und R. HAAS, Arch. Ges. Virusforsch. **18**, 253 (1966)

[668] G. MAASS, J. MÜLLER und K. NAKANOIN, Arch. Ges. Virusforsch. **15**, 549 (1965)

[669] G. B. MAGILL, W. P. MYERS, H. C. REILLY, R. C. PUTNAM, J. W. MAGILL, M. P. SYKES, G. C. ESCHER, D. A. KARNOFSKY and J. H. BURCHENAL, Cancer **10**, 1138 (1957)

[670] S. MAK and J. E. TILL, Can. J. Biochem. **41**, 2343 (1963)

[671] F. MALEY and G. F. MALEY, Fed. Proc. **22**, 292 (1963)

[672] F. MALEY and G. F. MALEY, J. Biol. Chem. **240**, PC3226 (1965)

[673] G. F. MALEY and F. MALEY, Science **141**, 1278 (1963)

[674] G. F. MALEY and F. MALEY, J. Biol. Chem. **239**, 1168 (1964)

[675] R. A. MALMGREN, B. E. BENNISON and T. W. MCKINLEY, J. Natl. Cancer Inst. **12**, 807 (1951/52)

[676] H. G. MANDEL, J. Biol. Chem. **225**, 137 (1957)

[677] H. G. MANDEL, Arch. Biochem. Biophys. **76**, 230 (1958)

[678] H. G. MANDEL, E. L. ALPEN, W. D. WINTERS and P. K. SMITH, J. Biol. Chem. **193**, 63 (1952)

[679] H. G. MANDEL, J. Pharmac. **133**, 441 (1961)

[680] H. G. MANDEL and L. W. LAW, Cancer Res. **14**, 808 (1954)

[681] H. G. MANDEL and R. MARKHAM, Biochem. J. **69**, 297 (1958)

[682] H. G. MANDEL, J. L. WAY and P. K. SMITH, Biochim. Biophys. Acta **23**, 402 (1957)

[683] G. MARBAIX, Arch. Internat. Physiol. Biochim. **72**, 332 (1964)

[684] S. L. MARCHESI and A. C. SARTORELLI, Cancer Res. **23**, 1769 (1963)

[685] P. MARGOLIN and F. H. MUKAI, Proc. Natl. Acad. Sci. **55**, 282 (1966)

[686] J. B. D. MARK and P. CALABRESI, Cancer Chemother. Rep. **16**, 545 (1962)

[687] R. MARKHAM, in „The Strategy of Chemotherapy", The University Press, Cambridge 1958, S. 163

[688] L. J. MARKOFF and R. E. HANDSCHUMACHER, Biochem. Pharmac. **15**, 761 (1966)
[689] G. J. MARTIN, „The Theory of Biological Relativity“, The Blakiston Company, Inc., New York, Toronto, 1951
[690] Y. MARUYAMA, G. SILINI and H. S. KAPLAN, Internat. J. Radiat. Biol. **7**, 453 (1963)
[691] C. K. MATTHEWS and S. S. COHEN, J. Biol. Chem. **238**, 367 (1963)
[692] R. E. F. MATTHEWS, J. Gen. Microbiol. **8**, 277 (1953)
[693] R. E. F. MATTHEWS, J. Gen. Microbiol. **10**, 521 (1954)
[694] R. E. F. MATTHEWS, Virology **1**, 165 (1955)
[695] R. E. F. MATTHEWS, Biochim. Biophys. Acta **19**, 559 (1956)
[696] R. E. F. MATTHEWS, Pharmac. Rev. **10**, 359 (1958)
[697] R. E. F. MATTHEWS and J. D. SMITH, Nature **177**, 271 (1956)
[698] A. P. MATTHIAS, G. A. FISCHER and W. H. PRUSOFF, Biochim. Biophys. Acta **36**, 560 (1959)
[699] E. MATTINGLY, Exptl. Cell Res. **42**, 274 (1966)
[700] P. MAZEL, A. KERZA-KWIATECKI and J. SIMANIS, Biochim. Biophys. Acta **114**, 72 (1966)
[701] R. J. MCCOLLISTER, W. R. GILBERT, D. M. ASHTON and J. B. WYNGAARDEN, J. Biol. Chem. **239**, 1560 (1964)
[702] R. J. MCCOLLISTER, W. R. GILBERT and J. B. WYNGAARDEN, J. Clin. Invest. **41**, 1383 (1962)
[703] H. J. MENNEMEYER, P. B. CLARKE, H. TICKELMANN and J. F. HOLLAND, J. Med. Chem. **7**, 567 (1964)
[704] M. MESELSON, F. W. STAHL and J. VINOGRAD, Proc. Natl. Acad. Sci. **43**, 581 (1957)
[705] L. M. MEYER, H. FINK, A. SAWITZKY, M. ROWEN and N. D. RITZ, Am. J. Clin. Path. **19** 119 (1949)
[706] L. MICHAELIS und M. L. MENTEN, Biochem. Z. **49**, 333 (1913)
[707] I. A. MICHAELSON and H. G. MANDEL, Biochem. Pharmac. **11**, 243 (1962)
[708] A. M. MICHELSON, J. DONDON and M. GRUNBERG-MANAGO, Biochim. Biophys. Acta **55**, 529 (1962)
[709] A. M. MICHELSON, C. MONNY, R. A. LAURSEN and N. J. LEONARD, Biochim. Biophys. Acta **119**, 258 (1966)
[710] E. MILLER, R. SULLIVAN, C. YOUNG and J. H. BURCHENAL, Proc. Am. Ass. Cancer Res. **3**, 251 (1961)
[711] J. H. MILLER and E. S. KEMPER, Biochim. Biophys. Acta **76**, 333 (1963)
[712] D. K. MISRA, S. R. HUMPHREYS, H. FRIEDKIN, A. GOLDIN and E. J. CRAWFORD, Nature **189**, 39 (1961)
[713] J. H. MITCHELL, H. E. SKIPPER and L. L. BENNETT, Cancer Res. **10**, 647 (1950)
[714] R. W. MINER (Editor), Symposium über 6-Mercaptopurin, Ann. N. Y. Acad. Sci. **60** 183 (1954)
[715] J. MONOD, J. P. CHANGEUX and F. JACOB, J. Mol. Biol. **6**, 306 (1963)
[716] J. MONOD, J. WYMAN and J. P. CHANGEUX, J. Mol. Biol. **12**, 88 (1965)
[717] J. A. MONTGOMERY, G. J. DIXON, E. A. DULMAGE, H. J. THOMAS, R. W. BROCKMAN and H. E. SKIPPER, Nature **199**, 769 (1963)
[718] J. A. MONTGOMERY and K. HEWSON, J. Med. Chem. **9**, 105 (1966)
[719] J. A. MONTGOMERY and K. HEWSON, J. Med. Chem. **9**, 234 (1966)
[720] J. A. MONTGOMERY, F. M. SCHABEL and H. E. SKIPPER, Cancer Res. **22**, 504 (1962)
[721] J. A. MONTGOMERY, H. J. THOMAS and H. J. SCHAEFFER, J. Org. Chem. **26**, 1929 (1961)
[722] A. E. MOORE, C. C. STOCK, K. SUGIURA and C. P. RHOADS, Proc. Soc. Exptl. Biol. Med. **70**, 396 (1949)

[722a] A. M. Moore and C. H. Thomson, in „Progress in Radiobiology", Oliver and Boyd, Edinbourgh and London, 1956, S. 75

[723] E. C. Moore and G. A. LePage, Cancer Res. 18, 1075 (1958)

[724] N. R. Morris and J. W. Cramer, Mol. Pharmac. 2, 1 (1966)

[725] N. R. Morris and G. A. Fischer, Biochim. Biophys. Acta 42, 183 (1960)

[726] A. Müller, W. Köhnlein and K. G. Zimmer, J. Mol. Biol. 7, 93 (1963)

[727] A. Muhammed, J. Biol. Chem. 241, 516 (1966)

[728] K. L. Mukherjee, J. Boohar, D. Wentland, F. J. Ansfield and C. Heidelberger, Cancer Res. 23, 49 (1963)

[729] K. L. Mukherjee and C. Heidelberger, J. Biol. Chem. 235, 433 (1960)

[730] W. Munyon, Virology 22, 15 (1964)

[731] W. Munyon and N. P. Salzman, Virology 18, 95 (1962)

[732] M. L. Murphy, T. C. Tan, R. R. Ellison, D. A. Karnofsky and J. H. Burchenal, Proc. Am. Ass. Cancer Res. 2, 36 (1955)

[733] A. W. Murray, Biochim. Biophys. Acta 123, 428 (1966)

[734] S. H. Nadler and G. E. Moore, Arch. Surgery 89, 592 (1964)

[735] H. C. Nathan, S. Bieber, G. B. Elion and G. H. Hitchings, Proc. Soc. Exptl. Biol. Med. 107, 796 (1961)

[736] D. Nathans, Fed. Proc. 23, 984 (1964)

[737] D. Nathans and A. Neidle, Nature 197, 1076 (1963)

[738] D. J. Nelson and C. E. Carter, Mol. Pharmac. 2, 248 (1966)

[739] A. M. Nemeth, J. Biol. Chem. 237, 3703 (1962)

[740] P. Newmark, J. D. Stephens and H. W. Barrett, Biochim. Biophys. Acta 62, 414 (1962)

[741] B. A. Newton, Ann. Rev. Microbiol. 19, 209 (1965)

[742] C. A. Nichol, J. Biol. Chem. 207, 725 (1954)

[743] C. A. Nichol, Cancer Res. 14, 522 (1954)

[744] C. A. Nichol, J. Pharmac. 110, 40 (1954)

[745] C. A. Nichol, Fed. Proc. 18, 427 (1959)

[746] C. A. Nichol and A. D. Welch, Proc. Soc. Exptl. Biol. Med. 74, 403 (1950)

[747] C. A. Nichol, S. Zakrczewski and A. D. Welch, Proc. Soc. Exptl. Biol. Med. 83, 272 (1953)

[747a] D. P. Nierlich and B. Magasanik, J. Biol. Chem. 240, 358, 366 (1965)

[748] S. Nishimura, F. Harada and M. Ikehara, Biochim. Biophys. Acta 129, 301 (1966)

[749] T. Nishimura, B. Shimizu and M. Futai, Biochim. Biophys. Acta 129, 654 (1966)

[750] E. R. Norris and A. Roush, Arch. Biochem. Biophys. 28, 465 (1950)

[751] J. Novotný, R. Smetana and H. Rašková, Biochem. Pharmac. 14, 1537 (1965)

[752] W. L. Nyham, J. Pediatrics 55, 337 (1959)

[753] W. Oehlert und B. Magnusson, Z. Krebsforsch. 66, 455 (1965)

[754] R. Okazaki and A. Kornberg, J. Biol. Chem. 239, 269 (1964)

[755] R. Okazaki and A. Kornberg, J. Biol. Chem. 239, 275 (1964)

[756] V. T. Oliviero and C. G. Zubrod, Ann. Rev. Pharmac. 5, 335 (1965)

[757] Z. Opara-Kubinska, Z. Lorkiewicz and W. Szybalski, Biochem. Biophys. Res. Comm. 4, 288 (1961)

[758] L. V. Orce, R. Lumi, C. Bobbi and D. Kanazir, J. Bacteriol. 87, 743 (1964)

[759] A. Orengo, Exptl. Cell Res. 41, 338 (1966)

[760] M. J. Osborn, M. Freeman and F. M. Huennekens, Proc. Soc. Exptl. Biol. Med. 97, 429 (1958)

[761] E. OTAKA, S. OSAWA and Y. OOTA, J. Mol. Biol. **3**, 693 (1961)
[762] E. OTAKA, S. OSAWA, Y. OOTA, A. ISHIMURA and H. MITSU, Biochim. Biophys. Acta **55**, 310 (1962)
[763] L. OTTEY, J. Pharmac. **115**, 339 (1955)
[764] K. OVERGAARD-HANSEN, Biochim. Biophys. Acta **80**, 504 (1964)
[765] K. OVERGAARD-HANSEN and H. KLENOW, Proc. Natl. Acad. Sci. **47**, 680 (1961)
[766] R. J. PAPAC, P. CALABRESI, J. W. HOLLINGSWORTH and A. D. WELCH, Cancer Res. **25**, 1459 (1965)
[767] R. PAPAC, W. A. CREASY, P. CALABRESI and A. D. WELCH, Proc. Am. Ass. Cancer Res. **6**, 50 (1965)
[768] D. G. PARSONS and C. HEIDELBERGER, J. Med. Chem. **9**, 159 (1966)
[769] B. PARTHIER, Die Pharmazie **20**, 465 (1965)
[770] A. R. P. PATERSON, Can. J. Biochem. Physiol. **37**, 1011 (1959)
[771] A. R. P. PATERSON, Can. J. Biochem. Physiol. **38**, 1117 (1960)
[772] A. R. P. PATERSON, Can. J. Biochem. Physiol. **40**, 195 (1962)
[773] A. R. P. PATERSON and A. HORI, Can. J. Biochem. Physiol. **40**, 181 (1962)
[774] A. R. P. PATERSON and G. A. LEPAGE, Can. J. Biochem. Physiol. **38**, 1129 (1960)
[775] A. P. PEKHOV and V. P. SHIPKOV, Mikrobiologiya **35**, 640 (1966)
[776] A. M. PERAULT et B. PULLMAN, Biochim. Biophys. Acta **52**, 266 (1961)
[777] J. M. PETERS and D. M. GREENBERG, Biochim. Biophys. Acta **32**, 273 (1959)
[778] R. A. PETERS, Proc. Royal Soc. Ser. B **139**, 143 (1951/52)
[779] G. PFLEIDERER, C. WOENCKHAUS, K. SCHOLZ und H. FELLER, Ann. Chemie **675**, 205 (1964)
[780] F. S. PHILIPS, S. S. STERNBERG, L. D. HAMILTON and D. A. CLARKE, Proc. Am. Ass. Cancer Res. **1**, 37 (1954)
[781] F. S. PHILIPS, S. S. STERNBERG, L. D. HAMILTON and D. A. CLARKE, Ann. N. Y. Acad. Sci. **60**, 283 (1954)
[782] F. S. PHILIPS and J. B. THIERSCH, J. Pharmac. **95**, 303 (1949)
[783] F. S. PHILIPS and J. B. THIERSCH, Proc. Soc. Exptl. Biol. Med. **72**, 401 (1949)
[784] M. PIECHOWSKA and D. SHUGAR, Biochem. Biophys. Res. Comm. **20**, 768 (1965)
[785] J. C. PIERCE and R. L. VARCO, Surgery **54**, 124 (1963)
[786] I. PIETRZYKOWSKA and D. SHUGAR, Biochem. Biophys. Res. Comm. **25**, 567 (1966)
[787] E. K. PINE, J. Natl. Cancer Inst. **21**, 973 (1958)
[788] P. PITHOVÁ, V. FUČIK, S. ZADRAŽIL, Z. ŠORMOVÁ and F. ŠORM, Coll. Czech. Chem. Comm. **30**, 2879 (1965)
[789] P. PIŤHOVÁ, A. PISKALA, J. PIŤHA and F. ŠORM, Coll. Czech. Chem. Comm. **30**, 2801 (1965)
[790] P. PIŤHOVÁ and F. ŠORM, Coll. Czech. Chem. Comm. **28**, 2977 (1963)
[791] H. C. PITOT, Cancer Res. **23**, 1474 (1963)
[792] H. C. PITOT and C. PERAINO, J. Biol. Chem. **239**, 1783 (1964)
[793] L. J. PIZER and S. S. COHEN, J. Biol. Chem **235**, 2387 (1960)
[794] R. POMALES, S. BIEBER, R. FRIEDMAN and G. H. HITCHINGS, Biochim. Biophys. Acta **72**, 119 (1963)
[795] G. M. PONTIERI and O. J. PLESCIA, Nature **199**, 191 (1963)
[796] H. PONTIS, G. DEGERSTEDT and P. REICHARD, Biochim. Biophys. Acta **51**, 138 (1961)
[797] M. POTTER and L. W. LAW, J. Natl. Cancer Inst. **18**, 413 (1957)
[798] V. R. POTTER, Proc. Soc. Exptl. Biol. Med. **76**, 41 (1951)

[799] V. R. Potter, in „The Molecular Basis of Neoplasia", University of Texas Press, Austin 1962, S. 368
[800] V. R. Potter, Adv. Enzyme Regulation **1**, 279 (1963)
[801] V. R. Potter, in „Cellular Control Mechanisms and Cancer", Elsevier Publishing Comp. 1964, S. 190
[802] V. R. Potter, Cancer Res. **24**, 1085 (1964)
[803] J. Preiss and P. Handler, J. Biol. Chem. **233**, 493 (1958)
[804] W. E. Pricer and A. Weissbach, Biochemistry **4**, 200 (1965)
[805] M. Privat de Garilhe et J. de Rudder, Compt. Rend. **259**, 2725 (1964)
[806] W. H. Prusoff, J. Biol. Chem. **215**, 809 (1953)
[807] W. H. Prusoff, J. Biol. Chem. **226**, 901 (1957)
[808] W. H. Prusoff, Biochem. Pharmac. **2**, 221 (1959)
[809] W. H. Prusoff, Biochim. Biophys. Acta **39**, 327 (1960)
[810] W. H. Prusoff, Cancer Res. **20**, 92 (1960)
[811] W. H. Prusoff, Y. S. Bakhle and L. Sekely, Ann. N. Y. Acad. Sci. **130**, 135 (1965)
[812] W. H. Prusoff, J. W. Cramer, M. Y. Chu and A. D. Welch, Biochem. Pharmac. **8**, 324 (1961)
[813] W. H. Prusoff and R. A. Gaito, Biochim. Biophys. Acta **61**, 81 (1962)
[814] W. H. Prusoff, W. L. Homes and A. D. Welch, Cancer Res. **13**, 221 (1953)
[815] W. H. Prusoff, J. J. Jaffe and H. Günther, Biochem. Pharmac. **3**, 110 (1960)
[816] W. H. Prusoff, L. G. Lajtha and A. D. Welch, Biochim. Biophys. Acta **20**, 209 (1956)
[817] W. H. Prusoff and A. D. Welch, J. Biol. Chem. **218**, 929 (1956)
[818] L. H. Pugh and N. N. Gerber, Cancer Res. **23**, 640 (1963)
[819] J. H. Quastel and W. R. Wooldridge, Biochem. J. **22**, 689 (1928)
[820] R. K. Ralph, R. E. F. Matthews and A. I. Matus, Biochim. Biophys. Acta **108**, 53 (1965)
[821] S. A. Rapaport, Virology **22**, 125 (1964)
[822] K. Raška, M. Jurovčik, Z. Šormova and F. Šorm, Coll. Czech. Chem. Comm. **30**, 3000 (1965)
[823] K. Raška, M. Jurovčik, Z. Šormova and F. Šorm, Coll. Czech. Chem. Comm. **31**, 2803 (1966)
[824] K. Raška, M. Jurovčik, Z. Šormova and F. Šorm, Coll. Czech. Chem. Comm. **30**, 3215 (1965)
[825] K. Raška, M. S. Zedeck and A. D. Welch, Biochem. Pharmacol. **15**, 2136 (1966)
[826] H. M. Rauen, H. Haar und W. Unterberg, Arzneimittelforsch. **16**, 533 (1966)
[827] E. Reich, Science **143**, 684 (1964)
[828] M. Reich and H. G. Mandel, Science **145**, 276 (1964)
[829] P. Reichard, Z. N. Canellakis and E. S. Canellakis, J. Biol. Chem. **236**, 2514 (1961)
[830] P. Reichard, O. Sköld and G. Klein, Nature **183**, 939 (1959)
[831] P. Reichard, O. Sköld, G. Klein, L. Révész and P. H. Magnusson, Cancer Res. **22**, 235 (1962)
[832] D. A. Remy, A. V. Sunthankar and C. Heidelberger, J. Org. Chem. **27**, 2491 (1962)
[833] C. N. Remy and M. S. Smith, J. Biol. Chem. **228**, 325 (1957)
[834] H. Reuschl, Z. Naturforsch. **21 b**, 643 (1966)
[835] P. Reyes and C. Heidelberger, Mol. Pharmac. **1**, 14 (1965)
[836] M. A. Rich, A. G. Perez and M. L. Eidinoff, Cancer Res. **22**, 3 (1962)
[837] J. F. Richards, R. G. W. Jones and C. T. Beer, Cancer Res. **26**, 876 (1966)
[838] C. P. Rhoads, Science **119**, 77 (1954)

[839] M. ROBERTS and D. W. VISSER, J. Biol. Chem. **194**, 691 (1952)
[840] R. O. ROBLIN, J. O. LAMPEN, J. P. ENGLISH, Q. P. COLE and J. R. VAUGHAM, J. Am. Chem. Soc. **67**, 290 (1945)
[841] H. J. ROGERS and H. R. PERKINS, Biochem. J. **77**, 448 (1963)
[842] P. M. ROLL, H. WEINFELD and G. B. BROWN, Biochim. Biophys. Acta **13**, 141 (1954)
[843] P. M. ROLL, H. WEINFELD, E. CARROLL and G. B. BROWN, J. Biol. Chem. **220**, 439 (1956)
[844] R. A. ROOSA, T. R. BRADLEY, L. W. LAW and L. A. HERZENBERG, J. Cell. Phys. **60**, 109 (1962)
[845] R. A. ROOSA, R. W. BROCKMAN and L. W. LAW, Proc. Am. Ass. Cancer Res. **3**, 262 (1961)
[846] B. ROSEN, J. Mol. Biol. **11**, 845 (1965)
[847] H. ROSENTHAL, Acta. Biol. Med. Germ. **13**, 781 (1961)
[848] W. C. J. ROSS, Biochem. Pharmac. **8**, 235 (1961)
[849] A. D. ROTENBERG, W. R. BRUCE and R. G. BAKER, Brit. J. Radiol. **35**, 337 (1962)
[850] A. ROUSH and E. R. NORRISS, Arch. Biochem. Biophys. **29**, 124 (1950)
[851] J. K. ROY, C. A. HAAVIK and R. E. PARKS, Proc. Am. Ass. Cancer Res. **3**, 146 (1960)
[852] J. K. ROY, D. C. KVAM, J. L. DAHL and R. E. PARKS, J. Biol. Chem. **236**, 1158 (1961)
[853] S. ROY-BURMAN, P. ROY-BURMAN and D. W. VISSER, J. Biol. Chem. **241**, 781 (1966)
[854] R. C. RUBIN, E. S. HENDERSON, E. S. OWENS and D. P. RALL, Cancer Res. **27**, 553 (1967)
[855] R. J. RUBIN, J. J. JAFFE and R. E. HANDSCHUMACHER, Biochem. Pharmac. **11**, 563 (1962)
[856] R. J. RUBIN, A. REYNARD and R. E. HANDSCHUMACHER, Cancer Res. **24**, 1002 (1964)
[857] R. RUDNER, Biochem. Biophys. Res. Comm. **3**, 275 (1960)
[858] R. R. RUECKERT and G. C. MUELLER, Cancer Res. **20**, 1584 (1960)
[859] C. S. RUPERT, J. Gen. Physiol. **43**, 573 (1959/60)
[860] W. D. RUPP and W. H. PRUSOFF, Nature **202**, 1288 (1964)
[861] W. D. RUPP and W. H. PRUSOFF, Biochem. Biophys. Res. Comm. **18**, 145 (1965)
[862] W. D. RUPP and W. H. PRUSOFF, Biochem. Biophys. Res. Comm. **18**, 158 (1965)
[863] R. J. RUTMAN, A. CANTAROW and K. E. PASCHKIS, Cancer Res. **14**, 119 (1954)
[864] H. E. SÄUBERLICH, Arch. Biochem. Biophys. **24**, 224 (1949)
[865] P. SAGAR and J. KÁRA, Folia Biologica **12**, 75 (1966)
[866] J. S. SALSER and M. E. BALIS, Cancer Res. **25**, 539, 544 (1965)
[867] J. S. SALSER, D. J. HUTCHISON and M. E. BALIS, J. Biol. Chem. **235**, 429 (1960)
[868] N. P. SALZMAN, A. J. SHATKIN and E. D. SEBRING, Ann. N. Y. Acad. Sci. **130**, 240 (1965)
[869] M. A. SANDERS, B. P. WIESNER and J. YUDKIN, Nature **189**, 1016 (1961)
[870] A. C. SARTORELLI, J. R. AKERS and B. A. BOOTH, Biochem. Pharmac. **5**, 238 (1960)
[871] A. C. SARTORELLI, A. L. BIEBER, P. K. CHANG and G. A. FISCHER, Biochem. Pharmac. **13**, 507 (1964)
[872] A. C. SARTORELLI and B. A. BOOTH, Cancer Res. **20**, 198 (1960)
[873] A. C. SARTORELLI and B. A. BOOTH, Arch. Biochem. Biophys. **89**, 118 (1960)
[874] A. C. SARTORELLI and B. A. BOOTH, J. Pharmac. **134**, 123 (1961)
[875] A. C. SARTORELLI and B. A. BOOTH, Biochem. Pharmac. **12**, 847 (1963)
[876] A. C. SARTORELLI and G. A. LEPAGE, Proc. Am. Ass. Cancer Res. **2**, 246 (1955)
[877] A. C. SARTORELLI and G. A. LEPAGE, Cancer Res. **18**, 457 (1958)
[878] A. C. SARTORELLI and G. A. LEPAGE, Cancer Res. **18**, 1329 (1958)
[879] A. C. SARTORELLI, G. A. LEPAGE and E. C. MOORE, Cancer Res. **18**, 1232 (1958)
[880] K. SATO, G. A. LEPAGE and A. P. KIMBALL, Cancer Res. **26**, 741 (1966)
[881] W. SAUERBIER, Virology **15**, 465 (1961)
[882] J. P. SCANNELL and G. H. HITCHINGS, Proc. Soc. Exptl. Biol. Med. **122**, 627 (1966)

[883] E. Scarano, G. Geraci, A. Polzella and E. Campanile, J. Biol. Chem. **238**, PC 1556 (1963)

[884] E. Scarano, G. Geraci and M. Rossi, Biochem. Biophys. Res. Comm. **16**, 239 (1964)

[885] F. M. Schabel, Cancer Chemotherap. Rep. **16**, 37 (1962)

[886] F. M. Schabel, J. A. Montgomery, H. E. Skipper, W. R. Laster and J. R. Thomson, Cancer Res. **21**, 690 (1961)

[887] H. J. Schaeffer and P. S. Bhargava, Biochemistry **4**, 71 (1965)

[888] H. J. Schaeffer, S. Marathe and V. Alks, J. Pharmaceut. Sci. **53**, 1368 (1964)

[889] H. J. Schaeffer and E. Odin, J. Pharmaceut. Sci. **54**, 421 (1965)

[890] H. W. Schell, Geriatrics **19**, 265 (1964)

[891] S. Scher and J. C. Collings, Nature **205**, 828 (1965)

[892] R. Schindler, L. Ramseier and A. Grieder, Helv. Physiol. Pharmac. Acta **24**, C 51 (1966)

[893] W. C. Schneider, J. Biol. Chem. **164**, 747 (1946)

[894] M. A. Schneiderman, Cancer Chemotherap. Rep. **16**, 107 (1962)

[895] K. E. Schneweis, Arch. Ges. Virusforsch. **15**, 565, 583 (1965)

[896] E. B. Schoenbach, A. Goldin, B. Goldberg and L. G. Ortega, Cancer **2**, 57 (1949)

[897] E. B. Schoenbach, E. M. Greenspan and J. Colsky, J. Am. Med. Ass. **144**, 1558 (1950)

[898] A. W. Schrecker, J. M. Venditti, N. H. Greenberg, J. L. Biedler, D. L. Robinson and D. J. Hutchison, J. Natl. Cancer Inst. **31**, 557 (1963)

[899] L. R. Schroeder, Proc. Am. Ass. Cancer Res. **3**, 267 (1961)

[900] R. Schwartz and W. Damashek, Nature **183**, 1682 (1959)

[901] R. Schwartz, A. Eisner and W. Damashek, J. Clin. Invest. **38**, 1394 (1959)

[902] R. Schwartz, J. Stack and W. Damashek, Proc. Soc. Exptl. Biol. Med. **99**, 164 (1958)

[903] K. Šebesta, J. Bauerová and Z. Šormova, Biochim. Biophys. Acta **50**, 393 (1961)

[904] N. Seemayer, R. Haas und G. Maass, Arch. Ges. Virusforsch. **18**, 155 (1966)

[905] B. H. Sells and K. Crudup, Biochim. Biophys. Acta **123**, 253 (1966)

[906] R. B. Setlow, Science **153**, 379 (1966)

[907] R. B. Setlow and R. P. Boyce, Biochim. Biophys. Acta **68**, 455 (1963)

[908] R. B. Setlow and W. L. Carrier, Proc. Natl. Acad. Sci. **51**, 226 (1964)

[909] R. B. Setlow, P. A. Swanson and W. L. Carrier, Science **142**, 1465 (1965)

[910] D. M. Shapiro, J. Krean and L. S. Dietrich, Proc. Soc. Exptl. Biol. Med. **81**, 616 (1952)

[911] E. Shaw and D. W. Woolley, J. Biol. Chem. **194**, 641 (1952)

[912] V. P. Shchipkov and I. I. Samoylenko, Genetika S. 99 (1966)

[913] H. T. Shigeura and G. E. Boxer, Biochem. Biophys. Res. Comm. **17**, 758 (1964)

[914] H. T. Shigeura, G. E. Boxer, M. L. Melon and S. D. Sampson, Biochemistry **5**, 994 (1966)

[915] H. T. Shigeura, G. E. Boxer, S. D. Sampson and M. L. Melon, Arch. Biochem. Biophys. **111**, 713 (1965)

[916] H. T. Shigeura and C. N. Gordon, J. Biol. Chem. **240**, 806 (1965)

[917] H. T. Shigeura and S. D. Sampson, Biochim. Biophys. Acta **138**, 26 (1967)

[918] H. T. Shigeura, S. D. Sampson and M. L. Melon, Arch. Biochem. Biophys. **115**, 462 (1966)

[919] Y. Shimura, R. E. Moses and D. Nathans, J. Mol. Biol. **12**, 266 (1965)

[920] W. Shive, Ann. N. Y. Acad. Sci. **52**, 1212 (1950)

[921] W. Shive, in „Antimetabolites and Cancer", Symposium in Boston 1953, Am. Ass. Adv. Sci. Washington D. C., 1955

[922] W. Shive and C. G. Skinner, in „Metabolic Inhibitors " I., Academic Press, New York, London, 1963, S. 1
[923] S. Silagi, Cancer Res. **25**, 1446 (1965)
[924] H. R. Silberman and J. B. Wyngaarden, Biochim. Biophys. Acta **47**, 178 (1961)
[925] P. Siminoff, Virology **24**, 1 (1964)
[926] E. H. Simon, Exptl. Cell Res. Suppl. **9**, 263 (1963)
[927] L. N. Simon and T. C. Myers, Biochim. Biophys. Acta **51**, 178 (1961)
[928] L. Simon, T. Myers and M. Mednicks, Biochim. Biophys. Acta **103**, 189 (1965)
[929] F. M. Sirotnak, G. J. Donati and D. J. Hutchison, J. Biol. Chem. **239**, 2677 (1964)
[930] F. M. Sirotnak, G. J. Donati and D. J. Hutchison, J. Biol. Chem. **239**, 4298 (1964)
[931] F. M. Sirotnak, R. B. Lunt and D. J. Hutchison, Nature **187**, 800 (1960)
[932] H. E. Skipper, Ann. N. Y. Acad. Sci. **60**, 267 (1955)
[933] H. E. Skipper, J. A. Montgomery, J. R. Thomson and F. M. Schabel, Cancer Res. **19**, 425 (1959)
[934] H. E. Skipper, R. K. Robins and J. R. Thomson, Proc. Soc. Exptl. Biol. Med. **89**, 594 (1955)
[935] H. E. Skipper, R. K. Robins, J. R. Thomson, C. C. Cheng, R. W. Brockman and F. M. Schabel, Cancer Res. **17**, 579 (1957)
[936] H. E. Skipper, J. R. Thomson and M. Bell, Cancer Res. **14**, 503 (1954)
[937] H. E. Skipper, J. R, Thomson, D. J. Hutchison, F. M. Schabel and J. J. Johnson, Proc. Soc. Exptl. Biol. Med. **95**, 135 (1957)
[938] O. Sköld, Biochim. Biophys. Acta **76**, 160 (1963)
[939] O. Sköld, in „The Swedish Cancer Society. Year book 1963–1965" Almqvist & Wiksell, Stockholm 1966, S. 153
[940] O. Sköld, P. H. Magnusson and L. Révész, Cancer Res. **22**, 1226 (1962)
[941] J. Škoda, A. Čihak and F. Šorm, Coll. Czech. Chem. Comm. **29**, 2389 (1964)
[942] J. Škoda, V. F. Hess and F. Šorm, Experientia **13**, 150 (1957)
[943] J. Škoda, V. F. Hess and F. Šorm, Coll. Czech. Chem. Comm. **22**, 1330 (1957)
[944] J. Škoda, J. Kára, A. Čihak and F. Šorm, Coll. Czech. Chem. Comm. **27**, 1692 (1962)
[945] J. Škoda, J. Kára, Z. Šormova and F. Šorm, Biochim. Biophys. Acta **33**, 579 (1959)
[946] J. Škoda, V. Lisy, J. Smrt, A. Holý and F. Šorm, Mol. Pharmac. **2**, 608 (1966)
[947] J. Škoda and F. Šorm, Coll. Czech. Chem. Comm. **21**, 1328 (1956)
[948] J. Škoda and F. Šorm, Coll. Czech. Chem. Comm. **24**, 1331 (1959)
[949] J. Škoda and F. Šorm, Biochim. Biophys. Acta **91**, 352 (1964)
[950] L. Šlechta, Biochem. Biophys. Res. Comm. **3**, 596 (1960)
[951] L. Šlechta, Biochem. Pharmac. **5**, 66 (1966)
[952] A. E. Sloboda, J. Pharmac, **128**, 419 (1960)
[953] B. J. Smith, J. Mol. Biol. **20**, 21 (1966)
[954] D. A. Smith, P. Roy-Burman and D. W. Visser, Biochim. Biophys. Acta **119**, 221 (1966)
[955] D. A. Smith and D. W. Visser, J. Biol. Chem. **240**, 446 (1965)
[956] H. H. Smith, B. H. Kugelman, S. L. Commerford and W. Szybalski, Proc. Natl. Acad. Sci. **49**, 451 (1963)
[957] J. D. Smith and R. E. F. Matthews, Biochem. J. **66**, 323 (1957)
[958] K. O. Smith and C. D. Dukes, J. Immunol. **92**, 550 (1964)
[959] L. H. Smith and M. Sullivan, Biochim. Biophys. Acta **39**, 554 (1960)
[960] L. H. Smith, M. Sullivan, F. A. Baker and E. Frederik, Cancer Res. **20**, 1059 (1960)
[961] A. Z. Smolianskaya, Antibiotiki **11**, 743 (1966)

[962] R. L. Soffer, S. Uretsky, L. Altwerger and G. Acs, Biochem. Biophys. Res. Comm. **24**, 376 (1966)

[963] C. E. Somers and R. M. Humphrey, Exptl. Cell Res. **30**, 208 (1963)

[964] F. Šorm, A. Jakubovič and L. Šlechta, Experientia **12**, 272 (1956)

[965] F. Šorm and H. Keilová, Experientia **14**, 215 (1958)

[966] F. Šorm and J. Škoda, Coll. Czech. Chem. Comm. **21**, 487 (1956)

[967] F. Šorm and J. Vesely, Neoplasma **11**, 123 (1964)

[968] P. R. Srinivasan and B. Weiss, Biochim. Biophys. Acta **51**, 597 (1961)

[969] E. R. Stadtman, Adv. Enzymol. and Related Subjects of Biochem. **28**, 41 (1966)

[970] F. W. Stahl, J. M. Crasemann, L. Okun, E. Fox and C. Laird, Virology **13**, 98 (1961)

[971] D. P. Stahly, V. R. Srinivasan and H. O. Halvorson, J. Bacteriol. **91**, 1875 (1966)

[972] S. S. Sternberg, J. Scholler and F. S. Philips, Proc. Am. Ass. Cancer Res. **2**, 150 (1956)

[973] J. Sterzl, Nature **185**, 256 (1960)

[974] C. C. Stock, J. J. Biesele, J. H. Burchenal, D. A. Karnofsky, A. E. Moore and K. Sugiura, Ann. N. Y. Acad. Sci. **52**, 1360 (1950)

[975] C. C. Stock, H. C. Reilly, S. M. Buckley, D. A. Clarke and C. P. Rhoads, Nature **173**, 71 (1954)

[976] F. B. Strandskow and O. Wyss, J. Bacteriol. **50**, 237 (1945)

[977] B. Straus, S. Berson, T. Bernstein and A. S. Jacobson, Blood **5**, 1059 (1950)

[977a] P. Stutts and R. W. Brockman, Biochem. Pharmac. **12**, 97 (1963)

[978] K. Sigiura, G. H. Hitchings, L. F. Cavalieri and C. C. Stock, Cancer Res. **10**, 178 (1950)

[979] K. Sigiura and C. C. Stock, Proc. Soc. Exptl. Biol. Med, **88**, 127 (1955)

[980] M. P. Sullivan, E. C. Beatty, C. B. Hyman, M. L. Murphy, M. I. Pierce and N. C. Severo, Cancer Chemother. Rep. **16**, 161 (1962)

[981] R. D. Sullivan and E. Miller, Cancer Res. **25**, 1025 (1965)

[982] R. D. Sullivan, E. Miller and M. P. Sikes, Cancer **12**, 1248 (1959)

[982a] R. D. Sullivan, E. Miller and E. Watkins, Proc. Am. Ass. Cancer Res. **3**, 365 (1963)

[983] M. Svatá, K. Raška and F. Šorm, Experientia **22**, 53 (1966)

[984] W. Szer and L. Nowak, J. Mol. Biol. **24**, 333 (1967)

[985] W. Szer and D. Shugar, Acta Biochim. Polon. **7**, 491 (1960)

[986] W. Szer and D. Shugar, Acta Biochim. Polon, **8**, 235 (1961)

[987] W. Szer and D. Shugar, Acta Biochim. Polon. **10**, 219 (1963)

[988] W. Szybalski, Exptl. Cell Res. **18**, 588 (1959)

[989] W. Szybalski and V. Bryson, J. Bacteriol. **64**, 489 (1952)

[990] W. Szybalski, N. K. Cohn and C. Heidelberger, Fed. Proc. **22**, 532 (1963)

[991] W. Szybalski, E. Hunter-Szybalska and G. Ragni, J. Natl. Cancer Inst. Monograph **7**, 75 (1962)

[992] W. Szybalski, Z. Opara-Kubinska and Z. Lorkiewicz, Nature **138**, 743 (1960)

[993] W. Szybalski and M. J. Smith, Proc. Soc. Exptl. Biol. Med. **101**, 662 (1959)

[994] W. Szybalski and E. H. Szybalska, Cancer Chemother. Rep. **11**, 87 (1961)

[995] R. W. Talley and V. K. Vaitkevicius, Blood **21**, 352 (1963)

[996] G. S. Tarnowski and C. C. Stock, Cancer Res. **17**, 1033 (1957)

[997] J. R. Tata, Progress Nucleic Acid Res. **5**, 191 (1966)

[998] D. R. Tershak, Virology **24**, 262 (1964)

[999] D. R. Tershak, J. Mol. Biol. **21**, 43 (1966)

[1000] B. E. Terzaghi, G. Streisinger and F. W. Stahl, Proc. Natl. Acad. Sci. **48**, 1519 (1962)

[1001] A. Tomasz and E. Borek, Proc. Natl. Acad. Sci. **45**, 929 (1959)
[1002] A. Tomasz and E. Borek, Proc. Natl. Acad. Sci. **46**, 324 (1960)
[1003] A. Tomasz and E. Borek, Biochemistry **1**, 543 (1962)
[1004] A. J. Tomisek, A. P. V. Hoskins and M. R. Reich, Cancer Res. **25**, 1925 (1965)
[1005] H. Tono and S. S. Cohen, J. Biol. Chem. **237**, 1271 (1962)
[1006] R. Tym and P. W. Todd, Internat. J. Radiat. Biol. **8**, 589 (1964)
[1007] S. Ukada and H. S. Moyed, J. Biol. Chem. **238**, 2797 (1963)
[1008] J. E. Ultmann and P. Feigelson, Cancer Res. **18**, 1319 (1958)
[1009] G. E. Underwood, C. A. Wisner and S. D. Weed, Arch. Ophthalmol. **72**, 505 (1964)
[1010] X. W. Unger and R. Silber, Biochim. Biophys. Acta **89**, 167 (1964)
[1011] J. L. van Lancker, A. L. Flangas and J. Allen, Lab. Invest. **15**, 1291 (1966)
[1012] G. Vansanten, Biochem. Pharmac. **14**, 215 (1965)
[1013] J. M. Venditti, A. W. Schrecker, J. A. R. Mead, I. Kline and A. Goldin, Cancer Res. **20**, 1451 (1960)
[1014] J. Veselý, J. Seifert, A. Čihak and F. Šorm, Intern. J. Cancer **1**, 31 (1966)
[1015] Veterans Administration Adjuvant Cancer Chemotherapy Cooperative Group, Arch. Surgery **86**, 926 (1963)
[1016] D. W. Visser, D. M. Frisch and B. Huang, Biochem. Pharmac. **5**, 157 (1960)
[1017] D. W. Visser, S. Kabot and M. Lieb, Biochim. Biophys. Acta **76**, 463 (1963)
[1018] A. W. Vogel, Cancer Res. **21**, 743 (1961)
[1019] A. Wacker, H. Dellweg and D. Jacherts, J. Mol. Biol. **4**, 410 (1962)
[1020] A. Wacker, H. Dellweg and E. Lodemann, Angew. Chem. **73**, 64 (1961)
[1021] A. Wacker, H. Dellweg und D. Weinblum, Naturwiss. **20**, 477 (1960)
[1022] A. Wacker, H. Dellweg and D. Weinblum, J. Mol. Biol. **3**, 787 (1961)
[1023] A. Wacker and D. Jacherts, J. Mol. Biol. **4**, 413 (1962)
[1024] A. Wacker, S. Kirschfeld, D. Hartmann and D. Weinblum, J. Mol. Biol. **2**, 69 (1960)
[1025] A. Wacker, S. Kirschfeld and L. Träger, J. Mol. Biol. **2**, 241 (1960)
[1026] A. Wacker, S. Kirschfeld and D. Weinblum, J. Mol. Biol. **2**, 72 (1960)
[1027] A. Wacker und E. R. Lochmann, Z. Naturforsch. **17b**, 351 (1962)
[1028] A. Wacker, E. Lodemann, K. Gauri and P. Chandra, J. Mol. Biol. **18**, 382 (1966)
[1029] E. B. Wagenaar, Exptl. Cell Res. **43**, 184 (1966)
[1030] N. J. Wagner and C. Heidelberger, Biochim. Biophys. Acta **61**, 377 (1962)
[1031] E. Walton, F. W. Holly, G. E. Boxer, R. F. Nutt and S. R. Jenkins, J. Med. Chem. **8**, 659 (1965)
[1032] O. Warburg, in „Molekulare Biologie des malignen Wachstums" (17. Colloquium der Ges. physiol. Chem. in Mosbach/Baden), Springer-Verlag, Berlin, Heidelberg, New York, 1966, S. 1
[1033] R. W. E. Watts, J. E. M. Watts and J. E. Seegmiller, J. Lab. Clin. Med. **66**, 688 (1965)
[1034] J. L. Way, J. L. Dahl and R. E. Parks, J. Biol. Chem. **234**, 1241 (1959)
[1035] J. L. Way and R. E. Parks, J. Biol. Chem. **231**, 467 (1958)
[1036] J. L. Webb, „Enzyme and Metabolic Inhibitors", Academic Press, New York a. London, 1963
[1037] S. Weinhouse, Cancer Res. **16**, 654 (1956)
[1038] I. B. Weinstein and D. Grünberger, Biochem. Biophys. Res. Comm. **19**, 647 (1965)
[1039] A. J. Weiss, P. Kokolis and J. G. Jackson, Proc. Am. Ass. Cancer Res. **4**, 71 (1963)
[1040] A. Weissbach and A. Lisio, Biochemistry **4**, 196 (1965)
[1041] A. D. Welch, Cancer Res. **21**, 1475 (1961)
[1041a] I. Wempen and J. J. Fox, J. Med. Chem. **7**, 207 (1964)

[1042] W. C. Werkheiser, Proc. Am. Ass. Cancer Res. **3**, 72 (1959)
[1043] W. C. Werkheiser, J. Biol. Chem. **236**, 888 (1961)
[1044] W. C. Werkheiser, Proc. Am. Ass. Cancer Res. **3**, 371 (1962)
[1045] W. C. Werkheiser, J. Pharmacol. **137**, 167 (1962)
[1046] W. C. Werkheiser, Cancer Res. **23**, 1277 (1963)
[1047] W. C. Werkheiser, Cancer Res. **25**, 608 (1965)
[1048] W. C. Werkheiser, L. W. Law, R. A. Roosa and C. A. Nichol, Proc. Am. Ass. Cancer Res. **4**, 71 (1963)
[1049] F. Weygand, A. Wacker und H. Dellweg, Z. Naturforsch. **7b**, 19 (1952)
[1050] A. J. Whaba, R. S. Gardner, C. Basilio, R. S. Miller, J. F. Speyer and P. Lengyel, Proc. Natl. Acad. Sci. **49**, 116 (1963)
[1051] G. P. Wheeler and B. J. Bonnie, J. Biol. Chem. **241**, 1114 (1966)
[1052] V. K. Whittaker and R. H. Blakley, J. Biol. Chem. **236**, 838 (1961)
[1053] O. Wieland, Münch. Med. Wochenschr. **108**, 1653 (1966)
[1054] P. W. Wigler and H. H. Choi, J. Am. Chem. Soc. **86**, 1636 (1964)
[1055] R. Willén and U. Stenram, Arch. Biochem. Biophys. **119**, 501 (1967)
[1056] H. G. Williams-Ashman, Cancer Res. **25**, 1096 (1965)
[1057] A. Winkler, J. Škoda, V. Ujházy, V. Čzerny, L. Šańdor and F. Šorm, Biochem. Pharmac. **5**, 202 (1960)
[1058] H. G. Wittmann, Z. Vererbungslehre **95**, 333 (1964)
[1059] B. Wittmann-Liebold und H. G. Wittmann, Z. Vererbungslehre **97**, 218 (1965)
[1060] B. Wittmann-Liebold und H. G. Wittmann, Z. Vererbungslehre **97**, 305 (1965)
[1061] R. Wolfenden, T. K. Sharpless, I. S. Ragade and N. J. Leonard, J. Am. Chem. Soc. **88**, 185 (1966)
[1062] D. D. Woods, Brit. J. Exptl. Path. **21**, 74 (1940)
[1063] D. W. Woolley, „A Study of Antimetabolites", John Wiley a. Sons Inc., New York, and Chapman and Hall, London, 1952
[1064] D. I. Wulff, Biophys. J. **3**, 355 (1963)
[1065] D. I. Wulff, J. Mol. Biol. **7**, 431 (1963)
[1066] D. I. Wulff and C. S. Rupert, Biochem. Biophys. Res. Comm. **7**, 237 (1962)
[1067] J. B. Wyngaarden, J. Biol. Chem. **224**, 453 (1957)
[1068] J. B. Wyngaarden, Arthritis and Rheumatism **8**, 883 (1965)
[1069] J. B. Wyngaarden and D. M. Ashton, J. Biol. Chem. **234**, 1492 (1959)
[1070] R. A. Yates and A. B. Pardee, J. Biol. Chem. **221**, 757 (1956)
[1071] L. J. York and G. A. LePage, Can. J. Biochem. **44**, 19 (1966)
[1072] L. J. York and G. A. LePage, Can. J. Biochem. **44**, 331 (1966)
[1073] R. G. Yount, S. Simchuk ,I. Yu and M. Kottke, Arch. Biochem. Biophys. **113**, 288 (1966)
[1074] R. G. Yount, I. Yu and S. Simchuk, Arch. Biochem. Biophys. **113**, 296 (1966)
[1074a] T. S. Yü, Arthritis and Rheumatism **8**, 897 (1965)
[1075] S. Zadražil, V. Fučik, P. Bartl, Z. Šormova and F. Šorm. Biochim. Biophys. Acta **108**, 701 (1965)
[1076] M. V. Zamecnik and P. C. Zamecnik, Exptl. Cell Res. **45**, 218 (1967)
[1077] S. Zamenhof, R. de Giovanni and S. Greer, Nature **181**, 827 (1958)
[1078] S. Zamenhof and G. Griboff, Nature **174**, 305, 307 (1954)
[1079] S. Zamenhof, B. Reiner, R. de Giovanni and K. Rich, J. Biol. Chem. **219**, 165 (1956)
[1080] J. Zanen and J. F. Pechere, Biochim. Biophys. Acta **123**, 172 (1966)
[1081] S. F. Zakrzcewski, J. Biol. Chem. **238**, 1485 (1963)

[1082] S. F. ZAKRZCEWSKI, M. T. HAKALA and C. A. NICHOL, Mol. Pharmac. **2**, 423 (1966)
[1083] S. F. ZAKRZCEWSKI and C. A. NICHOL, J. Biol. Chem. **235**, 2984 (1960)
[1084] E. F. ZIMMERMANN and S. A. GREENBERG, Mol. Pharmac. **1**, 113 (1965)
[1085] F. ZIMMERMANN, H. KRÖGER, U. HAGEN and K. KECK, Biochim. Biophys. Acta **87**, 160 (1964)
[1086] F. ZIMMERMANN, H. KRÖGER und T. LÜCKING, Biochem. Z. **342**, 115 (1965)
[1087] M. ZIMMERMAN, Biochem. Biophys. Res. Comm. **16**, 600 (1964)

Ergänzungen und Nachtrag neuer Befunde

5′-Desoxy-5′-fluor-thymidin ist nach Langen und Kowollik (Acta Biol. Med. Germ. 1968, im Druck, und unveröffentlichte Ergebnisse) ein selektiver Hemmstoff der DNS-Synthese (Untersuchungen an Ehrlich-Ascites-Tumorzellen in vitro). Die Verbindung hemmt auch die Vermehrung von Zellen in Gewebekultur. Nach Untersuchungen in zellfreien Systemen hemmt 5′-Desoxy-5′-fluor-thymidin insbesondere die Thymidin-5′-phosphat-Kinase, während die Thymidin-Kinase relativ unempfindlich ist, so daß sich bei Einsatz von Thymidin das Thymidin-5′-phosphat anhäuft. Da 5′-Desoxy-5′-fluor-thymidin nicht am C-Atom 5′ phosphoryliert werden kann, liegt hier offenbar erstmals ein unnatürliches Nucleosid vor, das direkt — ohne erst der Überführung in das Nucleotid durch letale Synthese zu bedürfen — in die Nucleinsäure-Synthese eingreift (s. aber auch weiter unten Khwaja und Heidelberger). Da die gehemmte Reaktion außerhalb der durch den „salvage pathway" umgehbaren liegt, kann die Hemmung auch nicht durch Metabolite aufgehoben werden. So wird z. B. bei 5′-Desoxy-5′-fluor-thymidin (im Gegensatz zu 5-Fluoruracil) keine vollständige Aufhebung der Hemmung durch Thymidin bewirkt. Dagegen wird eine partielle Aufhebung, wohl über eine verstärkte Bildung von Thymidin-5′-phosphat, erreicht. Durch Thymidin-Phosphorylase wird 5′-Desoxy-5′-fluor-thymidin sechsmal langsamer als Thymidin gespalten.

Khwaja und Heidelberger (J. med. Chem. **10**, 1066 (1967)) fanden an E. coli und an Tumorzellen in Gewebekultur, daß 2′,3′-Dehydro- und 2′,3′-Didesoxy-5-fluoruridin cytostatisch wirken, wobei der erstgenannten Verbindung die wesentlich bessere Wirksamkeit zukommt. 2′,3′-Dehydro-5-fluoruridin hemmt die DNS-Synthese (gemessen an Ehrlich-Ascites-Tumorzellen in vitro). Es ist kein Substrat für die Nucleosid-Phosphorylasen und für die Uridin- oder Thymidin-Kinase. Danach kann möglicherweise auch diese Verbindung unmittelbar als Nucleosid ohne Überführung in das Nucleotid wirksam werden. Darauf weist auch hin, daß 2′,3′-Dehydro-fluoruridin gegen 5-Fluor-2′-desoxyuridin-resistente Zellen (Verlust der Thymidin-Kinase) eine deutliche Wirksamkeit aufweist. Im Tierversuch mit Transplantations-Tumoren wurde eine Verlängerung der Überlebenszeit durch diese Verbindungen erreicht.

Nach Lorenson, Maley und Maley (J. Biol. Chem. **242**, 3332 (1967)) wird die Thymidylat-Synthetase aus Hühner-Embryonen nach Vorinkubation mit 5-Fluor-2′-desoxyuridin-5′-phosphat in Abwesenheit des Substrates 2′-Desoxyuridin-5′-phosphat nicht mehr kompetitiv, sondern nicht-kompetitiv, stöchiometrisch gehemmt. Außerdem hängt der K_i-Wert für diesen Hemmstoff stark davon ab, ob eine solche Vorinkubation durchgeführt wurde oder nicht. Eine derartige Abhängigkeit des K_i-Wertes für 5-Fluor-2'-desoxyuridin-5'-phosphat wurde auch schon von Reyes und Heidelberger [835] beschrieben. Danach ist K_i ohne Vorinkubation 10mal höher als mit Vorinkubation. Hier wurde jedoch in jedem Falle eine kompetitive Hemmung gefunden.

Formycin = 7-Amino-3-(β-D-ribofuranosyl)pyrazolo(4,3-d)pyrimidin hemmt nach Henderson und Mitarbeitern (Cancer Res. **27**, 715 (1967)) — vermutlich als 5'-Triphosphat und so als Adenosin-5'-triphosphat-Analoges — die Bildung von 5-Phosphoribosylpyrophosphat und wirkt dadurch cytostatisch.

Nach Furth und Cohen (Cancer Res. 27, 1528 (1967)) hemmt Adeninarabinosid-5'-triphosphat die DNS-Polymerase aus Säugergeweben, nicht aber diejenige aus Bakterien. Dagegen wurde keine Hemmung der RNS-Polymerasen aus Säugergeweben oder Bakterien gefunden und kein Einbau der Verbindung in DNS oder RNS.

Eine neue Wirkungsweise für 6-Thioguanin beschrieben Miech und Mitarbeiter (Biochem. Pharmac. **16**, 2222 (1967)). Danach hemmt 6-Thioguanosin-5'-phosphat ein Enzym, das spezifisch Guanosin-5'-phosphat oder 2'-Desoxyguanosin-5'-phosphat mit Hilfe von Adenosin-5'-triphosphat zu den entsprechenden Diphosphaten phosphoryliert. Als weitere biochemische Ursachen der Wirkung von 6-Thioguanin werden die Rückkopplungs-Hemmung der deNovo-Synthese von Purin-Nucleotiden und die Hemmung der Inosin-5'-phosphat-Dehydrogenase angesehen (s. Tabellen 1 und 2).

Von Gimlin und Mitarbeitern (J. Bacteriol. **92**, 366 (1966)) wurde beschrieben, daß DNS von B. subtilis, in der 50% des Thymin durch 5-Bromuracil ersetzt ist, geringere transformierende Eigenschaften als normale DNS aufweist und cytostatisch wirkt. Die cytostatische Aktivität kommt nur intakter DNS zu, und nur kompetente Zellen werden gehemmt. Der Effekt wird daher auf Funktions-Fehler der in das Empfänger-Genom eingebauten 5-Bromuracil-haltigen DNS zurückgeführt.

Hotz und Rauschl (Mol. Gen. Genet. **99**, 5 (1967)) fanden für 5-Bromuracil-enthaltende DNS des Phagen T 4 nach UV-Bestrahlung einen starken Verlust an 2-Desoxyribose, der in Gegenwart von Cysteamin ausblieb. Als Erklärung geben die Autoren an, daß durch die Bestrahlung Uracil-Radicale gebildet werden, die dann Wasserstoff entweder aus dem Cysteamin oder der 2-Desoxyribose anlagern.

Auf Grund quantenchemischer Berechnungen kommen Danilov und Kruglyak (Biofizika **12**, 726 (1967)) zu dem Schluß, daß der Mutations-Erzeugung durch 2-Aminopurin nicht eine Paarung der Imino-Form des 2-Aminopurins mit dem Cytosin, sondern zuerst eine Paarung der Amino-Form des 2-Aminopurins mit dem Cytosin zu Grunde liegt (eine Wasserstoff-Brücken-Bindung). Die Bildung dieses Paares stellt dann durch Erhöhung des negativen Potentials zwischen den beiden Basen eine Art Startmechanismus dar für die Umwandlung einer der Basen in die Imino-Form. Die dabei gebildete zweite Wasserstoffbrücke führt zu einer weiteren Stabilisierung des Basenpaares. Auf Grund der energetischen Bedingungen ist der Übergang von 2-Aminopurin-Cytosin in 2-Aminopurin-Cytosin (Imino-Form) anzunehmen.

Nach Untersuchungen von HOROWITZ und KOHLMEIER (Biochim. Biophys. Acta **142**, 208 (1967)) ist die 5-Fluoruracil-Hemmung der Induktion von β-Galactosidase bei E. coli stark abhängig von der Energie-Quelle des Mediums. Besteht sie aus Glycerin oder Glucose, so ist die Hemmung stark, liegt dagegen Succinat vor, so ist nur eine geringfügige Hemmung der Induktion zu verzeichnen. Da in beiden Fällen gleich viel 5-Fluoruracil in die Messenger-RNS eingebaut wird, kommt die 5-Fluoruracil-Hemmung offenbar auf einem anderen Wege zustande. In Analogie zu entsprechenden Befunden bei Thymin-Mangel und nach UV-Bestrahlung wird angenommen, daß der 5-Fluoruracil-Effekt über die durch Glycerin oder Glucose ausgelöste Katabolit-Repression zustande kommt. Danach würde die Beeinträchtigung von Stoffwechsel-Prozessen durch 5-Fluoruracil zu einem Anstau von Kataboliten der beiden Substrate führen und über diesen sekundär zur Repression des Enzyms. Wie die Bildung immunologisch Galactosidase-ähnlicher, katalytisch inaktiver Protein-Moleküle zeigt (s. S. 74), kommt daneben aber auch eine direkte Beeinflussung der Enzym-Synthese durch die 5-Fluoruracil-haltige Messenger-RNS vor.

Nach Angaben von KELLEY und Mitarbeitern (Biochem. Biophys. Res. Comm. **28**, 340 (1967)) kommen beim Menschen nur zwei verschiedene Purin-Nucleosid-Pyrophosphorylasen vor: ein Adenin-spezifisches und ein Guanin-, Xanthin- und Hypoxanthin-umsetzendes Enzym. Es wurden Personen gefunden, die durch Mutation das eine oder andere der beiden Enzyme verloren hatten. Dieser Verlust soll zu verstärkter deNovo-Synthese der Purine und zu erhöhter Produktion von Harnsäure führen.

Nach COGGIN und Mitarbeitern (J. Bacter. **92**, 446 (1966)) kommt bei E. coli als Ursache der erworbenen Resistenz gegen 6-Mercaptopurin auch ein verstärkter Abbau in Frage. Dabei wird 6-Mercaptopurin-ribosid-5'-phosphat in Inosin-5'-phosphat umgewandelt.

Von WALTON und Mitarbeitern (J. Am. Chem. Soc. **88**, 4524 (1966)) wurden Nucleoside mit verzweigter Zuckerkette, nämlich das 2'- oder 3'-Methyl-adenosin hergestellt und biochemisch untersucht. Beide Verbindungen hemmen die Vermehrung von Zellen in Gewebekultur. Sie werden nicht oder kaum desaminiert.

Von DICKINSON und Mitarbeitern (J. Med. Chem. **10**, 1265 (1967)) wurde das 3'-Desoxy-2-fluor-adenosin hergestellt. Hierbei wurde versucht, die cytostatische Wirksamkeit des 3'-Desoxyadenosins, die durch die rasche Desaminierung der Verbindung stark eingeschränkt wird, durch Einführung eines Fluor-Atoms am C—2 zu verbessern, da vom 2-Fluor-adenosin bekannt war, daß es nur wenig desaminiert wird. Tatsächlich wurde eine gegen Desaminierung weitgehend resistente Verbindung erhalten, über deren cytostatische Aktivität noch keine Angaben vorliegen.

KESSEL und HALL (Cancer Res. **27**, 1539 (1967)) beschrieben, daß die unterschiedliche Wirkung von Amethopterin auf verschiedene Transplantations-Tumoren durch die Penetrations-Rate dieser Verbindung in die Zelle entscheidend mitbestimmt wird. So wird unter in vitro-Bedingungen bei Amethopterin-Konzentrationen, die denen in vivo bei der Therapie vorliegenden entsprechen, in den hemmbaren L1210-Zellen Amethopterin accumuliert, nicht dagegen in den nicht hemmbaren Ehrlich-Ascites-Tumorzellen.

Übersichten über die Suppression von Immunitätsreaktionen durch Antimetabolite des Nucleinsäure-Stoffwechsels wurden z. B. von GABRIELSON und GOOD (Advan. Immunol. **6**, 148 u. 168 (1967)) und von HITCHINGS und ELION (Pharmac. Rev. **15**, 365 (1963)) gegeben.

Zusammenfassende Darstellungen über „active-site-directed irreversible inhibitors" wurden von BAKER im J. Pharmaceut. Sci. **53**, 347 (1964) und in „The Design of Active-Site-Directed Irreversible Inhibitors. The Organic Chemistry of the Enzymic Active Site", JOHN WILEY and Sons, Inc., New York 1967 gegeben (s. a. SCHAEFFER und Mitarbeiter in J. Med. Chem. **10**, 686 u. 689 (1967).

Wie von BUCHANAN und Mitarbeitern gefunden wurde (J. Biol. Chem. **238**, 2171, 2178 u. 2186 (1963)) liegt der Hemmung der Phosphoribosyl-formylglycinamidin-Synthetase durch Azaserin eine Reaktion dieser Verbindung mit einer SH-Gruppe des Enzyms unter Bildung von N-[2-(L-2-amino-2-carboxyäthylthio)acetyl]-DL-serin zugrunde.

Nach Untersuchungen von JOHNS und Mitarbeitern (Biochem. Pharmac. **15**, 400 (1966)) wird 5-Fluor-pyrimidin-2-on durch die Aldehyd oxydase zu 5-Fluoruracil oxydiert und wirkt als solches cytostatisch. In gleicher Weise wird 5-Fluor-pyrimidin-4-on durch die Xanthin-Oxydase aktiviert.

Von HOLY und Mitarbeitern (Coll. Czech. Chem. Comm. **30**, 1635 (1965) und **32**, 2038 u. 3713 (1967)) wurden in den Nucleosid-phosphiten (des Adenins, Thymidins, Uridins und 6-Azauridins) und in den Nucleosid-methanphosphonaten (des 6-Azauridins) Nucleosid-Analoga mit veränderter Phosphat-Komponente erhalten, die sich im Vergleich zu den natürlichen Nucleotiden durch eine erhöhte Beständigkeit gegen alkalische Phosphatase, 5'-Nucleotidase und Pankreas-RNAse auszeichnen. Uridin-5'-phosphit wirkt bei der Maus in einer Dosis von 250 mg/kg nicht cancerostatisch. Weitere Nucleotid-Analoga mit veränderter Phosphat-Komponente sind die von ECKSTEIN und Mitarbeitern erhaltenen 5'-Thionophosphate des Uridins und Thymidins (J. Am. Chem. Soc. **88**, 4292 (1966)). Sie wirken als Hemmstoffe verschiedener Phosphatasen (Biochem. Biophys. Acta **146**, 618 (1967)). Darüber hinaus wurden auch die entsprechenden Analoga (mit Schwefel im α-P-Atom) des Thymidin 5'-triphosphates und des Uridin-5'-di- und triphosphates erhalten (Biochim. Biophys. Acta **149**, **35** (1967)). Das Analoge des Uridin-5'-triphosphates wird mit Adenosin-5'-triphosphat durch die RNS-Polymerase zur einem gemischten Polymer polymerisiert (European J. Biochem. **3**, 448 (1968). Schließlich wurde auch das Dithymidin-3',5'-thionophosphat hergestellt, welches sich als resistent gegen Diesterasen erwies (Tetrahedron Letters **13**, 1157 (1967)).